岩土力学与地基基础

唐小娟　胡杰　郑俊　著

吉林科学技术出版社

图书在版编目（CIP）数据

岩土力学与地基基础 / 唐小娟，胡杰，郑俊著. --
长春：吉林科学技术出版社，2022.8
ISBN 978-7-5578-9398-9

Ⅰ．①岩… Ⅱ．①唐… ②胡… ③郑… Ⅲ．①土力学
②地基－基础(工程) Ⅳ．①TU4

中国版本图书馆 CIP 数据核字(2022)第113521号

岩土力学与地基基础

著	唐小娟 胡 杰 郑 俊	
出 版 人	宛 霞	
责任编辑	赵 沫	
封面设计	北京万瑞铭图文化传媒有限公司	
制 版	北京万瑞铭图文化传媒有限公司	
幅面尺寸	185mm×260mm	
开 本	16	
字 数	315千字	
印 张	14.625	
印 数	1–1500册	
版 次	2022年8月第1版	
印 次	2022年8月第1次印刷	

出 版 吉林科学技术出版社
发 行 吉林科学技术出版社
地 址 长春市南关区福祉大路5788号出版大厦A座
邮 编 130118
发行部电话/传真 0431-81629529 81629530 81629531
 81629532 81629533 81629534
储运部电话 0431-86059116
编辑部电话 0431-81629510
印 刷 廊坊市印艺阁数字科技有限公司

书 号 ISBN 978-7-5578-9398-9
定 价 58.00元

《岩土力学与地基基础》
编审会

岩土力学是研究岩体在各种力场作用下变形与破坏规律的理论及其实际应用的学科，在土木工程、地质工程、采矿工程、水利工程、交通工程等领域得到了广泛应用。岩土力学与地基基础近年来发展迅速，学术交流活动频繁，探讨问题的深度和广度都有新的突破，测试技术水平正在提高，与工程勘探和设计施工的结合日趋紧密，因此，涌现出很多新的内容和思想，岩体力学教材急需补充。同时，"卓越工程师教育培养计划"是促进我国由工程教育大国迈向工程教育强国的重大举措，旨在培养造就一大批创新能力强、适应经济社会发展需要的高质量各类型工程技术人才，为国家走新型工业化发展道路、建设创新型国家和人才强国战略服务，对促进高等教育面向社会需求培养人才，全面提高工程教育人才培养质量具有十分重要的示范和引导作用。

　　随着各类建筑物日益向更高、更大、更重，更深方向发展，岩土工程问题已不能仅由土力学或岩石力学的基本知识所能解决，必须发展一种带有很强综合性和很强实践性的学科来阐明解决岩土工程问题的基本原则，理论支撑、配套技术和运作规律，从而把建立现代岩土工程学的迫切任务和把高等岩土力学引入土木工程专业研究生学位课程提上了议事日程。

　　本书所牵扯的方方面面的知识性、理论性和实践性都很强，在有限的学时里完成这个任务是艰巨的，本数立足于打好基础，系统相对完整，不让学习者先天有失，学习过程中可以根据具体专业具体学习对象而有侧重和取舍。

　　为了突出实践性，在有限条件下尽可能的把实践做好，需要教学活动去倾力关注。本书突出了实例，力求图文并茂。也加强了实训的引导，让学生在实训活动中加深对问题的认识和理解。

　　本书可作为矿产资源勘察与地质工程、土木工程、水利水电工程和交通运输工程等相关专业本科生及研究生土力学与岩石力学教学和学习参考书，也可供相关专业的科研人员和工程技术人员参考。

目录 CONTENTS

第一章 岩土工程的力学性质与分类

第一节 岩体的工程性质与分类

一、岩体的工程性质

（一）岩体的概念和特征

岩体是指在地质历史中形成的、由一种或多种岩石和结构面组成的、具有一定的结构并赋存于一定的地质环境（地应力、地下水、地温）中的地质体，是一定工程范围内的自然地质体。它是被各种结构面切割形成的一种多裂隙不连续介质。

从工程地质的观点来看，岩体的特征主要可概括为以下几个方面。

1. 岩体是地质体的一部分，因此各种地质因素（如岩性、地质构造、水文地质条件、天然应力状态等）对岩体稳定性有很大的影响。另外，我们在进行岩体工程地质研究时，不仅要研究其现状，还要研究其地质历史。

2. 岩体是包含不同岩石材料和各种不连续结构面的非均质各向异性的不连续介质。

3. 岩体的变形和强度受结构面和结构体特性的控制，并且主要取决于结构面的性质及其组合形式。

4. 岩体是一种流变体。在一定的应力作用下，岩体内部微观与宏观结构的滑移、位移和变形随时间而变化。

5. 岩体中存在着复杂的地应力场。岩体中的地应力主要由自重应力和构造应力组成。这些地应力（尤其是高地应力）的存在，使得岩体的工程地质条件复杂化。

（二）岩体结构

存在于岩体中的各种不同成因、不同特征的地质界面，包括各种破裂面（如劈理、断层面、节理等）、物质分异面（如层理、层面、沉积间断面、片理等）、软弱夹层及泥化夹层等，称为结构面。每一个结构面都具有一定的方向、规模、形态和特征。不同方向结构面相互组合切割岩体形成的不同几何形状和大小的块体称为结构体。岩体结构主要是指结构面和结构体的特性及它们之间的相互组合，是岩体在长期的成岩及形变过程中形成的产物，是岩体特性的决定因素。结构面和结构体是岩体结构的两个基本要素。

1. 结构面

（1）结构面的类型

按地质成因不同，结构面可分为原生结构面、构造结构面和次生结构面三大类。

①原生结构面

在成岩阶段形成的结构面称为原生结构面，它可分为沉积结构面、火成结构面和变质结构面三种类型。

a. 沉积结构面

沉积结构面是指在沉积岩成岩过程中形成的地质界面，包括层理面、沉积间断面和原生软弱夹层等。

层理面一般结合良好，其原始抗剪强度不一定很低，但性能常因构造或风化作用而恶化。

沉积间断面包括假整合面和不整合面，它们反映了沉积历史中的一段风化剥蚀过程。这些面一般起伏不平，并有古风化残积物，常常构成一个形态多变的软弱带。

对岩体稳定性影响最显著的是原生软弱夹层，因为它们的力学强度低，遇水易软化，最易引起滑动。常见的原生软弱夹层有碳酸岩类岩层中的泥灰岩夹层，火山碎屑岩系中的凝灰质页岩夹层，砂岩、砾岩中的黏土岩及黏土质页岩夹层等。

b. 火成结构面

火成结构面是指岩浆侵入、喷溢及冷凝过程中形成的结构面，包括岩浆岩中的流层、流线、原生节理、侵入体与围岩的接触面及岩浆间歇喷溢所形成的软弱接触面等。

岩浆岩的流层和流线一般不易剥开，但一经风化变形，则变成了易于剥离和脱落的软弱面。侵入体与围岩的接触面有时熔合得很好，有时则形成软弱的蚀变带或接触破碎带。岩浆岩的原生节理多为张性破裂面，对岩体的透水性及稳定性都有重要影响。

c. 变质结构面

变质结构面是指在区域变质作用中形成的结构面，如片麻理、片理、板理等。在变质岩体中所夹的薄层云母片岩、绿泥石片岩和滑石片岩等，由于岩层软弱，片理极发育，易于风化，常构成相对的软弱夹层。

②构造结构面

构造结构面是指在构造应力作用下于岩体中形成的破裂面或破碎带，包括劈理、节理、断层和层间错动带等。

劈理和节理是规模较小的构造结构面，其特点是比较密集且多呈一定方向排列，常导致岩体表现出各向异性。

断层为规模较大的构造结构面，常形成各种软弱的构造岩并有一定的厚度。因此，它是最不利的软弱构造面之一。

层间错动是指岩层在发生构造变动时，派生力的作用使岩层间产生相对位移或滑动的现象。这种现象在褶皱岩层地区和大断层的两侧分布相当普遍。自然界中层间错动常沿着原生结构面产生，因而使软弱夹层形成碎屑状、片状或鳞片状。在黏土岩夹层中还可以看到由于层间剪切所造成的光滑镜面，并在地下水作用下产生泥化现象。实践证明，岩体中的破碎夹层及泥化夹层多与层间错动有关。

③次生结构面

次生结构面是指岩体形成后在风化、卸荷及地下水等作用下形成的结构面，包括风化裂隙和卸荷裂隙等。

风化裂隙一般分布无规律，连续性不强，多为泥质碎屑所充填。风化裂隙还常沿原有的结构面发育，形成不同的风化夹层、风化沟槽或风化囊以及地下水淋滤沉淀形成的次生夹泥层等。

卸荷裂隙是由于岩体受到剥蚀、侵蚀或人工开挖，引起垂直方向卸荷和水平应力的释放，使临空面附近岩体回弹变形、应力重分布所造成的破裂面，其在河谷地区分布比较普遍。

（2）结构面的特征

结构面的特征包括结构面的规模、形态、密集程度、连通性、张开度及充填情况等，它们对结构面的物理力学性质有很大的影响。

①结构面的规模

实践证明，结构面对岩体力学性质及岩体稳定的影响程度，主要取决于结构面的延展性及其规模。结构面的规模可分为以下五级。

一级结构面：是指区域性的断裂破碎带，延展数十千米以上，破碎带的宽度从数米至数十米变化，它直接关系到工程所在区域的稳定性。

二级结构面：是指延展性较强、贯穿整个工程地区或在一定范围内切断整个岩体的结构面，长度可从数百米至数千米变化，宽度从一米至数米变化。它主要包括断层、层间错动带、软弱夹层、沉积间断面及大型接触破碎带等。二级结构面控制了山体及工程岩体的破坏方式及滑动边界。

三级结构面：是指在走向和倾向方向延伸数十米至数百米范围内的小断层、大型节理、风化夹层和卸荷裂隙等。这些结构面控制着岩体的破坏和滑移机理，常常是工程岩体稳定的控制性因素及边界条件。

四级结构面：是指延展性差且一般在数米至数十米范围内的节理、片理、劈理等，它们仅在小范围内将岩体切割成块状。

五级结构面：是指延展性极差的一些微小裂隙。五级结构面主要影响岩块的力学性质，且岩块的破坏由于微裂隙的存在具有随机性。

②结构面的形态

自然界中结构面的形态是非常复杂的，其起伏形态大体上可分为四种类型。

平直的结构面：包括大多数层面、片理和剪切破裂面等。

波状的结构面：包括具有波痕的层面、轻度揉曲的片理、呈舒缓波状的压性及压扭性结构面等。

锯齿状的结构面：包括多数张性或张扭性结构面。

不规则的结构面：结构面曲折不平，如沉积间断面、交错层理及沿原裂隙发育的次生结构面等。

一般用起伏度和粗糙度表征结构面的形态特征。起伏度是用来衡量结构面总体起伏的程度，常用起伏角和起伏高度来描述；粗糙度是结构面表面的粗糙程度，一般多根据手摸时的感觉而定，很难进行定量的描述，大致可将其分为极粗糙、粗糙、一般、光滑和镜面五个等级。

结构面的形态对结构面抗剪强度有很大的影响。一般平直光滑的结构面有较小的摩擦角，抗剪强度较低，粗糙起伏的结构面则有较高的抗剪强度。

③结构面的密集程度

结构面的密集程度反映了岩体的完整性，它决定了岩体变形和破坏的力学机制。试验证明，岩体结构面越密集，岩体变形越大，强度越低，而渗透性越高。通常用以下指标来表征结构面的密集程度。

线密集度：是指单位长度上的结构面条数。在实际测定线密集度时，测线的长度可为 $20 \sim 50$ m。当测线不能沿结构面法线方向布设时，应使测线水平并与结构面走向垂直。线密集度的数值越大，说明结构面越密集。不同测量方向的线密集度值往往不相等，故两垂直方向的线密集度值之比，可以反映岩体的各向异性程度。

结构面间距：是指同一组结构面的平均间距，它和结构面线密集度互为倒数关系。在生产实践中，常用结构面的间距表征岩体的完整程度。

④结构面的连通性

结构面的连通性是指在一定空间范围内的岩体中，结构面在走向、倾向方向的连通程度。

要了解地下岩体的连通性往往很困难，一般通过勘探平硐、岩芯和统计地面开挖面作出判断。结构面的抗剪强度和剪切破坏性质都与连通程度有关。

⑤结构面地张开度及充填情况

结构面地张开度是指结构面两壁离开彼此的距离。

按张开度不同，结构面可分为四级。张开度小于 0.2 mm 时，结构面是密闭的；张开度在 $0.2 \sim 1.0$ mm 之间时，结构面是微张的；张开度在 $1.0 \sim 5.0$ mm 之间时，结构面是张开的；张开度大于 5.0 mm 时，结构面是宽张的。

密闭的结构面的力学性质取决于结构面两壁的岩石性质和结构面粗糙程度。微张的结构面，因其两壁岩石之间常常多处保持点接触，抗剪强度比张开的结构面大。张开的和宽张的结构面，抗剪强度则主要取决于充填物的成分和厚度。当充填物为黏土时，强度一般要比充填物为砂质时的低；而充填物为砂质时，强度又比充填物为砾质时的低。

（3）软弱夹层及泥化夹层

软弱夹层及泥化夹层是岩体结构面中性质较差、对岩体变形和稳定性影响较大的一类结构面。软弱夹层是指坚硬岩层之间所夹的力学强度低、泥炭质含量高、遇水易软化、厚度较薄、延伸较远的软弱岩层。软弱夹层受层间错动地质构造作用及地下水改造作用后被泥化的部分称为泥化夹层。泥化夹层一般发育在层间错面及断层面附近，是一种性质非常软弱的结构面。

实践证明，软弱夹层、泥化夹层是决定岩体稳定（尤其是抗滑稳定）的极度重要的因素，国内外很多工程失事皆与此有关。

①软弱夹层

常见的软弱夹层有沉积岩中的黏土岩夹层，火成岩中的基性、超基性岩脉，断层破碎带等。

软弱夹层的分类目前尚无统一标准，常根据软弱夹层的成因、形态及岩性组合等分类。若根据成因不同，软弱夹层可分为原生型、构造型和次生型。若根据形态不同，软弱夹层可分为破碎夹层、破碎夹泥层、片状破碎层、泥化夹层等；若根据岩性组合不同，软弱夹层可分为黏土岩夹层、黏土质砂岩夹层、炭质夹层、凝灰岩夹层、风化泥岩夹层、各种软弱片岩夹层及各种泥化夹层等。

②泥化夹层

泥化夹层与其母岩软弱夹层相比较，其主要特征是黏粒含量明显增多，结构松散，密度变小，含水量接近或超过塑限，力学强度极为软弱。

为了比较合理地确定泥化夹层的抗剪强度指标，通常根据泥化夹层中碎屑物质含量对其进行结构分类，如全泥型、泥夹碎屑型、碎屑火泥型、碎屑型等，然后确定不同结构类型的抗剪强度参数。

2. 结构体

岩体中结构体的形状和大小是多种多样的。根据外形特征不同，结构体可分为柱状、块状、板状、楔形、菱形和锥形等六种基本形态。当岩体强烈变形破碎时，也可形成片状、碎块状、鳞片状等形式的结构体。

结构体的形状与岩层产状之间有一定的关系。例如，平缓产状的层状岩体中，一般由层面（或顺层裂隙）与平面上的"×"型断裂组合，常将岩体切割成方块体、三棱柱体等。

（三）岩体结构类型

为了概括岩体的力学特性及评价岩体的稳定性，可以根据结构面对岩体的切割程度及结构体的组合形式，将岩体划分成不同的结构类型。岩体结构可分为整体结构、块状结构、层状结构、碎裂结构及散体结构五大类型。

1. 整体结构岩体

整体结构岩体不存在连续的软弱结构面，虽有各种裂隙，但它们多是闭合的，未将岩体交错切割成分离结构体。完整岩体可视为各向同性连续介质，其力学性质及稳定性受岩性控制，结构面对其影响较小，故可用连续介质力学理论来分析其总体应力、变形、强度与稳定性问题。

2. 块状结构岩体

块状结构岩体的主要特征是岩体被软弱夹层等软弱结构面切割成分离体。该类岩体破坏与失稳的主要形式是沿软弱夹层滑动，其变形和破坏机制主要受结构面的力学性能控制。

3. 层状结构岩体

层状结构岩体主要是指层厚小于 0.5 m 的沉积岩和变质岩层，其特征是岩体主要被一组相互平行的原生结构面所切割，各种裂隙不发育，具有叠置梁的特征。该类岩体的岩性组合比较复杂，有单一岩性的组合，也有软硬相间岩层的组合。在自然界中，层状结构岩体均在不同程度上经受了层间错动或扭动的影响。因此，其层面强度低、黏结力小，经常构成软弱结构面。

层状结构岩体属各向异性的非均匀介质，在工程荷载作用下，岩体破坏与失稳的形式有顺层滑动、层间张裂及岩层弯曲折断等多种类型，其力学性质及稳定性主要受层厚、岩性及原生结构面性能控制。

4. 碎裂结构岩体

碎裂结构岩体的主要特征是岩体被各种硬性结构面（如节理）切割成各种大小和形状不同的分离体。碎裂结构岩体可分为块状、砌块状和碎块状几种类型。该类岩体的破坏机制相当复杂，既有沿结构面的滑移和张裂，也有结构体的剪切、张裂及塑性流动等。碎裂结构岩体强度的结构效应显著，通常随着结构体数的增加，岩体的整体强度随之降低。因此，决定该类岩体稳定性的主要因素是岩体的完整性、结构面的性能及结构体的强度，一般采用块体力学方法对其进行力学行为分析。

5. 散体结构岩体

散体结构岩体主要见于大型断裂破碎带、大型岩浆岩侵入接触破碎带及强烈风化带中，其主要特征是结构面密集杂乱，从而导致岩体完全解体。这类岩体的不良作用非常明显，且岩体具有塑性和流变特征，已接近于松散介质，宜用松散介质力学来分析其变形与强度。

应该指出的是，在工程上划分岩体的结构类型时，必须考虑工程的规模。因为，同样节理化程度岩体的稳定性，可以因工程规模不同而不同。

二、岩体的工程分类

对岩体进行分类的目的是为了对各类岩体的承载力及稳定性作出评价。因此，正确的分类可以指导建筑物的设计、施工及基础处理。

岩体分类经历了由岩石分类转向岩体分类，从单指标分类到多种参数的综合分类，从定性到定量评价岩体质量的发展过程。有了量的标准后，减少了定性分类中的人为性。

（一）单指标分类

用单指标对岩体进行分类，最早的有岩石强度分类。由于岩石强度分类不能反映对岩体质量有决定性影响的岩体结构特征，因此它不宜作为岩体分类的主要依据。目前，在国内外应用比较广泛的单指标分类有岩体的 RQD 分类、岩体弹性波速分类、岩体完整性系数分类等。

1. 岩体的 RQD 分类

RQD 法是利用钻孔的修正岩心采取率来评价岩体质量的优劣，即用直径为 75 mm 的金刚石钻头和双层岩心管在岩石中钻进，连续取心，所取岩心中小于 10 cm 长的部分舍去，用大于 10 cm 长的岩心之和与这段岩心总长度的比值作为 RQD 值，以百分数表示。RQD 主要是反映岩体完整性及耐磨程度的数量指标，按 RQD 值的高低，岩体可分为五类。

2. 岩体弹性波速分类

岩体中弹性波的传播特征与岩性及岩体的完整程度有关。弹性波的纵波速度值在坚硬完整岩体中较高，在软弱破碎岩体中较低。因此，国内外有不少学者利用弹性波在岩体中的传播特征对岩体进行分类或对岩体的风化程度进行分类。

3. 岩体完整性系数分类

在生产实践中，还经常用完整性系数 K_v 来反映岩体的完整程度。岩体的完整性系数是指岩体纵波速度与同类岩石完整岩块纵波速度的平方比。K_v 值越大，说明岩体越完整。

（二）多指标分类

岩体的稳定性除受岩性和岩体的完整程度控制外，还和结构面的抗剪性能、产状及地下水的活动等多种因素有关。因此，单指标的岩体分类往往不能全面反映岩体的质量。用多种参数计算岩体的质量并进行分类的方法，比较著名的有 N. Barton 等人提出的用于隧道支护设计的岩体工程分类、Z. T. Bieniawski 提出的节理化岩体地质力学分类和谷德振提出的岩体质量系数的分类等。这些分类基本上都是对岩体的地质属性和力学属性的相关性进行统计分析研究的成果，均经过了一定数量的实际工程的验证和应用。

（三）岩体按结构类型分类

我国相关学者根据丰富的工程建设实际提出了按岩体结构类型划分的岩体分类方案，提出了用岩体质量系数对岩体进行定量评价的方法，并将岩体质量系数与岩体结构类型建立了联系，使岩体结构类型的划分有了量的指标。其中，岩体质量系数是指岩石单轴抗压强度、岩体结构系数、岩体完整性系数和透水性的乘积。

第二节 土的工程性质与分类

一、土的形成与结构

（一）土的形成及类型

地壳是由岩石和土所组成的。土是疏松和联结力很弱的矿物颗粒的堆积物。地球表面的岩石在大气中经受长期的风化作用而破碎后，形成形状不同、大小不一的颗粒，这些颗粒受各种自然力作用，在不同的自然环境下堆积下来，就形成了土。

从其堆积或沉积的条件来看，土可分为两大类，一类为残积土，另一类为运积土。

1. 残积土

残积土是指岩石经风化后未经自然力搬运而残留在原地的岩石碎屑组成的土。残积土主要分布在岩石出露的地表，经受强烈风化作用的山区、丘陵地带与剥蚀平原。由于残积土未受搬运的磨损和分选作用，故其颗粒表面粗糙、多棱角、孔隙大、无层理构造且均匀性差。残积土用作建筑物地基时易引起不均匀沉降。

2. 运积土

运积土是指岩石风化后的产物经重力、风力、水力以及人类活动等动力搬运离开生成地点后再沉积下来的堆积物。根据搬运的动力不同，运积土可分为以下几类。

（1）坡积土

坡积土是指高处岩石的风化产物受到雨水、雪水的冲刷或重力的作用，顺着斜坡逐渐向下移动，最终沉积在较平缓山坡上的沉积物。坡积土厚度变化很大，有时上部厚度不足一米，而下部可达几十米。

由于坡积土形成于山坡，矿物成分与下卧基岩没有直接的关系，但坡积土由上而下具有一定的分选性，土颗粒从坡顶向坡脚由细逐渐变粗，厚度由薄变厚，形成不均匀土质，易发生沿基岩倾斜面的滑动。尤其是新近堆积的坡积土土质疏松、压缩性较高，在工程建设中要引起重视，如作为建筑物地基应注意防止不均匀沉降。

（2）风积土

风积土是指由风力带动土粒经过一段搬运距离后沉积下来的堆积物，主要包括风成砂和风成黄土。风所能带走的颗粒大小取决于风速，因此，颗粒随风向也有一定的分选。风积土没有明显层理，同一地区颗粒较均匀。

（3）洪积土

洪积土是指由暴雨或大量融雪形成的山洪激流，携带大量泥沙、砾石、杂物等在山区运行，洪流冲出山口后在山麓地带迅速扩展并继续向前延伸而形成的沉积物。

洪积土的地貌靠谷口处窄而陡，谷口外逐渐变为宽而缓，在平面上呈扇形，故也称其为洪积扇。洪积扇若与相邻山沟出口处的洪积扇相互连接就成为洪积平原。洪积土是由水力搬运形成的，有颗粒的分选作用，在谷口附近多为颗粒粗大的块石、碎石、砾石和粗砂，离谷口越远颗粒越细。

（4）冲积土

冲积土是河流流水的作用将两岸基岩及其上部覆盖的坡积、洪积物质剥蚀后搬运并沉积在河流平缓地带形成的沉积物。冲积土呈现明显的层理构造，由于搬运距离大，磨圆度和分选性较好。搬运距离越远，沉积物的颗粒就越细。冲积土分为山区河谷冲积土和平原河谷冲积土两种类型。

（5）海相沉积土

按海水深度不同，海洋可分为滨海区、浅海区和陆坡区，各分区相应的沉积土特征不同，形成了不同的海洋沉积土。

滨海区：是指海水高潮时淹没、低潮时出露的地区。滨海沉积土主要由卵石、圆砾和砂土组成，强度高，透水性大；有时存在黏性土夹层，海水含盐量大，形成的黏性土膨胀性大。

浅海区：是指海水深度为 $0 \sim 200m$、宽度为 $100 \sim 200km$ 的地区。浅海沉积土主要由细砂、黏性土、淤泥和生物沉积物组成。离海岸越远，颗粒越细。这种沉积土一般具有层理构造，密度小，含水率高，压缩性高，强度低，工程性质不良。

陆坡区：是指浅海区与深海区的过渡地带，水深为 $200 \sim 1\ 000\ km$。陆坡沉积土主要为有机质软泥。

（6）湖相沉积土

湖相沉积土分为湖滨沉积土和湖心沉积土。

湖滨沉积土：主要由湖浪冲蚀湖岸、破坏岸壁形成的碎屑沉积而成，以粗颗粒土为主。

湖心沉积土：主要由细小颗粒悬浮到达湖心后沉积而成，以黏土和淤泥为主，具有高压缩性和低强度。

（7）沼泽沉积土

沼泽沉积土主要是由泥炭组成，含水率极高，透水性小，压缩性大，强度低，不宜用作建筑物地基。

（8）冰川沉积土

在我国的青藏高原、云贵高原、天山、昆仑山以及祁连山等高原、高山地区，分布着面积巨大的冰川。这些冰川缓慢向下滑动，其中挟带着残积土、坡积土等。冰川下滑到一定高度，气候变换，冰川融化后留下的堆积物称为冰川沉积土。冰川沉积土的颗粒粗细变化较大，土质也不均匀。

（二）土的矿物成分

根据组成土的固体颗粒的矿物成分的性质及其对土的工程性质影响不同，土的矿物成分主要分为原生矿物、次生矿物、可溶盐类及易分解矿物、有机质四大类。

1. 原生矿物

原生矿物由岩石经物理风化而成，如常见的石英、长石、云母、角闪石与辉石等，这些矿物是组成卵石、砾石、砂粒和粉粒的主要成分，其成分与母岩相同。由于原生矿物颗粒粗大，比表面积小，与水作用的能力弱，故工程性质比较稳定。若级配良好，则土的密度大、强度高、压缩性低。

2. 次生矿物

次生矿物是由母岩岩屑经化学风化作用后形成的新的矿物，主要是黏土矿物。它们颗粒细小，呈片状，是黏性土的主要成分。由于其粒径非常小，具有很大的比表面积，与水作用能力很强，能发生一系列复杂的物理、化学变化。

黏土矿物是一种复合的铝硅酸盐晶体，所谓晶体是指原子、离子在空间有规律的排列，不同的几何排列形式称为晶体结构，组成晶体结构的最小单元称为晶胞。黏土矿物的颗粒呈片状，是由硅片和铝片构成的晶胞组叠而成的。

硅片的基本单元是硅—氧四面体，它是由1个居中的硅离子和4个在角点的氧离子所构成的。6个硅—氧四面体组成1个硅片。硅片底面的氧离子被相邻两个硅离子所共有，梯形的底边表示氧原子面。

铝片的基本单元则是铝—氢氧八面体，它是由1个铝离子和6个氢氧根离子所构成的。4个铝—氢氧八面体组成1个铝片。每个氢氧根离子被相邻2个铝离子所共有。

根据硅片和铝片的组叠形式不同，黏土矿物可分为高岭石、蒙脱石和伊利石三种类型。

（1）高岭石

高岭石的结晶格架示意图，它是由1层硅—氧晶片和1层铝—氢氧晶片组成的晶胞，属于1∶1型结构单位层或两层型。高岭石矿物就是由若干重叠的晶胞构成的。

这种晶胞一面露出氢氧基，另一面则露出氧原子。晶胞之间的连接是氧原子与氢氧基之间的连接，氢氧根中的氢与相邻晶胞中的氧形成氢键，它具有较强的连接力。因此，晶胞之间的距离不易改变，水分子不能进入，晶胞活动性较小，使得高岭石的亲水性、膨胀性和收缩性均小于伊利石，远小于蒙脱石。它的水稳性好，可塑性低，压缩性低，亲水性差。

（2）蒙脱石

蒙脱石的结晶格架，其晶胞是由2层硅—氧晶片之间夹1层铝—氢氧晶片所组成的，称为2∶1型结构单位层或三层型晶胞。

由于该晶胞之间是氧离子的连接，其键力很弱，很容易被具有氢键的水分子楔入而分开。另外，夹在硅片内的 AH 常被低价的其他离子（如 Mg^{2+}）所替换，在晶胞之间出现多余的负电荷，会吸附其他阳离子（如 Na^+，Ca^{2+} 等）来补偿。这种阳离子吸引极性水分子成为水化离子，充填于结构单位层之间，从而改变了晶胞间的距离，甚至完全分散成单晶胞。因此，蒙脱石的晶格是活动的，吸水后体积发生膨胀，可增大数倍，脱水后则可收缩。膨胀土的黏粒中含有一定数量的蒙脱石，一般含量在5%以上时，就会具有明显的膨胀性。

（3）伊利石

伊利石的结晶格架与蒙脱石一样，伊利石同属 2：1 型结构单位层，晶胞之间键力也较弱。但是，与蒙脱石的不同之处是，伊利石中约有 20% 的硅被铝、铁置换，由此而产生的不平衡电荷由进入晶胞之间的钾、钠离子（主要是 K+）来平衡，钾键增强了晶胞与晶胞之间的连接作用，水分子难以进入。所以，伊利石的遇水膨胀、失水收缩能力低于蒙脱石，其力学性质介于高岭石与蒙脱石之间。

3. 可溶盐类及易分解矿物

（1）可溶盐类

土中常见的可溶盐类，按其被水溶解的难易程度可分为易溶盐（$NaCl$，$CaCl_2$，$Na_2SO4 \cdot 10H_2O$，$Na_2CO_3 \cdot 10H_2O$ 等）、中溶盐（$CaSO_4 \cdot 2H_2O$ 和 $MgSO_4$ 等）和难溶盐（$CaCO_3$ 和 $MgCO_3$ 等）。这些盐类常以夹层、透镜体、网脉、结核或呈分散的颗粒、薄膜与粒间胶结物存于土层中。其中，易溶盐类极易被大气降水或地下水溶滤出去，所以分布范围较窄；但在干旱气候区和地下水排泄不良地区，它是地表上层土中的典型产物，形成所谓盐碱土和盐渍土。

可溶盐类的影响，在于含盐土浸水导致盐类被溶解后，会使土的粒间联结削弱甚至消失，同时增大土的孔隙性，从而降低土体的强度和稳定性，增大其压缩性。

（2）易分解矿物

土中常见的易分解矿物有黄铁矿（FeS_2）、其他硫化物和硫酸盐类。这些物质遇水分解后，会削弱或破坏土的粒间联结，增大土的孔隙性（与一般可溶盐影响相同）。另外，它们会分离出硫酸，对建筑基础及各种管道设施起腐蚀作用。

4. 有机质

在自然界一般土特别是淤泥质土中，通常都含有一定数量的有机质。当有机质在黏性土中的含量达到或超过 5%，或在砂土中的含量达到或超过 3% 时，就开始对土的工程性质有显著的影响。例如，在天然状态下，有机质含量高的黏性土的含水量显著增大，呈现高压缩性和低强度等。

在土中，有机质一般以混合物的形式与组成土粒的其他成分稳固地结合在一起，有时也以整层或透镜体形式存在，如古湖沼和海湾地带的泥炭层和腐殖层等。

一般来说，有机质对土的工程性质的影响程度，取决于不同的因素。有机质含量愈高，对土的性质影响愈大；有机质的分解程度愈高，影响愈剧烈。例如，完全分解或分解良好的腐殖质的影响最坏。当含有机质的土体较干燥时，有机质可起到较强的粒间联结作用；而当土的含水量增大时，有机质则使土粒结合水膜剧烈增厚，削弱了土的粒间联结，使土的强度显著降低。此外，有机质对土的工程性质的影响还与有机质土层的厚度、分布均匀性及分布方式有关。

有机质对土的工程性质的影响，本质在于它比黏土矿物有更强的胶体特性和更高的亲水性。所以，有机质比黏土矿物对土性质的影响更剧烈。

（三）土的结构

试验表明，对于同一种土，原状土样和重塑土样的力学性质有很大差别。这说明土的组成成分并不能完全决定土的性质，土的结构对土的性质也有很大影响。土的结构可分为单粒结构、蜂窝结构和絮状结构三种类型。

1. 单粒结构

单粒结构是砂、砾等粗粒土在沉积过程中形成的代表性结构。由于砂、砾的颗粒较粗大，其比表面积小，在沉积过程中粒间力的影响与其重力相比可以忽略不计，即土粒在沉积过程中主要受重力控制。当土粒在重力作用下下沉时，一旦与已沉稳的土粒相接触，就滚落到平衡位置形成单粒结构。

这种结构的特征是土粒之间以点与点的接触为主。根据排列情况不同，单粒结构又可分为紧密和疏松两种情况。

2. 蜂窝结构

蜂窝结构是由粉粒或细砂组成的土的结构形式。据研究，粒径为 $0.005 \sim 0.075$ mm 的土粒在水中沉积时，基本上是以单个土粒下沉，当碰上已沉积的土粒时，由于它们之间的相互引力大于其下降的力，土粒会停留在接触点上不再下沉，逐渐形成土粒链。土粒链组成弓架结构，进而形成具有很大孔隙的蜂窝状结构。虽然具有蜂窝状结构的土有很大孔隙，但由于弓架作用和一定程度的粒间联结，它可以承担一般应力水平的静力荷载；然而，当承受高应力水平的静力荷载或动力荷载时，其结构将被破坏，并可导致严重的地基变形。

3. 絮状结构

由于极细小的土颗粒（粒径小于 0.005 mm）在咸水中沉积时常处于悬浮状态，当悬浮液的介质发生变化，如细小颗粒被带到电解质较大的海水中，土粒在水中会做杂乱无章的运动。土粒一旦接触，粒间力会表现为净引力，土粒易结合在一起逐渐形成小链环状的土粒集合体，使质量增大而下沉。一个小链环碰到另一个小链环时相互吸引，不断扩大形成的大链环称为絮状结构，又称絮凝结构。由于土粒的角、边常带正电荷，面带负电荷，因此角、边与面接触时净引力最大，所以絮状结构的特征表现为土粒之间以角、边与面的接触或边与边的搭接形式为主。

这种结构的土粒呈任意形式排列，具有较大的孔隙，因此其强度低，压缩性高，对扰动比较敏感。但土粒间的联结强度会由于压密和胶结作用而逐渐得到增强。

自然条件下存在的任何一种土类的结构都不像上述三种基本类型那样简单，而常呈现为以某种结构为主的由上述各种结构混合起来的复合形式。当土的结构受到破坏或扰动时，不仅改变了土粒的排列情况，也不同程度地破坏了土粒间的联结，从而影响了土的工程性质。所以，研究土的结构类型及其变化对理解和进一步研究土的工程性质很有意义。

现场取样时，应注意保持土样的原状结构性，基坑施工中应注意保护原状土体以免受到扰动导致地基承载力或强度降低。

（四）土的构造

土的构造是指土体构成上的不均匀性特征的总和。常见的土的构造有块石状构造、假斑状构造、层状构造、交错层状构造及薄叶状构造等。

块石状和假斑状构造是粗碎屑土特有的构造。块石状构造的特点是土中粗大颗粒彼此直接依靠；假斑状构造的特点是土中细粒物质占优势，将粗大颗粒包围在细粒物质中间。

层状和交错层状构造是沙质土的特有构造。在砂土和黏土交替沉积层中以层状构造为主。层状构造又有两种类型，一类为具有交错层的较厚砂层夹薄层黏土层，如冲积物、冰水沉积物、浅海沉积物等；另一类为水平的厚层黏土夹薄砂层，如三角洲沉积物等。交错层状构造常见于风成砂和冰成扇形堆积物中。

薄叶状构造的黏土为非均质体，在平行和垂直层理方向上强度相差很大。

二、土的三相组成

土是由固相、液相和气相三相所组成的松散颗粒集合体。固相部分即为土粒，由矿物颗粒或有机质组成。土粒之间有许多孔隙，而孔隙可为液相或气相，也可为二者共同填充。水及其溶解物为土中的液相，空气及其他一些气体为土中的气相。当土内孔隙全部为水所充满时，称为饱和土；当孔隙全部为气体所充满时，则称为干土；当孔隙中同时存在水和空气时，则称为湿土，即非饱和土。饱和土和干土都是二相系，湿土则为三相系。这些组成部分的相互作用和数量上的比例关系，将决定土的物理、力学性质。

（一）土的固相

土中的固体颗粒、粒间胶结物和有机质即土的固相。

1. 土的颗粒大小

自然界中的土由无数土粒混合而成，其颗粒大小相差很大，其中有粒径大于 200 mm 的漂石，也有粒径小于 0.005 mm 的黏粒。造成颗粒大小悬殊的原因主要与土的矿物成分有关，还与土所经历的风化作用和搬运过程有关。一般来说，随着颗粒大小的不同，土会表现出不同的工程性质。

土颗粒的大小通常以粒径表示。自然界的土一般都是由各种不同粒径土粒构成的混合土。工程上通常把性质和粒径大小相近的土粒划分为一组，称其为粒组。

2. 土的级配与级配曲线

混合土的性质不仅取决于所含颗粒的大小，更取决于不同粒组的相对含量，即土中各粒组的含量占土样总质量的百分数。土中各种大小的粒组的相对含量称为土的级配。土的级配好坏直接影响土的工程性质。级配良好的土，粒径大小分布较均匀，大小不同的颗粒能彼此填补空隙，使得土压实后能达到较高的密实度，因而其强度高、压缩性低；反之，级配不良的土，其压实密度小、强度低、压缩性高。

确定粒径分布范围的试验称为土的颗粒分析试验。对于粒径大于 0.075 mm 的粗粒土，可用筛分法测定。试验时，将风干、分散的代表性土样通过一套孔径不同的标准筛，称出留在各个筛子上的土的质量，即可求得各个粒组的相对含量。粒径小于0.075 mm 的粉粒和黏粒难以筛分，一般可以根据土粒在水中匀速下沉时的速度与粒径的理论关系，用比重计法或移液管法测得其颗粒级配。

（二）土的液相

土的液相指固体颗粒之间的水及溶解物，其含量及性质能明显地影响土的性质。在自然条件下，土中总是含水的。在一般黏性土，特别是饱和软黏性土中，水的体积常占据整个土体的 50%～60%，甚至高达 80%。土中细颗粒愈多，即土的分散度愈大，水对土性质的影响愈大。

按土中水所呈现的状态和性质以及其对土的影响不同，土中水可分为结合水和自由水两种类型。

1. 结合水

结合水是指受土颗粒表面电分子引力作用吸附在土颗粒表面的水。结合水又分为强结合水和弱结合水两种。

（1）强结合水

紧靠土颗粒表面的水，受到的电分子引力强，称其为强结合水。这种水的性质和普通水大不一样，它无溶解能力，不受重力作用，不能传递静水压力，冰点为 -78℃，在温度为 100℃时不蒸发，密度为 1.2～2.4g/cm³。强结合水性质接近固体，不能自由移动，具有较大的黏滞性、弹性及抗剪强度。

（2）弱结合水

在强结合水外围，距土颗粒表面较远但仍处于土粒表面电场作用范围以内的一层水膜称为弱结合水。这种水也没有溶解能力，不能传递静水压力，也不能因重力作用而自由流动，但它可以因电场力的作用从水膜厚的地方向水膜薄的地方转移。它呈黏滞状态，密度为 1.1～1.7g/m³，冰点温度为 -20～-30℃，也具有一定的抗剪强度。弱结合水的存在使土具有可塑性，土中含弱结合水较多时，可塑性就大。

2. 自由水

自由水是指在土粒表面中分子引力作用范围以外的水，其水分子无定向排列现象，它与普通水无异，受重力支配，能传递静水压力并具有溶解能力。自由水主要有重力水和毛细管水两种类型。

（1）重力水

重力水在重力作用下能在土体中发生流动，它对于水中的土粒及结构物都有浮托力。地下水位（或浸润线）以下的自由水即属于重力水。

（2）毛细管水

土中存在着很多大小不同的孔隙，这些孔隙又连成细小的通道，即毛细管。由于受到水和空气分界处弯液面上产生的表面张力作用，土中自由水从地下水位通过土的细小通道逐渐上升，形成毛细管水。所以，毛细管水不仅受到重力的作用，而且还受到表面张力的支配。

毛细管水上升高度和速度取决于土中的孔隙大小和形状、粒径尺寸及水的表面张力等，可用试验方法或经验公式确定。一般来说，这个上升高度在卵石中为零至几厘米，在砂土和粉土中为数十厘米，在黏土中则可达数百厘米。对同一土层，土中的毛细通道也是粗细不同的，所以毛细管水的上升高度也不相同。

上述表面张力还可使湿润的砂土颗粒间产生一定的联结，形成假黏聚力，使湿润的砂土成团。所以，湿润的砂土地基能挖成一定深度的直立坑壁。而干砂或被水淹没的砂则是松散的。

（三）土的气相

按其所处的状态和结构特点不同，土中的气体可分为自由气体、吸附气体、溶解气体和密闭气体四种类型。通常认为自由气体与大气连通，对土的性质无大的影响。

由于分子引力作用，土粒不但能吸附水分子，而且能吸附气体。土粒吸附气体的厚度不超过2或3个分子层。土中吸附气体的含量取决于矿物成分、土粒分散程度、孔隙率、湿度及气体成分等。自然条件下，沙漠地区的表层中可能出现比较大的气体吸附量。

溶解气体是指溶解于水中的气体。土的液相中溶解气体主要有CO_2，O_2和水汽（H_2O），其次有H_2，O_2和CH_4。溶解气体的溶解数值取决于温度（T）、压力（P）、气体的物理化学性质及溶液的化学成分。溶解气体可以改变水的结构及溶液的性质，对土粒施加力学作用；当T，P增高时，溶解气体会使土中产生密闭气体；溶解气体还可加速化学潜蚀过程。

密闭气体是由于土层被水浸湿，把吸附气体和自由气体封闭于土的孔隙之中而形成的。密闭气体的体积与压力有关，压力增大，则体积缩小；压力减小，则体积增大。因此，密闭气体的存在增加了土的弹性。密闭气体的存在还能降低土层透水性，阻塞土中的渗透通道，减少土的渗透性。

三、土的工程性质

（一）土的物理性质指标

在土的三相组成中，固相的性质直接影响土的工程性质。但是对于同一种土，它的三相在量上的比例关系也是影响土的性质的重要因素。土的三相在体积或质量上的比例大小通常称为土的物理性质指标。

天然的土样，其三相的分布具有随机性。为了在理论研究中使问题形象化，可以人为地把土的三相分别集中，用三相示意图来抽象地表示其构成。

土的物理性质指标分为实测指标和换算指标。

1. 实测指标

土的重度、土粒相对密度和土的含水量称为实测物理性质指标，它们可以在实验室内直接测定。

土的重度 γ 是指单位体积土的重量，其表达式为

$$\gamma = \frac{W}{V}$$

土粒相对密度 G_s 是指土粒的质量与同体积纯水的质量之比，其表达式为

$$G_s = \frac{m_s}{V_s \rho_w}$$

土的含水量 ω 定义为土中水的质量与土粒质量之比，其表达式为

$$\omega = \frac{m_w}{m_s} \times 100\% = \frac{m - m_s}{m_s} \times 100\%$$

2. 换算指标

土的换算指标有孔隙比、孔隙率、饱和度、干密度、饱和密度和浮重度。测出土的三个实测指标后，换算出六个换算指标。这些换算指标不能直接从试验中获得，所以又称为导出指标。

（1）孔隙比

土的孔隙比 e 定义为土中孔隙的体积与土粒的体积之比，以小数表示，其表达式为

$$e = \frac{V_v}{V_s}$$

砂土的孔隙比的常见值为 $0.5 \sim 1.0$，当 $e < 0.6$ 时，其呈密实状态，为良好地基；黏性土的孔隙比的常见值为 $0.5 \sim 1.2$，当 $e > 1.0$ 时，其为软弱地基。

（2）孔隙率

土的孔隙率 n 定义与岩石的孔隙率定义一样，它是土中孔隙的体积与土的总体积之比，即单位体积内孔隙的体积，以百分数表示，其表达式为

$$n = \frac{V_v}{V} \times 100\%$$

土的孔隙比与孔隙率都是反映土的密实程度的指标。对于同一种土，其孔隙比或孔隙率愈大，表明土愈疏松，反之则愈密实。

（3）饱和度

土的饱和度 S_r 定义为土中孔隙水的体积与孔隙体积之比，以百分数表示，其表达式为

$$S_r = \frac{V_w}{V_v} \times 100\%$$

饱和度反映了土的孔隙被水充满的程度。干土的饱和度为 0，饱和土的饱和度为 100%。

（4）干密度

土的干密度 ρ_d 定义为单位体积土体内土粒的质量，其表达式为

$$\rho_d = \frac{m_s}{V}$$

工程中常用压实系数来描述土体被压实的程度，其表达式为

$$\lambda = \frac{\rho_d}{\rho_{d,max}} \quad \lambda = \frac{\rho_d}{\rho_{d.§}}$$

式中：λ —— 压实系数，无单位；

ρ_d —— 要求达到的干密度，g/cm^3；

$\rho_{d,max}$ —— 试验室条件下能达到的最大干密度，g/cm^3。

工程中常用干重度 γ_d 表示单位体积干土的重力，其表达式为

$$\gamma_d = \rho_d g$$

（5）饱和密度

土的饱和密度 ρ_{sat} 定义为土中孔隙完全被水充满时，单位体积土的质量，其表达式为

$$\rho_{sat} = \frac{m_s + V_v \rho_w}{V}$$

工程中常用饱和重度 γ_{sat} 来表示饱和状态下单位体积土的重力，其表达式为

$$\gamma_{sat} = \frac{m_s + V_v \rho_w}{V}$$

（6）浮重度（有效重度）

浮重度 γ' 定义为地下水位以下，土体受水的浮力作用时，土的重力减去浮力后与土样的总体积之比，即土的重度与水的重度 γ_w 之差。由于地下水位以下取出的土的重度近似为饱和重度，故浮重度的表达式为

$$\gamma' = \gamma_{sat} - \gamma_{w}$$

（二）土的物理状态指标

评价土的工程特性，仅靠物理性质指标是不够的，还需了解各种类型的土在自然界的存在状态及其判断指标。常用的土的物理状态指标有无黏性土的密实度和黏性土的稠度。

1. 无黏性土的密实度

无黏性土主要包括砂土、碎石、卵石等粗颗粒土，它们都是单粒结构，无黏聚力，所以称为无黏性土。无黏性土最主要的物理状态指标是密实度。密实度是指单位体积中固体颗粒的含量。土颗粒多，土就密实；土颗粒少，土就松散。无黏性土的工程性质与其密实度有着密切的关系。当土呈密实状态时，其结构稳定、压缩性小、强度大，属良好的天然地基；当土呈松散状态时，其压缩性大、强度小，属不良地基。

无黏性土的密实度可以用孔隙比、相对密度和标准贯入试验锤击数等来表示。

（1）用孔隙比表示

评价无黏性土密实度的最简便方法是用孔隙比 e 来表示。对于同一种无黏性土，当其孔隙比小于某一限度时，土处于密实状态；随着孔隙比的增大，土的状态会变成中密、稍密甚至松散状态。这种评价方法简捷方便，但存在明显的缺陷，即没有考虑土颗粒级配的影响。例如，有时较疏松的级配良好的砂土的孔隙比，会比较密实的颗粒均匀的砂土的孔隙比还小。此外，对于无黏性土，现场采取原状土样也较困难。

（2）用相对密实度表示

为了克服上述孔隙比 e 表示法中未考虑级配的缺陷，可引入相对密实度 D_r，其表达式为

$$D_r = \frac{e_{max} - e}{e_{max} - e_{min}}$$

式中：e —— 无黏性土的天然孔隙比；

e_{max} —— 无黏性土的最大孔隙比，即最疏松状态的孔隙比，可用漏斗法测定；

e_{min} —— 无黏性土的最小孔隙比，即最密实状态的孔隙比，可用振动法测定。

当 $e = e_{min}$ 时，$D_r = 1$，砂土处于最密实状态；当 $e = e_{max}$ 时，$D_r = 0$，砂土处于最疏松状态。

从理论上采用 D_r 作为判断无黏性土密实度的标准是较为完善的。但是，在实际应用中，由于现场采取原状土样较困难，故 e 不易测定；e_{max} 和 e_{min} 的测定方法中，人为误差较大，影响试验结果的因素较多。所以，在实际应用中，相对密实度指标的使用并不广泛。

细粒土不存在最大和最小孔隙比，因此只能根据其孔隙比 e 或干密度 Q_d 来判断其密实度。

（3）用标准贯入试验锤击数表示

由于上述原因，在实际应用中，常采用标准贯入试验锤击数 N 来评价砂土的密实度。标准贯入试验是在现场进行的一种原位测试方法。试验时，将质量为 63.5 kg 的锤头，提升到 76 cm 的高度，使其自由下落，打击贯入器，记录贯入器入土 30 cm 深所需的锤击数 N，锤击数 N 的大小综合反映了土地灌入阻力的大小，也就是密实度的大小。由于这种方法避免了在现场难以取得砂土原状土样的问题，因而在实际中被广泛采用。

2. 黏性土的稠度

（1）稠度状态与界限含水量

黏性土是指含黏粒较多、透水性较小的土。当含水量变化时，黏性土会具有不同的稠度状态，即不同的软硬程度。含水量很大时，土表现为黏滞流动状态，即液态；随着含水量的减少，土浆变稠，土逐渐变成可塑状态；含水量继续减少，土就进入半固态，最终成为固态。

上述状态的变化，反映了土粒与水相互作用的结果。当土中含水量较大，土粒被自由水隔开，土就处于液态，当水分减少到土粒被弱结合水隔开，土粒在外力作用下相互错动时，颗粒间的联结并未丧失，土处于可塑态，此时土被认为具有可塑性。可塑性是指土体在一定含水量条件下受外力作用时形状可以发生变化，但不产生裂缝，外力移去后仍能保持其形状的特性。弱结合水的存在是土体具有可塑性的原因。当水分再减少，土中只有强结合水时，按照水膜厚薄不同，土处于半固态或固态。进入固态后，土的体积不再随含水量的减少而收缩。

（2）塑性指数与液性指数

可塑性是区分黏性土和砂土的重要特征之一。黏性土可塑性大小，是以土处在可塑状态的含水量变化范围来衡量的，这个范围就是液限和塑限的差值，称为塑性指数。

黏性土的可塑性是与黏粒的表面张力有关的一个性质。黏粒含量越多，土的比表面积越大，吸附的结合水越多，塑性指数就越大。亲水性大的矿物（如蒙脱石）的含量增加，塑性指数也就相应地增大。所以，塑性指数能综合地反映土的矿物成分和颗粒大小的影响。因此，塑性指数常作为黏性土和粉土等细粒土工程分类的重要依据。

土的天然含水量在一定程度上说明土的软硬与干湿状况。对于同一土体，含水量越高，土体越软。但是，仅有含水量的绝对数值却不能说明不同土体所处的稠度状态。例如，有几种含水量相同的土样，若它们的塑限、液限不同，则这些土样所处的稠度状态就可能不同。因此，不同黏性土的稠度状态需要一个表征土的天然含水量与界限含水量之间相对关系的指标来加以判定。

（三）土的力学性质

土的力学性质是指土抵抗外力所表现出来的力学性能，主要包括压缩性能和抗剪强度。

19

1. 土的压缩性

土在压力作用下体积缩小的特性称为土的压缩性。试验研究表明，在一般压力（100～600 kPa）作用下，土粒和水本身的压缩量与土的总压缩量之比是很微小的，因此完全可以忽略不计，所以可把土的压缩看作土中孔隙体积的减小。此时，土粒调整位置，重新排列，互相挤紧。饱和土压缩时，随着孔隙体积的减小，土中孔隙水被排出，这个过程称为土的固结。

在荷载作用下，透水性大的饱和无黏性土，其压缩过程在短时间内就可以结束。然而，黏性土的透水性低，饱和黏性土中的水分只能慢慢排出，因此其压缩稳定所需的时间要比无黏性土长得多，往往需要几年甚至几十年才能完成。因此，必须考虑变形与时间的关系，以便控制施工加荷速率，确定建筑物的使用安全措施。有时地基各点由于土质不同或荷载差异，还需考虑地基沉降过程中某一时间的沉降差异。所以，对于饱和软黏性土而言，土的固结问题是需要引起重视的。

计算地基沉降量时，必须取得土的压缩性指标，无论用室内试验或原位试验来测定它，应力求试验条件与土的天然状态及其在外荷作用下的实际应力条件相适应。在一般工程中，常用不允许土样产生侧向变形的室内压缩试验来测定土的压缩性指标，其试验条件虽未能完全符合土的实际工作情况，但有其实用价值。

土的压缩试验所用的仪器设备是由固结容器、加压设备和量测设备组成的固结仪。

试验时取出金属环刀，小心切入保持天然结构的原状土样并在左右两侧压紧试样，然后置于圆筒形固结容器的刚性护环内，试样上、下各放一块透水石，受压后土中孔隙水可以上、下双向排出。由于金属环刀和刚性护环的限制，土样在压力作用下只能发生竖向压缩，其横截面面积不会变化，即土样无侧向膨胀，这样的试验条件被称为侧限条件。

在压缩试验开始前，先施加 1 kPa 的预压荷载，以保证试样与仪器上、下各部件之间的接触良好，然后调整读数为零。施加载荷时，应控制前后两级荷载之差与前一级荷载之比（即加荷率）不大于 1.0，这样做可减少土的结构强度被扰动。一般按 50，100，200，300，400 kPa 五级载荷进行加荷。对于软土试验，第一级载荷宜从 12.5 kPa 或 25 kPa 开始，最后一级载荷均应大于地基中计算点的自重应力与预估附加应力之和。

2. 土的抗剪强度

在外部荷载作用下，土体中将产生剪应力和剪切变形。当土体中某点由外力所产生的剪应力达到土的抗剪强度时，土就沿着剪应力作用方向产生相对滑动，该点便发生剪切破坏。工程实践和室内试验都证实了土是由于受剪切而产生破坏，剪切破坏是土体强度破坏的重要特点，因此，土的强度问题实质上就是土的抗剪强度问题。在工程实践中，土的强度问题涉及地基承载力，路堤、土坝的边坡和天然土坡的稳定性，以及土作为工程结构物的环境时作用于结构物上的土压力和山岩压力等问题。

四、土的工程分类

自然界中土的成分、结构及性质千变万化，表现的工程性质也各不相同。如果能把工程性质接近的一些土归在同一类，那么就可以大致判断这类土的工程特性。

因此，土的工程分类，应综合考虑土的各种主要工程特性，如强度与变形特性等，用影响土的工程特性的主要因素作为分类的依据，从而使所划分的不同土类之间，在其各主要的工程特性方面有一定的质的或量的差别。因为土是自然历史的产物，土的工程性质受土的成因（包括形成环境）控制，故土的工程特性受土的物质成分、结构、空间分布规律、土层组合和形成年代的影响。另外，采用的分类指标，需既能综合反映土的基本工程特性，又能通过简便地方法进行测定。

目前国内外主要有两种土的工程分类体系，一是建筑工程系统的分类体系，二是材料系统的分类体系。

建筑工程系统的分类体系侧重于把土作为建筑地基和环境，故以原状土为基本对象。因此，对土的分类除考虑土的组成外，很注重土的天然结构性，即土粒间的联结性质和强度，如我国国家标准《建筑地基基础设计规范》中的分类。

材料系统的分类体系侧重于把土作为建筑材料，用于路堤、土坝和填土地基等工程，故以扰动土为基本对象，对土的分类以土的组成为主，不考虑土的天然结构性，如我国国家标准《土的工程分类标准》中的分类。

扰动土是天然结构受到破坏或含水量改变后的土。不扰动土又称原状土，是指没有物理成分和化学成分的改变，相对保持天然结构和天然含水量的土样。原状土用于测定天然土的物理、力学性质。

（一）《建筑地基基础设计规范》中土的分类

《建筑地基基础设计规范》规范将土分为碎石土、砂土、粉土、黏性土和人工填土五大类。其中，人工填土是由于人为的因素形成，只是成因上与其他土不同。因此，天然土实际上被分为碎石土、砂土、粉土和黏性土四大类。碎石土和砂土属于粗粒土，粉土和黏性土属于细粒土。粗粒土按粒径级配分类。

1. 碎石土

碎石土是指粒径大于 2 mm 的颗粒含量超过颗粒全重 50% 的土。根据粒组含量及颗粒形状不同，碎石土可细分为漂石、块石、卵石、碎石、圆砾和角砾六类。

2. 砂土

砂土是指粒径大于 2 mm 的颗粒含量不超过全重的 50%，而粒径大于 0.075 mm 的颗粒含量超过全重的 50% 的土。根据粒组含量不同，砂土又细分为砾砂、粗砂、中砂、细砂和粉砂五类。

3. 粉土

粉土是指粒径大于 0.075 mm 的颗粒含量不超过全重的 50% 且塑性指数 $I_p \leqslant 10$ 的土。粉土既不具有砂土透水性大、容易排水固结、抗剪强度较高的优点，又不具有黏性土防水性能好、不易被水冲蚀流失、较大黏聚力的优点。在许多工程问题上，粉土都表现出较差的力学性质，如受振动容易液化、湿陷性大、冻胀性大和易被冲蚀等。因此，在规范中，它既不属于黏性土，也不属于砂土，将其单列一类，以利于工程上正确处理。

4. 黏性土

黏性土是指塑性指数 $I_p > 10$ 的土。其中，$10 < I_p \leq 17$ 的土称为粉质黏土，$I_p > 17$ 的土称为黏土。

5. 人工填土

人工填土是由于人类活动而形成的堆积土，其物质成分较杂乱，均匀性差。根据其组成和成因不同，人工填土可分为素填土、压实填土、杂填土和冲填土。素填土是由碎石土、砂土、粉土、黏性土等组成的填土。经过压实或夯实的素填土为压实填土。杂填土为含有建筑垃圾、工业废料、生活垃圾等杂物的填土。冲填土是由水力填充泥沙形成的填土。

（二）《土的工程分类标准》中土的分类

《土的工程分类标准》中，根据土中不同粒组的相对含量不同，把土分为巨粒类土、粗粒类土和细粒类土。

1. 巨粒类土

土中巨粒组含量大于 15% 的土为巨粒类土。巨粒类土还可分为巨粒土、混合巨粒土和巨粒混合土三类。

2. 粗粒类土

土中粗粒组含量大于 50% 的土为粗粒类土。粗粒类土分为砾类土和砂类土两类。砾粒组含量大于砂粒组含量的土称为砾类土，砾粒组含量不大于砂粒组含量的土称为砂类土。

3. 细粒类土

土中细粒组含量不小于 50% 的土称为细粒类土。细粒类土中，粗粒组质量不大于总质量 25% 的土称为细粒土；粗粒组质量大于总质量 25% 且不大于总质量 50% 的土称为含粗粒的细粒土；有机质含量小于 10% 且不小于 5% 的土称为有机质土。

第二章 岩土力学分析评价及成果报告

第一节 岩土工程分析评价的内容与方法

一、岩土工程分析评价的主要内容和要求

（一）岩土工程分析评价的作用

岩土工程分析评价是岩土工程勘察资料整理的重要部分，与传统的工程地质评价相比，其作用更加强大，主要表现为：

（1）分析评价的任务和要求，无论在广度还是深度上，都大大增加了。

（2）分析评价时，要求与具体工程密切结合，解决工程问题，而不仅仅是离开实际工程去分析地质规律。

（3）要求预测和监控施工运营的全过程，而不仅仅是"为设计服务"。

（4）要求不仅提供各种资料，而且要针对可能产生的问题，提出相应的处理对策和建议。

（二）岩土工程分析评价的主要内容

岩土工程分析评价应在工程地质测绘、勘探、测试和搜集已有资料的基础上，结合工程特点和要求进行，其主要包括下列内容：

（1）场地的稳定性与适宜性。

（2）为岩土工程设计提供场地地层结构和地下水空间分布的几何参数、岩土体工程性状的设计参数。

（3）预测拟建工程对现有工程的影响，工程建设产生的环境变化，以及环境变化对工程的影响。

（4）提出地基与基础方案设计的建议。

（5）预测施工过程可能出现的岩土工程问题，并提出相应的防治措施和合理的施工方法。

由于岩土性质的复杂性以及多种难以预测的因素，对岩土工程稳定和变形问题的预测，不可能十分精确。故对于重大工程和复杂岩土工程问题，必要时应在施工过程中进行监测，根据监测适当调整设计和施工方案。

（三）岩土工程分析评价的要求

为了保证岩土工程分析评价的质量，对岩土工程分析评价提出以下要求：

（1）充分了解工程结构的类型、特点、荷载情况和变形控制要求。

（2）掌握场地的地质背景，考虑岩土材料的非均质性、各向异性和随时间的变化，评估岩土参数的不确定性，确定其最佳估值。

（3）充分考虑当地经验和类似工程的经验。

（4）对于理论依据不足、实践经验不多的岩土工程问题，可通过现场模型试验或足尺试验取得实测数据进行分析评价。

（5）必要时可建议通过施工监测，调整设计和施工方案。

二、岩土工程分析评价的方法

岩土工程分析评价应在定性分析的基础上进行定量分析，反分析做为数据分析的一种手段，在勘察等级为甲级、乙级的岩土工程勘察中也经常用到。

（一）定性分析

定性分析是岩土工程分析评价的首要步骤和基础，一般不经定性分析不能直接进行定量分析，仅在某些特殊情况下只需进行定性分析。如下列问题，可仅做定性分析：

（1）工程选址及场地对拟建工程的适宜性。

（2）场地地质条件的稳定性。

（3）岩土性状的描述。

（二）定量分析

需做岩土工程定量分析评价的问题主要有：

（1）岩土体的变形性状及其极限值。

（2）岩土体的强度、稳定性及其极限值，包括斜坡及地基的稳定性。

（3）地下水的作用评价。

（4）水和土的腐蚀性评价。

（5）其他各种临界状态的判定问题。

目前我国岩土工程定量分析普遍采用定值法。对特殊工程，需要时可辅以概率法进行综合评价。

（三）反分析

反分析仅作为分析数据的一种手段，适用于根据工程中岩土体实际表现的性状或足尺试验岩土体性状的量测结果反求岩土体的特性参数，或验证设计计算，查验工程效果及事故原因。在对场地地基稳定性和地质灾害评价中使用较多。

反分析应以岩土工程原型或足尺试验为分析对象。根据系统的原型观测，查验岩土体在工程施工和使用期间的表现，检验与预期效果相符的程度。反分析在实际应用中分为非破坏性（无损的）反分析和破坏性（已损的）反分析两种情况，它们分别适用于表 2-1 和表 2-2 中所列情况。

表 2-1　非破坏性反分析的应用

工程类型	实测参数	反演参数
建筑物工程	地基沉降变形量或地面沉降量、基坑回弹量	岩土变形参数，地下水开采量等
动力机器基础	稳态或非稳态动力反应数据，包括位移、速度、加速度	岩土动刚度、动阻尼
支挡工程	水平及垂直位移、岩土压力、结构应力	岩土抗剪强度、岩土压力、锚固力
公路工程	路基与路面变形	变形模量、承载比

表 2-2　破坏性反分析的应用

工程类型	实测参数	反演参数
滑坡	滑坡体的几何参数，滑动前后的观测数据	滑动面岩土强度
饱和粉土、砂土液化	地震前后的密度、强度、水位、上覆压力、标高等	液化临界值

总之，岩土工程的分析评价，应根据岩土工程勘察等级区别进行。对丙级岩土工程勘察，可根据邻近工程经验，结合触探和钻探取样试验资料进行分析评价；对乙级岩土工程勘察，应在详细勘探、测试的基础上，结合邻近工程经验进行，并提供岩土的强度和变形指标；对甲级岩土工程勘察，除按乙级要求进行外，尚宜提供载荷试验

资料，必要时应对其中的复杂问题进行专门研究，并结合监测对评价结论进行检验。

第二节 （岩）土参数的分析与选取

（岩）土体本身存在不均匀性和各向异性，在取样和运输过程中又受到不同程度的扰动，试验仪器、操作方法差异等也会使同类土层所测得的指标值具有离散性。对勘察中获取的大量数据指标可按地质单元及层位分别进行统计整理，以求得具有代表性的指标。统计整理时，应在合理分层基础上，根据测试次数、地层均匀性、工程等级，选择合理的数理统计方法对每层土物理力学指标进行统计分析和选取。

一、（岩）土参数的可靠性和适用性分析

（岩）土参数主要指岩土的物理力学性质指标。在工程上一般可分为两类：一类是评价指标，主要用于评价岩土的性状，作为划分地层和鉴定岩土类别的主要依据；另一类是计算指标，主要用于岩土工程设计，预测岩土体在荷载和自然因素及其人为因素影响下的力学行为和变化趋势，并指导施工和监测。因此，岩土参数应根据其工程特点和地质条件选用，并分析评价所取岩土参数的可靠性和适用性。

岩土参数的可靠性是指参数能正确地反映岩土体在规定条件下的性状，能比较有把握地估计参数真值所在的区间；岩土参数的适用性是指参数能满足岩土工程设计计算的假定条件和计算精度要求。

岩土参数的可靠性和适用性主要受岩土体扰动程度和试验方法的影响，所以主要按以下内容评价其可靠性和适用性：

（1）勘探方法（以钻探为主）；

（2）取样方法和其他因素对试验结果的影响；

（3）采用的试验方法和取值标准；

（4）不同测试方法所得结果的分析比较；

（5）测试结果的离散程度；

（6）测试方法与计算模型的配套性。

二、（岩）土参数的选取

岩土工程勘察报告中，应提供工程场地内各（岩）土层物理力学指标的平均值、标准差、变异系数、数据分布范围和数据的个数。因此，岩土参数的选取，应按工程地质单元、区段及层位分别统计数值和数据个数。按下列公式计算指标的平均值 φ_m、标准差 σ_f 和变异系数 δ。

$$\phi_m = \frac{1}{n}\sum_{i=1}^{n}\phi_i \tag{式 2-1}$$

$$\sigma_f = \sqrt{\frac{1}{n-1}\left[\sum_{i=1}^{n}\phi_i^2 - \frac{1}{n}\left(\sum_{i=1}^{n}\phi_i\right)^2\right]} = \sqrt{\frac{\sum_{i=1}^{n}\phi_i^2 - n\phi_m^2}{n-1}} \tag{式 2-2}$$

$$\delta = \frac{\sigma_f}{\phi_m} \tag{式 2-3}$$

式中：ϕ_i —— 岩土的物理力学指标数据；

n —— 区段及层位范围内数据的个数；

ϕ_m —— 岩土参数平均值；

σ_f —— 岩土参数的标准差；

δ —— 岩土参数的变异系数。

求得平均值和标准差之后，可用来检验统计数据中应当舍弃的带有粗差的数据。

剔除粗差有不同的标准，常用的有 $\pm \sigma_f$ 方法，此外还有 Chauvenet 方法和 Grubbs 方法。

当离差 d 满足下式时，该数据应舍弃：

$$|d| > g\sigma_f \tag{式 2-4}$$

式中：d —— 离差，$d = \phi_i - \phi_m$；

g —— 由不同标准给出的系数，当采用 3 倍标准差方法时，$g = 3$。

第三节 地下水作用的评价

在岩土工程的勘察、设计、施工过程中，地下水的影响始终是一个极为重要的问题，因此，在岩土工程勘察中应当对其作用进行预测和评估，提出评价的结论与建议。地下水对岩土体和建筑物的作用，按其机制可以划分为两类：一类是力学作用；一类是物理、化学作用。力学作用原则上应当是可以定量计算的，通过力学模型的建立和参数的测定，可以用解析法或数值法得到合理的评价结果。很多情况下，还可以通过简化计算，得到满足工程要求的结果。由于岩土特性的复杂性，物理、化学作用有时难以定量计算，但可以通过分析，得出合理的评价。

一、地下水力学作用的评价

地下水力学作用的评价，应包括下列内容：

（1）对基础、地下结构物和挡土墙，应考虑在最不利组合情况下，地下水对结构物的上浮作用；对节理不发育的岩石和黏土且有地方经验或实测数据时，可根据经验确定；有渗流时，地下水的水头和作用宜通过渗流计算进行分析评价。

（2）验算边坡稳定性时，应考虑地下水对边坡稳定性的不利影响。

（3）在地下水位下降的影响范围内，应考虑地面沉降及其对工程的影响；当地下水位回升时，应考虑可能引起的回弹和附加的浮托力。

（4）当墙背填土为粉砂、粉土或黏性土，验算支挡结构物的稳定性时，应根据不同排水条件评价地下水压力对支挡结构物的作用。

（5）因水头压差而产生自下向上的渗流时，应评价产生潜蚀（工程上称管涌）、流土的可能性。

（6）在地下水位下开挖基坑或地下工程时，应根据岩土的渗透性、地下水补给条件，分析评价降水或隔水措施的可行性及其对基坑稳定和邻近工程的影响。

二、地下水的物理、化学作用的评价

地下水的物理、化学作用的评价应包括下列内容：

（1）对地下水位以下的工程结构，应评价地下水对混凝土、金属材料的腐蚀性。

（2）对软质岩石、强风化岩石、残积土、湿陷性土、膨胀（岩）土和盐渍（岩）土，应评价地下水的聚集和散失所产生的软化、崩解、湿陷、胀缩和潜蚀等有害作用。

（3）在冻土地区，应评价地下水对土的冻胀和融陷的影响。

三、采取工程降水措施时应评价的问题

对地下水采取降低水位措施时，应符合下列规定：

（1）施工中地下水位应保持在基坑底面以下 0.5～1.5m。

（2）降水过程中应采取有效措施，防止土颗粒的流失。

（3）防止深层承压水引起的突涌，必要时应采取措施降低基坑下的承压水头。

四、工程降水方法的选取

选取合理有效的工程降水方法，使施工中地下水位下降至开挖面以下一定距离（砂土应在 0.5m 以下，黏性土和粉土应在 1m 以下），以避免处于饱和状态的基坑槽底土质受施工活动影响而扰动，降低地基的承载力，增加地基的压缩性。在降水过程中如果不能满足有关规范要求，将会带出土颗粒，有可能使基底土体受到扰动，严重时可能影响拟建工程建筑的安全和正常使用，所以要综合考虑工程和地质因素，选取合理的降低地下水位的方法。常见工程降水方法及其适用范围见表 2-3 所示。

表2-3　降低地下水位方法的适用范围

技术方法	适用地层	渗透系数（m/d）	降水深度
明排井	黏性土、粉土、砂土	＜0.5	＜2m
真空井点	黏性土、粉土、砂土	0.1～20	单级＜6m，多级＜20m
电渗井点	黏性土、粉土	＜0.1	按井的类型确定
引渗井	黏性土、粉土、砂土	0.1～20	根据含水层条件选用
管井	砂土、碎石土	1.0～200	＞5m
大口井	砂土、碎石土	1.0～200	＜20m

第四节　水和土的腐蚀性评价

一、测试要求

岩土工程勘察时，当有足够经验或充分资料，认定工程建设场地及其附近的土或水（地下水或地表水）对建筑材料为微腐蚀时，可不取样试验进行腐蚀性评价。否则，应取水试样或土试样进行试验，评定水和土对建筑材料的腐蚀性。

采取水试样和土试样应符合以下规定：

（1）混凝土结构处于地下水位以上时，应取土试样作土的腐蚀性测试；

（2）混凝土结构处于地下水或地表水中时，应取水试样作水的腐蚀性测试；

（3）混凝土结构部分处于地下水位以上、部分处于地下水位以下时，应分别取土试样和水试样作腐蚀性测试；

（4）水试样和土试样应在混凝土结构所在的深度采取，每个场地不应少于2件。当土中盐类成分和含量分布不均匀时，应分区、分层取样，每区、每层不应少于2件。

二、腐蚀性评价

（一）水和土对混凝土结构的腐蚀性评价

场地环境类型对土、水的腐蚀性影响很大，不同的环境类型主要表现为气候所形成的干湿交替、冻融交替、日气温变化、大气湿度等。工程建设场地的环境类型，按表2-4规定划分。

表 2-4　场地环境类型分类

环境类型	场地环境地质条件
Ⅰ	高寒区、干旱区直接临水；高寒区、干旱区强渗水层中的地下水
Ⅱ	高寒区、干旱区弱透水层中的地下水；各气候区湿、很湿的弱透水层湿润区直接临水；湿润区强透水层中的地下水
Ⅲ	各气候区稍湿的弱透水层；各气候区地下水位以上的强透水层

受环境类型影响，水和土对混凝土结构的腐蚀性评价，应符合表 2-5 的规定。

表 2-5　按环境类型，水和土对混凝土结构的腐蚀性评价

腐蚀等级	腐蚀介质	环境类型		
		Ⅰ	Ⅱ	Ⅲ
微 弱 中 强	硫酸盐含量 SO_4^{2-} （mg/L）	< 200 200 ～ 500 500 ～ 1500 > 1500	< 300 300 ～ 1500 1500 ～ 3000 > 3000	< 500 500 ～ 3000 3000 ～ 6000 > 6000
微 弱 中 强	镁盐含量 Mg^{2+} （mg/L）	< 1000 1000 ～ 2000 2000 ～ 3000 > 3000	< 2000 2000 ～ 3000 3000 ～ 4000 > 4000	< 3000 3000 ～ 4000 4000 ～ 5000 > 5000
微 弱 中 强	铵盐含量 NH_4^+ （mg/L）	< 100 100 ～ 500 500 ～ 800 > 800	< 500 500 ～ 800 800 ～ 1000 > 1000	< 800 800 ～ 1000 1000 ～ 1500 > 1500
微 弱 中 强	苛性碱含量 OH^- （mg/L）	< 35000 35000 ～ 43000 43000 ～ 57000 > 57000	< 43000 43000 ～ 57000 57000 ～ 70000 > 70000	< 57000 57000 ～ 70000 70000 ～ 100000 > 100000
微 弱 中 强	总矿化度 （mg/L）	< 10000 10000 ～ 20 000 20000 ～ 50 000 > 50 000	< 20000 20000 ～ 50000 50000 ～ 60000 > 60000	< 50000 50000 ～ 60000 60000 ～ 70000 > 70000

腐蚀等级不同时，应按下列规定综合评定：

（1）腐蚀等级中，只出现弱腐蚀，无中等腐蚀或强腐蚀时，应综合评价为弱腐蚀；

（2）腐蚀等级中，无强腐蚀，最高为中等腐蚀时，应综合评价为中等腐蚀；

（3）腐蚀等级中，有一个或一个以上为强腐蚀，应综合评价为强腐蚀。

（二）水和土对钢筋混凝土结构中钢筋的腐蚀性评价

水和土对钢筋混凝土结构中钢筋的腐蚀性评价，应符合表 2-6 的规定。

表 2-6　水和土对钢筋混凝土结构中钢筋的腐蚀性评价

腐蚀等级	水中的 Cl^- 含量（mg/L）		土中的 Cl^- 含量（mg/kg）	
	长期浸水	干湿交替	A	B
微 弱 中 强	＜ 1000 10000～20000	＜ 100 100～500 500～5000 ＞ 5000	＜ 400 400～750 750～7500 ＞ 7500	＜ 250 250～500 500～5000 ＞ 5000

（三）土对钢结构的腐蚀性评价

土对钢结构的腐蚀性评价，应符合表 2-7 的规定。

表 2-7　土对钢结构腐蚀性评价

腐蚀等级	pH	氧化还原电位 （mV）	视电阻率 （$\Omega \cdot m$）	极化电流密度 （mA/cm^2）	质量损失 （g）
微	＞ 5.5	＞ 400	＞ 100	＜ 0.02	＜ 1
弱	5.5～4.5	400～200	100～50	0.02～0.05	1～2
中	4.5～3.5	200～100	50～20	0.05～0.20 ＞	2～3
强	＜ 3.5	＜ 100	＜ 20	0.20	＞ 3

第五节　编制岩土工程勘察报告

一、岩土工程勘察报告的主要内容

　　岩土工程勘察报告是指在原始资料的基础上进行整理、统计、归纳、分析、评价，提出工程建议，形成系统的为工程建设服务的勘察技术文件。

　　岩土工程勘察报告一般由文字和图表两部分组成。表示地层分布和岩土数据，可用图表；分析论证，提出建议，可用文字。文字与图表互相配合，相辅相成。鉴于岩土工程的规模大小各不相同，目的要求、工程特点、自然条件等差别很大，每个建设工程的岩土工程勘察报告内容和章节名称不可能完全一致。所以，岩土工程勘察报告一般应遵循勘察纲要，根据任务要求、勘察阶段、工程特点和地质条件等具体情况编写，并应包括下列基本内容：

（1）勘察目的、任务要求和依据的技术标准。

（2）拟建工程概况。主要包括建筑物的功能、体型、平面尺寸、层数、结构类型、荷载（有条件时列出荷载组合）、拟采用基础类型及其概略尺寸及有关特殊要求的叙述。

（3）勘察方法和勘察工作布置。

（4）场地地形、地貌、地层、地质构造、岩土性质及其均匀性。

（5）各项岩土性质指标，岩土的强度参数、变形参数、地基承载力的建议值。

（6）地下水埋藏情况、类型、水位及其变化。

（7）土和水对建筑材料的腐蚀性。

（8）可能影响工程稳定性的不良地质作用的描述和对工程危害程度的评价。

（9）场地稳定性和适宜性的评价。

（10）对岩土利用、整治和改造的方案进行分析论证，提出建议；对工程施工和使用期间可能发生的岩土工程问题进行预测，提出监控和预防措施的建议。

（11）岩土工程勘察报告中应附的图件：

①勘探点平面布置图；

②工程地质柱状图；

③工程地质剖面图；

④原位测试成果图表；

⑤室内试验成果图表。

当大型岩土工程勘察项目或重要勘察项目需要时，尚可附综合工程地质图、综合地质柱状图、地下水等水位线图、素描、照片、综合分析图表以及岩土利用、整治和改造方案的有关图表、岩土工程计算简图及计算成果图表等。

（12）当大型岩土工程勘察项目或重要勘察任务需要时，除综合性的岩土工程勘察报告外，尚可根据任务要求，提交下列专题报告或单项报告。

主要的专题报告有：

①岩土工程测试报告；

②岩土工程检验或监测报告；

③岩土工程事故调查与分析报告；

④岩土利用、整治或改造方案报告；

⑤专门岩土工程问题的技术咨询报告。

主要的单项报告有：

①某工程旁压试验报告（单项测试报告）；

②某工程验槽报告（单项检验报告）；

③某工程沉降观测报告（单项监测报告）；

④某工程倾斜原因及纠倾措施报告（单项事故调查分析报告）；

⑤某工程深基坑开挖的降水与支挡设计（单项岩土工程设计）；

⑥某工程场地地震反应分析（单项岩土工程问题咨询）；

⑦某工程场地土液化势分析评价（单项岩土工程问题咨询）。

编制岩土工程勘察报告时，对丙级岩土工程勘察项目，其成果报告内容可适当简化，采用以图表为主，辅以必要的文字说明。

二、岩土工程勘察报告中主要图表的编制工法

岩土工程勘察报告中的图表大多数都是通过岩土工程勘察软件进行编制的，在此对其编制的工法作简单介绍。

（一）勘探点平面布置图

在建筑场地地形底图上，按一定比例尺，把拟建建筑物的位置、层数、各类勘探孔及测试点的编号和位置用不同的图例标示出来，注明各勘探孔、原位测试点的孔口高程、勘探或测试深度，并标注出勘探点剖面线及其编号等。

（二）工程地质柱状图

工程地质柱状图是根据钻孔的现场记录整理出来的，也称钻孔柱状图，现场记录中除了记录钻进的工具、方法和具体事项外，其主要内容是关于地层的分布（层面的深度、层厚）和地层的名称和特征的描述。绘制柱状图之前，应根据现场地层岩性的鉴别记录和土工试验成果进行分层和并层工作。当测试成果与现场鉴别不一致时，一般应以测试成果为主，只有当试样太少且缺乏代表性时才以现场岩性鉴别为准。绘制柱状图时，应自上而下对地层进行编号和描述，并用一定的比例尺（1：50～1：200）、图例和符号表示。在柱状图中还应标出取原状土样的深度、地下水位、标准贯入试验点位及标贯击数等。

有时，根据工程情况，可将该区地层按新老次序自上而下以一定比例尺绘成柱状图，简明扼要地表示所勘察的地层的层序及其主要特征和性质，即综合地层柱状图。图上注明层厚、地质年代，并对岩石或土的特征和性质进行概括性的描述。

（三）工程地质剖面图

工程地质柱状图只反映场地某一勘探点处地层的竖向分布情况，工程地质剖面图则反映某一勘探线上地层沿竖向和水平向的分布变化情况。通过不同方向（如互相垂直的勘探线剖面）的工程地质剖面图，可以获取建筑场地内地层岩性、结构构造的三维分布变化情况。由于勘探线的布置常与主要地貌单元或地质构造轴线相垂直，或与建筑物的轴线相一致，故工程地质剖面图是岩土工程勘察报告的最基本的图件。

剖面图的垂直距离和水平距离可用不同比例尺。绘图时，首先将勘探线的地形剖面线绘出，标出勘探线上各钻孔中的地层层面，然后在钻孔的两侧分别标出层面的高程和深度，再将相邻钻孔中相同的土层分界点以直线相连。当某地层在邻近钻孔中缺失时，该层可假定于相邻两孔中间尖灭。剖面图中应标出原状土样的取样位置和地下水位线。各土层应用一定的图例表示，可以只绘出某一区段的图例，未绘出图例部分可由地层编号识别，这样可使图面更为清晰，此外，工程地质剖面图中可以绘制相应勘探孔的标准贯入试验曲线或静力触探试验曲线。

（四）原位测试成果图表

将各种原位测试成果整理成表，并附测试成果曲线。

三、岩土工程勘察报告审查

对岩土工程勘察报告的审核、审定工作统称为审查。岩土工程勘察报告审查是提高岩土工程勘察成果质量的重要环节，未经审查的岩土工程勘察报告不得提供给建设单位和设计单位使用。

岩土工程勘察报告一般实行二检二审制。勘察报告在审核（审定）之前，项目负责人应对成果资料进行自检，并由指定人员进行互检（核对）后，将其送交技术质量办，由勘察报告审核员进行审核，审核员审核后送总工程师办公室审定。审核（审定）人应对勘察报告的自检和互检（校对）情况进行审查，对未经充分自检和互检的报告，应责令项目负责人和校对人员进行重新检查。审核（审定）人对工程勘察全过程的质量有否决权。

（一）审核（审定）人应首先检查勘察全过程资料的完整性

审查内容包括：勘察合同、技术委托书、勘察纲要、野外地质编录、原位测试、土（岩）试验报告、水质分析报告等全过程的原始资料的审查。

审查原始资料是否齐全，实际完成的工作量是否满足合同、技术委托书和勘察纲要的要求，如果工作量有较大增减，是否有变更依据；审查钻探工作、地质编录、取样、岩土试验、水质分析资料等的质量情况。

（二）审核（审定）人应对室内分析、整理、绘制的各类图表和文字报告进行审查

审查各类试验数据与地层岩土性质特征是否吻合，工程地质层的划分是否合理，提供的设计参数是否可靠，文字报告内容是否齐全并突出重点，结论与建议是否切合实际、能否满足设计和技术委托要求，各类图、表是否充分；审查各类图表和文字报告的格式内容是否符合有关规定要求。

（三）报告审查后，应详细填写"报告审查纪要"

对岩土工程勘察全过程各环节的工作质量进行评述，同时对项目负责人的岩土工程勘察质量初评意见进行复评，填写岩土工程勘察项目质量综合评定表（复评），质量复评达到合格后，由总工程师（或授权副总工程师）批准签名，方可提供给委托单位。

第三章 特殊条件下的岩土工程分析技术

工程地质分析评价是岩土工程勘察的核心内容与关键环节，它是在工程地质测绘、物探、钻探与试验的基础上，利用岩土分析理论与技术，得出一系列工程勘察结论与建议，直接服务于规划方案与工程设计。由于山地城市复杂的地质条件与工程需求，一些特殊工程上传统岩土分析手段仍存在着诸多问题，特殊条件下的岩土工程分析技术拟解决山地城市以下问题：

（1）优化隧道围岩分级；

（2）评价危岩体稳定性；

（3）评价滑坡稳定性；

（4）评价岩溶隧道涌突水危险性；

（5）评价隧道施工建设对地下水环境的影响；

（6）地下隧道稳定性分析；

（7）土质边坡支挡。

第一节 隧道围岩分级优化

一、岩体基本质量 BQ 值

隧道围岩分级优化采用定性分级与定量分级协调一致的分级方法。基本质量指标 BQ 值的计算方法参考国标《工程岩体分级标准》。

岩体基本质量指标 BQ 值由公式 BQ=100+3R_c+250K_v 确定。依据国标计算，围岩级别的定性特征分级与 BQ 值定量分级存在较大的差异，主要表现为：Ⅰ、Ⅱ、Ⅲ级围岩，除坚硬岩和岩体较破碎外，其余按定性特征计算 BQ 值分级都比按规范给出的 BQ 值低一级，Ⅳ级围岩中也含有 V 级围岩，从而导致等级降低造成工程浪费；反之，Ⅳ级围岩中含有 V 级围岩，会增大工程风险。

鉴于上述原因，对 BQ 值计算的限制条件做以下调整：规定岩块强度大于 50MPa 时都应按 50MPa（相当于 C50 混凝土强度）计算，同时取消国标中当 R_c > 90K_v+30 时，取 R_c=90K_v+30 的规定。但仍应满足国标中对 K_v 的限制，依据重庆经验对限制公式稍作改变为 K_v > 0.04R_c+0.44 时，将 K_v=0.04R_c+0.44 和 R_c 代入计算 BQ 值。这样既能保证坚硬岩情况下 BQ 值不会过高，又能使同一级围岩中亚级间的 BQ 值不会相差过大。尤其是重庆地区坚硬岩极少，即使是重庆灰岩其强度也达不到 60MPa，这一规定更不会影响重庆地区的围岩分级。

二、不同跨度的围岩等级划分

国标《工程岩体分级标准》中列出了各级围岩中不同跨度下围岩自稳能力，表明围岩的自稳能力不仅取决于岩体质量，还与跨度有关，这已是工程人员的共识。然而，在围岩分级表中并没有体现跨度的影响，尤其是规范分级表中只给出一种 BQ 值，没有说明这种 BQ 值对应何种跨度，更没有给出洞跨与 BQ 值的关系。如果都采用一个 BQ 值，必然会导致小跨度工程偏于安全，而大跨度工程偏于危险。因而在围岩分级中提出按跨度大小设置亚级，并相应给出不同跨度下的 BQ 值。轨道交通和地铁工程通常由区间隧道和地铁车站组成，两者跨度相差很大，区间隧道跨度都在 12m 以内，而车站跨度一般在 20 ～ 27m，少数车站超出 27m。因而围岩分级中需要区分区间隧道和地铁车站，并给出各自的 BQ 值指标。

我国规范中，通常围岩自稳能力的判断以双线隧道跨度的围岩稳定性为基准，因而可将规范中提供的 BQ 值对应 12m 洞跨，将区间隧道 BQ 值从 250 ～ 440 分，分为五级，每级差距 60 分，最后一级 70 分，并考虑分级中的亚级，确定重庆轨道交通地铁工程岩质围岩分级标准。

三、特殊因素对围岩降级处理

影响围岩稳定性的因素很多，除上述岩石坚硬程度与岩体完整性外，还有地下水、结构面产状、初始地应力的影响。考虑这些特殊因素对围岩分级的影响，主要有四种方法：修正法、降级法、限制法、不考虑。标准采用降级处理和不考虑，因为一般来说各种特殊影响因素，只是在特殊情况下才发生作用。

上述三种特殊因素中初始地应力因素对于埋深不大的轨道交通其影响不大，所以不予考虑。结构面对围岩的影响通常体现在岩体的完整性上，但结构面的产状在完整性指标中尚未体现。一般规范中考虑其主要结构面不利产状，当结构面走向与洞轴线夹角 < 30°，结构面倾角 30° ～ 75° 时最为不利。重庆地区岩体完整性较好，一般

硬性结构面其产状对围岩稳定性影响不大，现行《铁路隧道设计规范》也对结构面产状不予考虑，所以本次围岩分级中不考虑硬性结构面产状对围岩的影响。但在实践中发现水对含泥的和易泥化的软弱结构面影响很大，对泥岩夹泥质砂岩碎屑软弱结构面也有一定影响，对围岩稳定起着控制作用，必须特别重视，应予降级处理。

考虑地下水对围岩分级的影响，必须先要确定地下水状态的分级。综合现行规范中关于地下水状态的分级，结合重庆地区的实际情况，对于较破碎→极破碎的中等→强透水围岩或受到地表水体或具有承压性地下水、断层等直接影响时，应进行地下水状态分级，并根据地下水的类型、水量、渗流条件、水压力等情况，判断其对围岩稳定性的影响程度。

四、围岩自稳能力及其安全系数

与以往规范中依据经验和围岩自稳时间定性判断围岩自稳能力的做法不同，提出在隧道各级围岩自稳能力判断中引入毛洞围岩安全系数的量化指标，给出各级围岩自稳能力对应的安全系数范围，进而得到轨道交通工程岩石围岩自稳能力定性与量化的判断标准。按照通常的围岩稳定性分级，分为很稳定、稳定、基本稳定、不稳定与极不稳定五级，按此定义以跨度12m毛洞的稳定安全系数为标志，给出了各级围岩定量指标。由于围岩分级是一种经验性的方法，不能给出准确的范围，只能给出大于某值的规定，以确保围岩分级的可靠性。在Ⅲ、Ⅳ级围岩中对车站隧道增加了基本稳定—不稳定、不稳定—极不稳定的围岩稳定性，有利于围岩分级的精确化。

五、推荐的各级围岩力学参数

依据设计经验和国内外的相关规范，给定各级围岩力学参数，并对不同隧洞工程状况进行毛洞的稳定性计算，计算得到的安全系数都在各级围岩设定的安全系数范围之内，故可认为选取的围岩力学参数合理。考虑到Ⅲ、Ⅳ级围岩强度参数对计算结果影响较大，需要进一步细化，故将Ⅲ、Ⅳ级围岩力学参数再细分为Ⅲ下、Ⅳ上、Ⅳ下，使分级更为科学合理。

六、砂泥岩互层围岩的岩性确定

重庆地区经常会碰到泥沙岩互层的围岩，如何判别这种围岩视作砂岩还是泥岩需要进行分析，利用数值模拟的手段，计算不同地层条件下隧洞开挖的稳定性系数，进而为围岩岩性的确定提供依据。数值分析结果显示，砂岩夹泥岩围岩隧洞稳定安全系数大于泥岩夹砂岩围岩隧洞；水平互层围岩隧洞稳定安全系数大于倾斜互层围岩隧洞，但相差很少；隧洞的稳定安全系数主要受泥岩控制。

基于上述原则，给出车站隧道砂泥岩互层围岩的岩性划分方案如下：

1. 洞底以上1/3跨度（约8m）范围内为泥岩，则该洞视作泥岩；
2. 洞底以上1/3跨度（约8m）范围内为砂岩，若拱顶下1/8跨度（约3m），拱顶上 1/4 跨度（约 6m）范围内也为砂岩，则该洞视作砂岩；

3. 洞底以上 1/3 跨度（约 8m）上 1/4 跨度（约 6m）范围内为泥岩，视作砂岩；

4. 洞底以上 1/3 跨度（约 8m）上 1/4 跨度（约 6m）范围内为泥岩，视作泥岩。

对于区间隧道泥沙岩互层隧洞围岩岩性划分，先要判断隧洞的深浅埋，而后根据隧洞的破坏模式和围岩类别的影响，按以下原则考虑：

第一，当隧道埋深小于 1 倍跨度时，若拱顶上下范围主要为砂岩，则该洞视作砂岩；若拱顶上下范围主要为泥岩，则该洞视作泥岩；

第二，当隧道埋深大于 1 倍跨度时，若侧墙下部与拱顶上下 1/3.5 跨度范围内主要为砂岩，则该洞视作砂岩；其余情况则该洞视作泥岩。

第二节 基于三维激光扫描的危岩体评价

危岩（Perilous rock 或 Unstable rock mass）是指位于陡崖或陡坡上被岩体结构面切割且易失稳的岩石块体及其组合，其形成、失稳与运动属于斜坡动力地貌过程的主要表现形式。目前，国内外学术及工程技术界对危岩这类地质灾害科学内涵的界定存在一定差异，主要有三种，即危岩、崩塌（Collapse 或 Avalanche）和落石（Rockfall）。从崩塌源发育机理和失稳模式来看，这些术语都具有一定的相似性，强调了同一个问题的不同侧面。而危岩则涵盖了危岩体形成、破坏、失稳和运动全过程力学行为。

一、危岩稳定性评价方法

危岩稳定性评价的方法主要有四大类：定性方法、定量方法、物理与数值模拟法和不确定性分析方法。定性方法主要有工程地质类比法和赤平投影图解法等；定量评价方法主要有极限平衡法（静力解析法）等；物理与数值模拟法主要有相似模型试验和数值模拟法；不确定性评价方法主要有灰色聚类法、比较识别法、可靠度分析法、时序分析方法等。

（一）定性方法

工程地质类比法又称工程地质比拟法，是危岩稳定性评价最基本的研究方法，其内容有自然历史分析法、因素类比法、类型比较法等，其实质是把已有的危岩研究经验，应用到条件相似的新高边坡危岩的研究中，需对已有危岩进行广泛的调查研究，全面研究工程地质因素的相似性和差异性，分析研究危岩所处自然环境和影响危岩变形发展的主导因素的相似性和差异性。其优点是能综合考虑各种影响危岩稳定的因素，迅速地对危岩稳定性及其发展趋势做出估计和预测，缺点是类比条件因地而异，经验性强。

赤平投影图解法也是岩体稳定性分析的一种重要方法，罗永忠采用赤平投影图解法分析了达县城区立石子危岩的稳定性，并应用于实践，取得了良好的效果。

（二）定量方法

极限平衡法通过计算在滑移破坏面上的抗滑力（矩）与滑动力（矩）之比即稳定系数来判断危岩的稳定性。这种方法 20 世纪初提出来以后，经过众多学者的不断修正，成为目前在工程实践中最常用的危岩稳定性分析方法。其优点是简单可行，结果明确。胡厚田、吴文雪和陈洪凯等人分别根据各自的分类模式或具体工程特点，采用极限平衡法，提出了危岩失稳判据。成都理工大学用极限平衡法编写了 SASW 软件对边坡及洞室围岩中的岩石块体进行三维稳定性计算。

（三）物理与数值模拟法

1. 相似模型试验法

相似模型试验法是以相似原理为理论基础，针对所研究问题的实际情况，通过原型调研或前期研究成果，利用地质－力学分析，抽象建立模拟研究模型即建模。采用特定的方法如研究区地质体介质相似材料选择，边界条件（位移边界或应力边界）的设计，在一定条件下进行模型试验研究，以达到再现或预测研究对象中已存在或发生过的地质现象之目的。该法是危岩稳定性研究的一种重要方法，对于规模大，失稳危害性大的危岩常采用此方法分析稳定性和失稳变形过程。哈秋舲利用相似理论，采用模型试验的方法分析了长江三峡链子崖危岩的稳定性和变形失稳过程。

2. 数值模拟法

从 20 世纪 60 年代开始，人们就开始尝试采用数值计算的方法分析岩土体稳定性问题。在危岩稳定性应用方面，20 世纪 90 年代中期，刘国明、何应强和杨淑碧等人率先对危岩稳定性进行了有限元分析，随后众多专家学者采用有限元法对边坡进行了大量的研究分析，取得了诸多研究成果。

20 世纪 70 年代，Cundall 提出离散单元法 DEM，使得节理岩体模拟这种更接近于块体运动的过程模拟成为可能。

20 世纪 80 年代 Cundall 提出快速拉格朗日分析方法 FLAC 并由 ITASCA 公司进行商业程序化。采用显式时间差分解析法，大大提高了运算速度；适用于求解非线性大变形，但节点的位移连续，本质上仍属于求解连续介质范畴的方法。

石根华、Goodman 等提出不连续变形分析法，简称 DDA 法，它兼具有限元和离散元法之部分优点。可以反映连续和不连续的具体部位，考虑了变形的不连续性和时间因素，可计算静力问题和动力问题，可计算破坏前的小位移和破坏后的大位移，特别适合危岩极限状态的设计计算。

赵晓彦通过 UDEC 软件对万县长江库岸危岩在不同工况下的稳定性离散元数值分析，直观地揭示出危岩在不同工况下的破坏程度，得出危岩的主要破坏形式为倾倒式崩塌，并总结出危岩的大规模破坏发生在蓄水回水期等有益的结论。

（四）非确定性评价法

危岩稳定性影响因素很多，评价指标的类型众多、信息往往不完整。存在大量定性因素，这些因素在一定程度上具有模糊性、不确定性，加上危岩稳定性定量分析中存在大量人为的、模型的或参数的等不确定性因素，使得危岩的稳定性分析具有随机性、模糊性和不确定性。目前仍没有一种十分精确的分析方法对危岩稳定性进行精确计算和描述，为了克服危岩稳定性工程地质评价工作中的随意性和不确定性，在确定性分析方法的基础上，人们尝试应用数学方法对整个评价过程进行定量或半定量描述，危岩稳定分析理论吸收现代科学理论中的耗散理论、协同学理论、混沌理论、随机理论、模糊理论、灰色系统理论、突变理论等，创立和发展了一批非确定性分析方法。

三维激光扫描技术应用于危岩体稳定性评价中，利用激光扫描的技术优势结合传统的地质调查方法，开创了地质调查的一种新方法。三维激光扫描技术以其独有的技术特点获取地质体的三维空间数据，结合功能强大的后处理软件在危岩体调查中，对传统调查方法进行了创新，得到了一些以前传统方法难以获得的数据结果，有较强的适用性，具体体现在如下方面。

二、基于三维激光扫描的危岩体三维模型获取

（一）危岩体结构面产状量取

在几何学中，不在同一条直线上的三个点确定一个平面。如果对于一个结构面而言，如果能够确定该结构面上的三个不在同一直线上的点坐标，就能够获得一个平面方程，由此方程便能够提取结构面的产状参数。通过以上分析三维点云数据中识别结构面，可以在结构面上确定三个具有代表性的不在同一条直线上的点，由这三个点生成一个平面，用这个平面来拟合该结构面。在研究中发现，这种方法可应用于结构面在空间上有出露的情况，可以利用扫描的空间模型，对结构面产状进行解译。

为方便使用，编制计算拟合平面方程产状的工具箱，整个界面包含三个部分：一是 Parameter（参数）输入部分，根据点云数据的解译，获取拟合平面的参数 A、B、C，将其对应填入到程序中，本程序除能进行拟合平面方程参数计算岩体结构面外，同时加入了输入数据是否正确的检测程序，如果输入的数据不符合平面一般式方程的参数要求，将弹出参数错误的对话框；二是 Result（结果）输出部分；还有就是命令按钮区，程序界面上共设置三个命令按钮。

"START"按钮为计算开始按钮，在参数数据输入完成后，点此按钮则在结果输出部分显示结构面的走向、倾向、倾角等产状信息。"CLEAR"按钮功能是清除界面上输入和输出栏中的数据。"EXIT"，按钮则是退出程序。程序中的输出结果中保留小数点后一位小数，满足工程应用的精度需求。程序运行是始终处在屏幕最上方（最小化时除外），方便数据的拷贝与粘贴。整个程序的设计尽量使界面简洁、使用方便。计算结果显示，结构面节理 1 产状为 99.5°∠58.3°，与现场调查时实际测量的节理 1 产状 105°∠62°较类似，可以应用于危岩体稳定性计算和评价中。

这种方法由于只使用结构面上的三个点拟合生成平面，但如果结构面起伏或受地形影响，一般误差相对较大。且此类结构面没有面出露，在点云数据中的处理目前为止还没有更好的处理办法。考虑到此方法的误差产生原因，在选取三个点时，应注意点的代表性，并尽量选择在结构面出露明显且稳定的地方，同时生成拟合平面后，注意在点云数据中的检验。

（二）三维数值模型的生成

　　在地质工程领域中经常要对地质体（如滑坡、边坡、危岩体等）进行稳定性评价等工作，三维数值模拟计算是必不可少的。对于地质体的数值计算需要获取地形数据，一般而言是从电子版地形图（即 AutoCAD）中进行数据准备。这一过程烦琐、耗时，直接影响工作进度，而对于某些滑坡地形数据不详细，甚至是没有地形数据的情况也经常遇到，此时的三维数值计算就难以入手。

　　由于三维激光扫描技术可以轻松获取扫描体表面的三维数据，通过对点云数据进行大地坐标转换，即可得到与现场完全一致三维模型数据。但所获得的点云数据由于空间距离的不同，造成其不能严格按照扫描设定的采样间距进行分布，而且对于数值计算而言，点云数据数量巨大且密度过大，而且模型边界不规则。通过以上分析，要利用三维激光扫描技术进行数值计算的地形数据生成，主要应解决点云数据的空间分布要遵循一定的规律，同时要控制点云数据边界。

　　整个数据处理过程如下：

　　1. 获取点云数据，并进行大地坐标转换，并进行去噪等处理；

　　2. 对点云数据中的海量点进行适当删减，以减小数据量，同时，应删除计算模型边界以外的点云数据；

　　3. 将删减处理完成的点云数据以文本文件的格式输出，后缀为 .txt 的文件；

　　4. 利用三维数据成像软件 Surfer 将上一步骤的数据导入，然后网格化设定对话框中，设定输出的网格文件格式为 *.dat，接下来设定 X 和 Y 方向的点间隔（一般为整数），设定完成后开始计算，数据文件输出并保存。此保存数据文件，即可作为 Flac3D、Midas GTS 等常用数值计算软件的地形数据文件。

第三节　基于钻孔全景成像的滑坡评价

　　钻孔成像技术通过对钻孔孔壁的探测弥补了传统滑坡勘察中滑动面在钻孔中难以识别的不足，可根据孔内图像获取如下信息：

　　（1）识别和测量地质特征、区分岩性；

　　（2）评估孔隙性状；

　　（3）不良地质体性状的获取；

　　（4）潜在滑动面的判别等。

结合传统的地质调查与钻探工作，在滑坡勘察中开创了一种新方法。结合功能强大的后处理软件，对传统滑坡勘察方法进行了一定创新，有较强的适用性。

一、基于钻孔全景成像的地质信息获取

（一）技术概述

1. 设备简介

钻孔全孔壁电视成像系统是一种能获取全孔壁图像的系统。该系统以光学成像方式获取地下信息，具有直观性、真实性等优点。设备包含带有360°高清摄像头的井下探管、支架及井口滑轮、控制测试速度的绞车及主机部分。

2. 技术原理

由探头上反射镜上部的360°摄像镜头拍摄形成环形图像，经过光学变换与图像展开，把环形图像拼接形成全景图像，这种二维全景图像称为全景孔壁图像。

3. 成果获取

钻孔孔壁全景图像通过位于锥面反射镜上部的360°摄像机拍摄，经过光学变换，形成全景图像。钻孔深度可以通过深度测量装置直接获得，并将其数值叠加到全景面图像中，作为其信息的一部分。方位可以由位于反射镜中部的磁性罗盘得到，磁性罗盘的北极指示了全景图像的方位，通过系统软件将孔壁全景图像按北方位展开，并可按要求还原成孔壁全柱面立体图像。

除此之外，彩色钻孔成像技术可以直观反映出钻孔原位岩体的各种特征及细微构造，可以高效识别地层岩性、岩石结构、断层、裂隙、夹层、岩溶等地质要素，并提高编录的准确性。特别是对于工程应用所关心的不良地质体，钻孔成像技术能直观、清晰地反映其原位的实际性状。岩体中发育的细小裂隙是影响岩体的强度和稳定的重要因素，通过钻孔成像技术可以识别出0.3mm的裂缝。对于岩芯破碎段，可有效区分扰动破碎段及原生破碎段，直观清晰地反映出裂隙的产状以及裂面的光滑程度、充填情况、破碎带的厚度；对于断层可识别其原生性状（断层角砾、产状、垂直向厚度等）；对于溶蚀区能反映岩溶发育情况，溶洞及溶隙的特征及充填情况；对于边坡或滑坡工程中，可以准确地获得裂隙（结构面）的分布、方位和规模，滑坡滑动带深度，性状、岩溶发育（地下水位）等情况。

4. 图像解译

为了统计数据表格中的地层产状和主要结构面的倾向及倾角，二次开发了"钻孔结构面分析程序"。该工具可以综合统计地层产状和地质结构面如裂隙、软弱夹层或破碎带等的倾向倾角，还可以自动汇总其顶部标高和底部标高，统计汇总结果都有利于地质分析和解译。

钻孔中的截面（岩层断层）在平面展开图中表现为一条余弦曲线（或正弦曲线）。该条曲线的周期是固定的，为展开图的宽度，但曲线的振幅和波峰是不固定的，因此只要将振幅和波峰点位置确定下来，便能确定该结构面的倾角，方位角可以由位于反射镜中部的磁性罗盘得到，由此获取结构面的倾向。

（二）主要用途

1. 结构面的精细化描述

地表裂隙、层面等调查统计和钻探岩芯裂隙、层面统计是研究结构面发育特征的两种常用方法，但都存在一定的局限性，即地表裂隙（层面）测量统计虽然在一定程度上能够揭示裂隙发育特征，但由于裂隙的空间几何要素（倾向、倾角、隙宽、隙间距等）会随着深度的变化而变化，地表裂隙统计结果则无法代表深部裂隙发育特征。

工程钻探钻孔取芯工艺虽然可以直观地对深部裂隙特征进行描述，但由于钻探扰动的影响，造成岩芯不连续裂隙几何要素信息丢失等情况的发生，无法准确地揭示深部岩体裂隙发育特征。而利用孔内成像技术能够获得深部岩体裂隙分布的立体实景资料，弥补了钻探过程中因岩芯不连续造成的信息丢失问题。

（1）结构面的发育情况

根据钻孔的孔壁全景图像，详细描述了124m的钻孔内从孔口至孔底的178条结构面发育情况，对结构面的位置，影响长度，倾向与倾角以及结构面的发育特征进行了详细统计，查明了不同深度、各高程内的结构面的发育情况。

（2）获取优势结构面

通过钻孔全景图像及汇总的结构面发育情况表，根据自主开发的"钻孔结构面分析程序"，可以对优势结构面进行统计，生成优势裂隙倾向及倾角玫瑰花图。

（3）获取裂隙发育的线密度

通过钻孔全景图像及汇总的结构面发育情况表，根据自主开发的"钻孔结构面分析程序"，可自动统计每米出现裂缝密度，分别显示出标高和对应的裂缝条数，形成1m范围内裂缝条数的统计成果图，获取裂隙发育的线密度。

2. 查明岩溶发育情况

根据钻孔全景图像，揭露了钻孔范围内岩溶发育情况。该钻孔所揭露岩体发育有3段岩溶发育区：①第一段为标高484～493m段，沿裂隙有明显溶蚀迹象，岩体内溶蚀孔穴密集发育；②第二段为标高431～436m，岩体内溶蚀孔穴密集发育；③第三段标高397m，发育一组溶蚀裂隙，倾向68°，倾角60°。证明该钻孔范围内，这三段高程范围可能出现岩溶破碎带、地下水渗漏等不良影响。

3. 潜在滑动面的识别

滑坡专项勘察中，能否查明滑动面（带）的位置及其工程地质特征，进而确定滑坡的边界条件、参数选取和稳定性计算，对滑坡体的工程地质评价起着至关重要的影响，钻孔成像技术在该专项勘察中起到了很好的应用效果。

由于滑坡体个别钻孔的部分孔段岩体破碎，通过钻孔取芯手段无法准确确定基岩面和基岩层位，更不能断定该段中是否存在深层的滑动带。

通过反复实践，摸索出了采用钻孔孔内成像技术查明潜在滑动面的方法，获得了关键部位的孔壁图像，对分析滑体的岩性、结构及滑带特征起了极为重要的作用。用钻孔全孔段成像后，发现岩层产状变化较小，具有连续性，也无顺坡向的长大的结构面存在，证明该部位为稳定可靠的基岩，并且不存在深层的基岩滑面，其成果为分析整个滑体的性质提供极其重要的证据。

二、基于数值模拟的滑坡稳定性评价

根据现场地质调查、宏观判断和稳定性计算的基础上，结合孔内成像分析潜在滑动面位置，对地质原型进行概化，建立三维数值模型。根据滑坡体内的应力、应变分析，就可以对德滨路 1 号滑坡的稳定性做出较为全面的判断。

数值模拟分析采用美国 ITASCA 咨询集团公司开发的大型有限元计算软件 FLAC 3D 程序。FLAC 基于"快速（显示）拉格朗日分析法"，能模拟岩土体内部的应力、变形等赋存状态，还能对不同材料特性，使用相应的本构方程来比较真实地反映实际材料的力学行为。建立德滨路 1 号滑坡的 FLAC 3D 计算模型时，以垂直德滨路并指向德滨路方向为 X 轴正方向，竖直向上为 Z 轴正方向。为消除边界效应，分析边坡的变形破坏特征及稳定状况，各剖面计算模型的建立以滑坡后壁为起点。

系统初期，由于不平衡力之比较大，将通过发生位移变形来降低不平衡力。随着迭代的不断进行，变形和应力发生重新调整，系统的不平衡力逐渐衰减，最终呈微波动收敛趋于平衡。因此，滑坡最终都会趋于稳定，并保持一种平衡状态。

由于应力重分布，边坡主应力迹线发生较明显偏转，这与边坡浅表部最大主应力与坡面平行有关。

垂向应力场分布较为均匀，量值为 0 ～ 24.474MPa，且随深度变化符合一般地应力场分布规律，即随深度增加垂向应力呈逐渐增大。垂向应力最大值出现在坡体内部，其值为 24.474MPa。

水平向应力量值为 0 ～ 5.2252MPa，与竖向应力分布相似，也随深度的增加而增大。水平向应力最大值同样出现在坡体内部，其值为 5.2252MPa，最小值出现在坡体表面，其值为 0。坡体后缘表面以下一定深度处，出现明显的应力增高带，呈弧形分布，最大量值达 2.5 MPa，但应力增高带并未贯通，不会导致边坡整体稳定性降低。

总体上，垂向和水平向应力场分布较为均匀，均随深度增加呈逐渐增大的趋势；且愈接近坡体表面，竖向应力逐渐与之平行，而水平向应力则逐渐与坡体表面相垂直。

第四节　岩溶隧道涌突水灾害危险性评价

一、评价指标的选取

从综合反映岩溶隧道涌突水灾害发生的概率和危险程度出发，将评价指标体系分为 5 个一级指标的准则层，每个一级指标的准则层又由若干个二级指标层构成，组建的岩溶隧道涌突水危险性评价指标体系见表 3-1。

表 3-1　岩溶隧道涌突水灾害危险性评价指标体系

目标层	准则层	指标层	评价指标的物理意义
岩溶隧道涌突水灾害危险性评价指标体系	岩石可溶性 K_1	岩石化学成分 K_{11}	岩溶发育的物质基础，决定着岩溶水的赋存和运移空间大小
		岩石的结构 K_{12}	
	地质构造条件 K_2	断裂构造	岩溶发育的主控因素，决定着岩溶蓄水构造与隧道之间的水力联系
		褶皱构造	
		单斜构造	
	地表汇水强度 K_3	地貌单元组合类型	岩溶发育的物质基础，决定着地下水的富集过程，同时影响着地下岩溶的发育程度和地下水运移通道的畅通程度
	地下水循环交替强度条件 K_4	地下水水化学特征	岩溶发育的主控因素，反映了隧道所在水文地质单元地下水循环排泄通道的畅通性
	隧道埋深与地下水位的相对位置关系 K_5	隧道所处岩溶水分带及埋深状况	反映了地下水向隧道排泄的水头压力大小及通道条件

二、评价指标的量化取值方法

（一）岩石可溶性

岩石的可溶性 $K1$ 准则层下指标的赋值条件如表 3-2 所示。可溶性岩石的化学成分和结构差异引起的分异作用是岩溶发育的物质基础，造成了地下水的富集空间各异，决定着隧道充水的强度和规模。其次，岩石结构控制了岩石中原始孔隙的分布、类型以及孔隙度大小，从而对可溶岩的溶蚀性有显著影响。

表 3-2　岩石可溶性指标 K_1 的赋值条件

定量化指标（$CaCO_3$ 质量分数 /%）	定性指标（岩石定名）	K_{11} 评分值	岩石的结构	K_{12} 评分值
＞75	灰岩	16～20	生物碎屑结构	16～20
50～75	白云质灰岩	12～16	泥晶结构	12～16
	泥质云灰岩			
25～50	灰质白云岩	8～12	粒屑结构	8～12
	白云岩			
5～25	泥质灰岩	4～8	亮晶结构	4～8
	泥质灰云岩			
0～5	泥质白云岩	0～4	粗晶结构	0～4

（二）地质构造条件

地质构造条件 K_2 准则层下指标的赋值条件见表 3-3。地质构造条件不仅控制着地下水的运移和富集过程，而且决定着隧道区产生涌水的通道类型、畅通性及水源强度。采用 3 个二级指标来反映不同地质构造类型对岩溶发育程度及蓄水构造富水程度的影响，按照隧道所处的不同地质构造条件及部位分别进行取值。

表 3-3　地质构造条件指标 K_2 的赋值条件

断裂构造							
	导水断裂	断裂的破碎带宽带（m）	＞10	2～10	1～2	0.1～1	＜0.1
		断裂的影响带宽带（m）	＞30	10～30	5～10	1～5	＜1
		K_2 评分	17～20	14～17	10～14	6～10	0～6
	阻水断裂	断裂的破碎带宽带（m）	＞10	5～10	1～5	0.2～1	＜0.2
		断裂的影响带宽带（m）	＞30	10～30	5～10	1～5	＜1
		K_2 评分	14～17	10～14	6～10	4～6	0～4

	褶皱形态	宽缓型褶皱	中缓型褶皱		紧闭型褶皱
褶皱构造	褶皱两翼的岩层倾角	< 35°	35°～65°		> 65°
	K_2 评分	0～10	10～16		16～20
单斜构造	含水层组类型	厚层状裂隙-岩溶含水层组	厚层脉状岩溶-裂隙含水岩组	夹层式层岩-裂隙含水岩组	孔隙-裂隙岩溶含水岩组
	K_2 评分	16～20	10～16	4～10	0～4
	岩层的厚度（m）	巨厚层（> 1）	厚层（0.5～1.0）	中厚层（0.1～0.5）	薄层（< 0.1）
	K_{22} 评分	8～12	6～10	2～6	0～2
	岩层的倾角（°）	< 30	30～45	45～60	> 60
	K_{23} 评分	14～20	10～14	6～10	0～6

（三）地表汇水强度

地表汇水强度 K_3 准则层下指标的赋值条件见表 3-4。地貌条件与地下岩溶空间的形成与发展是相互促进、相互作用的过程，地表不同岩溶地貌组合条件下的产汇流方式有极大的差别，地形坡度的差异造成了坡地、沟谷不同位置具有不同的产流作用，影响着地下水向隧道富集与运移的水量、水压等大小。故采用 3 种方法对地表汇水强度进行量化取值。

表 3-4 地表汇水强度 K_3 的赋值条件

地表出露封闭负地形面积比例（%）	70～100	50～70	25～50	10～25	0～10
K_3 评分	16～20	12～16	8～12	4～8	0～4
地表岩溶形态	封闭地形	开口沟谷切割			
	峰丛-落水洞、峰丛-洼地、溶蚀槽谷	溶蚀平原、缓坡台地	陡坡台地、槽谷、溶沟、溶丘		完整斜坡

续表

K_3 评分	16～20	12～16	8～12		0～8
地面坡度（°）	＜10	10～20	20～30	30～45	＞45
K_3 评分	16～20	12～16	8～12	4～8	0～4

（四）地下水的循环交替强度

地下水的循环交替强度 K_4 准则层下指标的赋值条件见表 3-5。该指标的获取需要在水文地质测绘中，对隧道区不同地下水系统的排泄点或露头采样做室内水化学简分析，获得能够反映地下水循环运移速率的 Ca^{2+} 指标浓度，结合出露点测得的 PH、温度及分析结果中的其他相关离子浓度等，计算饱和指数 $SI_C(Ca^{2+})$。

表 3-5　地下水的循环交替强度 K_4 的赋值条件

方解石的饱和指数 $SI_C(Ca^{2+})$	＜0	0～0.4	0.4～0.8	0.8～1.2	＞1.2
K_4 评分值	16～20	12～16	8～12	4～8	0～4

（五）隧道与地下水位的相对位置关系

从西南地区岩溶隧道中近 110 个已发涌突水灾害点的统计特征来看，隧道穿越水平循环带时发生涌突水灾害的概率最高，产生的涌突水量也较其他部位更大，其次为水平－垂直交替循环带。垂直循环带中隧道涌突水的发生则与降雨具有密切相关性，深部循环带中仅偶有灾害发生。隧道与地下水位的相对位置关 K_5 准则层下指标的赋值条件见表 3-6。

表 3-6　隧道与地下水位的相对位置关系 K_5 的赋值条件

定性评价指标	隧道所处的垂向循环带	垂直渗流带	交替带	水平径流带	深部循环带	
K_5 评分	-	0～6	6～12	14～18	8～12	
定量评价指标	隧道参照地下水位的埋深（m）	地下水位以上	地下水位以下			
			0～50	50～100	100～200	＞200
K_5 评分	区域排泄基准面以上	0～6	2～8	8～14	14～18	18～20
	区域排泄基准面以下	-	14～18	16～20	12～16	8～12

三、评价指标权重的确定

结合本次研究对象的环境特征和基础资料的收集状况，采用多元回归分析的多元统计方法和 AHP 灰色关联度法来确定指标的权重。

灾害评价一级和二级指标对涌水灾害的贡献大小用权重来衡量，指标对涌水灾害控制性越强，其权重越大。研究中通过对重庆地区已建和在建的隧道共 75 段基础地质资料与已发岩溶涌突水灾害详情的收集与调研，大致确定隧道不同洞段已发灾害的危险程度（分值或级别），利用线性回归的方法获得了 5 个一级指标的权重，利用 AHP 层次分析法确定了岩石可溶解性 K_1 的 2 个二级指标、地质构造 K_2 为单斜地层时 3 个二级指标的权重。

四、评价系统的建立

在计入权重条件下，隧道涌突水危险性综合评价指标 THK 的计算公式为：

$$THK = 5 \cdot \left(0.25K_1 + 0.13K_2 + 0.16K_3 + 0.10K_4 + 0.36K_5\right)$$

其中，一级指标在二级指标的相互作用下的计算公式为：

$$K_1 = 0.75\ K_{11} + 0.25\ K_{12}$$

$$K_2 = K_{21} \quad \text{（断裂或褶皱构造条件）}$$

$$\text{或者}\ K_2 = 0.7235\ K_{21} + 0.1923\ K_{22} + 0.0833\ K_{23} \quad \text{（单斜蓄水构造条件）}$$

$$K_3 = K_{31} \quad \text{（无二级指标）}$$

$$K_4 = K_{41} \quad \text{（无二级指标）}$$

$$K_5 = K_{51} \quad \text{（无二级指标）}$$

五、隧道涌突水灾害危险性等级划分标准

目前岩溶隧道工程界对岩溶涌突水灾害的危险性主要从灾害引发的人员伤亡程度、财产损失程度、生态环境负效应的强弱及突水模式和可能的涌突水量大小等方面来确定风险接受准则及等级。

根据前人的研究成果，结合目前复杂岩溶隧道的施工技术和被工程界普遍接受的风险接受准则，本次研究将隧道涌突水危险性划分为 5 个等级（表 3-7）：危险度极高（V）、危险度高（IV）、危险度中等（III）、危险度较低（II）、危险度低（I），分值满分设置为 100 分，5 个等级所对应的分值依次为 > 85、65 ～ 85、45 ～ 65、

25～45、＜25，分值越高，级别越高，灾害的危险程度越高。

表 3-7　岩溶隧道涌突水灾害危险等级划分

评分	＞85	65～85	45～65	25～45	0～25
级别	V	IV	III	II	I
类别	危险度极高	危险度高	危险度中等	危险度较低	危险度低
综合描述	产生大规模突发性涌水突泥灾害，短时间淹没施工掌子面和坑道中的施工设施，迫使施工停止，造成人员伤亡及财产损失，环境负效应极为显著	产生大规模突发性涌水突泥灾害，短时间淹没施工掌子面和坑道中的施工设施，在短时间内地下水量达到稳定，迫使施工停止，一般不危及施工人员及财产安全，环境负效应显著	产生中等规模突发性涌水突泥等，造成一定财产损失，不危及施工人员安全，环境负效应比较显著	产生较小规模涌水、突泥，造成一定财产损失，无人员伤亡，产生一定程度的环境负效应	局部产生小规模涌水突泥等，无人员伤亡，造成一定财产损失，环境负效应较轻或者微弱
单点最大涌水量（m^3/h）	＞10^4	10^3～10^4	10^2～10^3	10～10^2	＜10

六、岩溶涌突水灾害防治措施

　　能否采取可靠的岩溶涌突水灾害水防治措施将直接影响到隧道的成功修建，但岩溶发育的非均质性和岩溶水系统的复杂性，大大增加了隧道施工中岩溶涌突水灾害的防治难度。岩溶隧道施工中涌突水灾害的防治工程实施没有统一、固定的模式，灾害的防治经验多来自工程实践。

　　在岩溶隧道涌突水危险性评价基础上，针对岩溶隧道洞段的涌突水灾害危险级别，结合地质调查与施工超前预测预报的宏观地质评判结果，形成灾害预警机制，确定了相应危险级别的岩溶涌突水防治措施，控制隧道建设过程中灾害发生的源头条件，降低灾害损失，同时优化隧道设计、施工、支护措施，消除隧道施工及运营中的安全隐患。

第五节 大断面浅埋立体交叉地下隧道稳定性数值分析

一、隧道围岩力失稳理论及地表沉降机理

（一）围岩的稳定性

隧道开挖前，围岩中的每个质点均受到天然应力状态（一次应力状态）作用而处于平衡状态。隧道开挖后，洞壁掩体因失去了原有岩体的支撑，破坏了原来的受力平衡状态，而洞内空间胀松变形，其结果又改变了相邻质点的相对平衡关系，引起应力、应变和能量的调整，以达到新的平衡，形成新的应力状态。我们把地下开挖后围岩中应力应变调整而引起围岩中原有应力大小、方向和性质改变的作用，称为围岩应力重分布作用，经重分布后围岩的应力状态称为重分布应力状态（二次应力状态），并将重分布作用应力影响范围内的岩体称为围岩。有关研究表明，围岩应力重分布状态与岩体的力学性能、天然应力和硐室断面形状等因素有关。

在没有采取支护措施且地下硐室不能自稳的情况下，其力学动态过程可分为四个阶段：

1. 开挖后引起应力重新分布；

2. 在重分布应力作用下，一定范围内的围岩产生位移，进入松弛状态，与此同时也会使围岩的物理力学性质恶化；

3. 在上述围岩位移的情况下，围岩将在薄弱处产生破坏；

4. 在局部破坏的基础上造成整个石硐室的崩塌。

如果在第二或者第三阶段施加支护措施并促使其稳定，将形成第三次应力状态。三次应力状态在满足稳定要求后就形成了一个稳定的硐室结构。

围岩的稳定性分析，实质上是研究地下空间开挖后第二次和第三次应力状态形成机理和计算方法，以判别围岩会不会发生局部破坏，是否会造成整个硐室的崩塌。围岩稳定性是一个相对概念，它主要是研究围岩的应力状态和围岩强度之间的相对关系。一般来说，当围岩内部某处的应力达到并超过了相应围岩的强度时，就认为该处围岩已经破坏，反之则未破坏，也就是说该处围岩是稳定的。因此，我们在做地下隧道稳定性分析时，首先应根据工程所在的围岩天然应力状态确定开挖后围岩中重分布应力状态，以及采取支护措施后的应力状态的特点，进而研究围岩应力与围岩变形及强度之间的关系，进行稳定性评价，以此作为地铁隧道设计和施工的依据。

（二）围岩失稳模式

1. 整体块状结构围岩隧道失稳模式

整体块状结构围岩在岩质较硬、地应力较高的情况下的变形失稳主要表现为岩爆和劈裂剥落，其基本机理为：在较高应力条件下围岩由于扰动因其损伤破坏加剧，会发生围岩突然破坏，并伴随着能量的突然释放，且具有很强的杀伤力。据以往研究表明，岩爆的力学机制大体上可归为压制拉裂、压制剪切破裂、弯曲鼓起等方式。不同的破裂方式不仅与围岩的受力状态有关，也与岩体本身的性能与结构有关。

2. 块状结构围岩隧道失稳模式

块状结构围岩主要由硬质岩被节理、裂隙切割而成，此类结构围岩主要破坏机理为：受围岩强度和弱结构面控制下的块体分离、脱落。其力学机制主要为岩块的脆性破坏和沿着弱结构面的切向滑移。但这些力学机制不是单一的类型，主要包括：压应力高度集中引发的压制拉裂等脆性破坏（如整体块状围岩的岩爆、劈裂剥落等）、拉应力集中导致的张裂破坏（如张裂掉块、塌方等）、重力作用或压力作用下的块体剪切滑移、倒转、和破碎等。

3. 层状结构围岩隧道失稳模式

层状结构岩体的变形主要有层面弯折和顺层滑移两种，层面弯折的力学本质是：应变能释放产生的指向隧道内的拉张应力超过岩层层面间的黏结力，由于岩石材料刚度和岩层层面刚度存在差异，岩层弯折变形逐步增大，进而演化成岩层层面的断裂、分离，当弯折变形量超过单层岩层的最大变形挠度时，便发生岩层弯折或溃曲。特别在一些层片状软岩，常出现结构性弱化。弱化机制为：开挖后在应力扰动和水的力学—化学耦合作用下，层片裂解与弯曲变形，岩体强度整体弱化，自稳能力变差。

顺层滑移变形的主要机理为：隧道开挖后，岩层在隧道某临空面上表现为指向隧道临空面正方向（即隧道内）的顺倾模式，进而在隧道三维应力场的综合作用下产生层面剪切应力集中，当层面剪切应力超过岩层层面的抗剪强度时，便发生向隧道内的顺层滑移变形。

在倾斜岩层情况下，拱顶、右拱肩及右侧壁围岩向洞内顺层滑移，而左拱肩发生塑性弯折变形；直立岩层中拱顶部位围岩易顺层向下滑移变形，两侧壁围岩向内弯折或溃曲变形。

4. 碎裂结构围岩隧道失稳模式

碎裂结构围岩主要是由于节理、裂隙等结构面比较密集而导致岩体形成比较破碎的结构特征，结构面之间的胶结弱，开挖扰动产生临界面，掌子面附近岩体在临空面部位产生应力集中。其中，拉应力集中导致围岩沿弱结构面分离并在重力作用下坍塌，压应力集中导致围岩剪切松动或挤出变形。一般碎裂结构围岩出现在强风化区，或结构作用强烈的地区（如断层破碎带和断层角砾岩），或存在于浅埋风化、破碎地段，在地表径流或地下水丰富的地区往往有较高的裂隙水含水量，此时的岩体结构面基本丧失强度和刚度，碎裂结构围岩的变形表现出流塑特征。

5. 散体结构围岩失稳模式

散体结构围岩变形机理归纳为：此类围岩本身岩体结构面之间及矿物颗粒间的胶结强度较弱，在隧道开挖后产生临空面，必然使指向临空面的水力梯度增加，所产生的动水压力差使得孔隙水、裂隙水等在结构面及矿物颗粒间的胶结强度进一步弱化，在重力场、构造应力或侧向压力作用下，散体结构岩体结构面之间与矿物颗粒的胶结作用基本失效，在水压力形或失稳现象均有可能发生，这类变形一般与水、地应力等环境因素关系密切。

二、隧道围岩稳定性判别方法及位移控制基准

近年来，围岩稳定性问题已经引起国内外科研人员的普遍关注，但是由于不同地区的地层条件存在较大差异和不确定性，对于地铁隧道下穿工程围岩稳定性的判别和控制基准，目前仍有很多不同的观点。

（一）隧道围岩稳定性判别方法

隧道围岩从开挖到破坏一般包括弹性变形阶段、弹塑性屈服的稳定阶段和非稳定的破坏阶段。开挖后的隧道会引起周围原本稳定的地应力场遭到破坏，围岩发生卸荷，地应力重新分布从而再次达到新的平衡状态。在此过程中，围岩会发生塑性变形，形成一定的塑性区，这部分塑性区的发展决定了开挖后的隧道能否稳定可靠。一旦围岩发生塑性突变或变形异常，围岩将很可能失稳，发生坍塌等事故。为了及时监测塑性区的变形发展状态，学者们提出了很多判别方法，主要分为围岩强度判别法和隧道洞内变形判别法两大类。

围岩强度判别法是利用摩尔－库仑强度准则、Hoek-Brown 经验强度准则、Drucker-Prager 强度准则等方法作为判断围岩是否稳定的判据。这种方法存在一定的局限性，首先其应用需要岩体强度和地应力场的数据资料，这些数据的获取比较困难；其次由于构造运动的影响，隧道在开挖前原有应力状态已经遭到破坏，加之施工过程中对围岩的维护，使得这些经典力学理论在现场运用中难以准确判断；此外隧道开挖后围岩处于复杂环境中，其稳定性受地质条件、施工工艺等多因素耦合作用，这使得对其进行理论分析更为复杂。

洞内变形判别法认为，当开挖后隧道洞内围岩变形发生收敛并趋近于 0 时，该隧道即可判定为稳定状态。若开挖后围岩变形持续递增最终超过极限位移仍不收敛，则判定该隧道处于不稳定状态，很可能发生坍塌等事故。国内外常以变形速率、位移加速度及收敛比作为该判据的判定参数。

（二）隧道稳定性极限位移

隧道极限位移是指隧道在某种极限状态下各控制点的位移。它由围岩性质，施工工艺和支护工艺等多因素影响的。在隧道开挖工程中可通过以下方法确定隧道的极限位移：

1. 利用实际位移和补充的插值位移进行位移反分析，以此获得原岩应力、围岩

力学性质等参数；

2. 以实际施工参数以及支护结构作用荷载等参数为基础，进行数值模拟计算，从而获得反映实际地质条件及支护结构的隧道极限变形值；

3. 通过灰色理论和神经网络的方法处理监测数据，对位移时序曲线进行预报，取得隧道开挖至测量获得第一次数据前的位移释放值和实测位移的最终估计值，并处理得到隧道极限位移。

隧道失稳有一些先兆，从现场来看，喷层的大量开裂、层状劈裂或局部块石坍塌均是隧道失稳的先兆。从测量数据上看，但洞内拱顶沉降与收敛测值达到2/3的极限位移时仍未出现收敛减缓迹象或单日测值超过极限位移的10%也是隧道失稳的先兆。此外，隧道断面的异常变形，且在无施工干扰时变形速率加大也是失稳的先兆。

（三）隧道极限状态的宏观特征解释

开挖后隧道断面的位移变形量是围岩发生塑性应变甚至失稳的宏观表现形式，工程上我们采用通过分析拱顶沉降和洞内水平收敛的测量的变化规律进行分析。

变形协调系数是指洞内水平收敛与拱顶沉降值之比，采用变形协调系数对地应力释放的不同阶段进行围岩失稳分析也是一种可靠方法。当围岩处于弹性阶段时，变形协调系数为定值，说明水平收敛和拱顶沉降在此阶段的增长速度相同；而当围岩进入塑性变形阶段后，并行协调系数表现为缓慢的线性增长，说明围岩处于塑性阶段时水平收敛变化速率大于拱顶沉降变化值；进入塑性流动阶段后，应变协调系数发生突变，围岩处于不平稳状态，可能表现为尖拱或边墙挤入等现象。

隧道开挖后洞内围岩发生塑性流动现象是其围岩发生失稳破坏的主要因素，围岩失稳的极限状态可以通过洞内收敛的测值和拱顶沉降的测值或洞内变形协调系数进行判定。研究表明，从施工现场的角度出发，在施工过程中，采用变形协调系数进行围岩稳定性的判定更加方便，更具可操作性。

三、数值模拟软件选取与模型的建立

（一）Flac3D 软件简介

Flac3D (Fast Lagrangian Analysis of Continua)，是二维的有限差分程序Flac2D 的拓展，由美国 Itasca 公司研发的数值模拟计算软件。能够采用拉格朗日差值算法和混合—离散分区技术对岩石、土质及其他多种材料的三维结构进行受力分析和塑性流动分析计算，从而准确的模拟材料的塑性破坏和流动。由于无须形成刚度矩阵，因此，基于较小内存空间就能够求解大范围的三维问题。

Flac3D 所采用的混合离散法比有限元数值模拟所采用的离散集成法更精准，即便被模拟的系统是静态系统，Flac3D 仍采用动态运动方程，这使得 Flac3D 在模拟物理上的不稳定过程不存在数值上的障碍。此外，Flac3D 所采用的显式解方案对非线性的应力—应变关系的求解所花费的时间，几乎与线性本构关系相同，而隐式求解方案将会花费较长的时间求解非线性问题。而且，它没有必要存储刚度矩阵，这就意味着采用中等容量的内存可以求解多单元结构，模拟大变形问题几乎并不比小变形问题多花费计算时间，因为其刚度矩阵并不需要修改。

但是Flac3D也存在一些自身的缺陷，比如对于线性问题的求解计算时间较长，前处理功能较弱等。

（二）计算模型的建立

根据中国西部某城市隧道的实际情况，建立了长（122～142m），宽108m，高40m的三维模型。在建模过程中默认为各岩层为均匀介质，忽略了路面的不平整度，以方便计算。为了能够更好地反映出下穿双孔并行盾构施工对近邻隧道的施工和上覆高速公路路面影响，决定建立左、右线隧道净距分别为10m、20m、30m，埋深分别为10m、15m、20m，左右两洞异步开挖掌子面相距为6m、12m、18m的三条件三水平正交的数值计算方案，共27个模型，方案如表3-8所示。

根据工程地质资料，模型自上而下材料分别为路面、素填土（路面部分为路基）、砂岩和砂质泥岩，各层厚度分别为0.3m、3.9m、4.8m、31m。一般来说，地铁工程地质初勘、详勘报告中的土层常规及特殊指标综合统计表只有压缩模量等值，模型中土体参数选取，需要根据压缩模量与弹性模量之间及土体弹性模量与体积模量、剪切模量之间的转换公式进行计算，根据施工设计图纸和地质勘查报告，赋予模型以下材料属性，如表3-9所示。

表3-8　试验模拟计算方案

		异步6m	1-1-1
	净距10m	异步12m	1-1-2
		异步18m	1-1-3
		异步6m	1-2-1
埋深10m	净距20m	异步12m	1-2-2
		异步18m	1-2-3
		异步6m	1-3-1
	净距30m	异步12m	1-3-2
		异步18m	1-3-3

续表

		异步 6m	2-1-1
	净距 10m	异步 12m	2-1-2
		异步 18m	2-1-3
		异步 6m	2-2-1
埋深 15m	净距 20m	异步 12m	2-2-2
		异步 18m	2-2-3
		异步 6m	2-3-1
	净距 30m	异步 12m	2-3-2
		异步 18m	2-3-3
		异步 6m	3-1-1
	净距 10m	异步 12m	3-1-2
		异步 18m	3-1-3
		异步 6m	3-2-1
埋深 20m	净距 20m	异步 12m	3-2-2
		异步 18m	3-2-3
		异步 6m	3-3-1
	净距 30m	异步 12m	3-3-2
		异步 18m	3-3-3

$$E_0 = E_s \left(1 - \frac{2\mu^2}{1-\mu} \right)$$

$$k = \frac{E_0}{3(1-2\mu)}$$

$$G = \frac{E_0}{2(1+\mu)}$$

式中：E_s —— 弹性模量；

E_0 —— 压缩模量；

k —— 体积模量；

G —— 剪切模量；

μ —— 泊松比。

表3-9 各土层材料参数表

材料名称	内摩擦角（°）	黏聚力（kPa）	泊松比	弹性模量（GPa）	重度（kN/m³）
砂质泥岩	32	1700	0.38	1.21	25.6
路基	28	140	0.3	0.8	21
砂岩	41	2500	0.12	5.91	25
衬砌	51.8	2300	0.2	20	25
路面	40	2300	0.15	1.8	24

（三）模型计算思路

模型建立之后，首先确定边界条件，对除了上表面的其他各边界面进行位移限定，然后进行初始地应力计算并在计算完成后进行位移清零处理。

如何模拟开挖过程是数值模拟的核心环节，由于模拟计算考虑到异步开挖的间距和上覆高速公路路面动载荷的施加，故而给模拟过程增加了难度。经过多次调试，决定采用先开挖右洞待开挖达到设定异步掌子面间距时，再开始开挖左洞，对于已开挖的部分立即赋予其衬砌的材料属性，模拟盾构机的管片支护过程，并在路面施加一定频率的重车通过的动载荷，开挖过程中，选取特殊的三个时段记录计算结果，这三个时段分别为：

1. 先行掌子面到达高速路面正下方时；
2. 后行掌子面到达路面中心位置正下方时；
3. 左右两洞双双开挖完成时。

（四）动载荷的模拟

长期以来，我国学者在进行车辆载荷对路面的影响分析时把重车的行驶过程通常转化成静载荷进行研究，通过计算路面材料的拉弯应力和路面的回弹弯沉值等参数作为辅助道路设计的控制指标。这种静载荷代替动载荷的方法在行车速度较慢、路况较好、车辆载荷较轻的情况下计算出的结果是与实际情况较吻合的。但对于本书研究的隧道下穿高速公路的工程背景下，由于高速路面行车车速较快，行驶车辆较多为运输货物的大型重车，仍然采用静载荷来代替实际的路面动载荷，恐怕会出现较大的计算误差，不利于数值模拟。

由于本文采用的数值模拟软件Flac3D支持动载荷的计算，且计算时间较其他软件要快，故而决定双孔隧道上覆的高速公路路面施加模拟重车行驶的动载荷的方法，进行数值计算。在此过程中，有以下问题需要解决。首先，车辆驶过路面时具有一定的随机性，其次重车本身是一个多自由度的振动系统，另外路面的不平整度也是一个影响动载荷施加效果的因素。通过对该内环高速公路的实地考察，并结合相关学者的研究成果，决定以三轴十轮组的东风货车作为重车模型。该重车后轴为双轮，内外轮轮距分别为 1.60m 和 2.05m，前轴轮距为 1.86m，两后轴轴距为 1.28m，前轴与中间轴轴距为 5.90m，该重车净重 120kN，满载时车货总重为 300kN。根据内环高速现场实测，重车平均驶过施工处的车速为 72km/h，呈三角函数曲线，对其经过快速 Fourier 变换后可得到动态响应幅频曲线，其频谱响应的主频范围在 0 ~ 25Hz 之间，且幅值随频率升高而迅速降低。

为真实地反映车辆动荷载的特点，采用双频率正弦波模拟交通荷载，如下式所示：

$$p(t) = p_0 + k_1 p_0 \sin(\omega_1 t) + k_2 p_0 \sin(\omega_2 t)$$

式中，p_0 为车辆静载荷；ω_1 和 ω_2 分别为车辆动载的振动源频率；k_1 和 k_2 分别为两个动频的动载分担系数；$k_1 + k_2$ 为车载的动力放大系数。

为了方便起见，我们简化模型只对重车两个后轴进行计算，取超载 50% 时的轮胎内压 1.05MPa（满载时内压为 0.7MPa）。双轮着地面积为 0.0713m²，其分布面积取为 30cm×24cm，为便于计算，轮距取为 1.92m，轴距取为 1.2m，两车轮荷载的水平位置分别位于 4.44m 和 6.36m 处，本文中 ω^1 和 ω^2 分别为主频 4Hz 和 10Hz 对应的圆频率，车速 72km/h 时，动荷载放大系数取为 0.28，相应的取 k_1 =0.18，k_2 =0.1。

四、下穿地铁隧道围岩稳定性分析

（一）埋深对开挖隧道稳定性的影响

从位移监控的角度来看，可见隧道埋深对隧道围岩及衬砌沉降影响明显，其原因主要是由于开挖后的隧道原本平衡的应力场遭到破坏，围岩开始卸荷，加之盾构施工的管片支护作用，地应力重新排布又一次达到平衡状态。由于隧道埋深的不同，岩石初始应力场不同，且所受上覆路面动载荷的影响也不同，引起地表沉降也不同。

为了方便起见，我们简化模型只对重车两个后轴进行计算，取超载 50% 时的轮胎内压 1.05MPa（满载时内压为 0.7MPa）。双轮着地面积为 0.0713m²，其分布面积取为 30cm×24cm 为便于计算，轮距取为 1.92m，轴距取为 1.2m，两车轮荷载的水平位置分别位于 4.44m 和 6.36m 处，本书中 ω_1 和 ω_2 分别为主频 4Hz 和 10Hz 对应的圆频率，车速 72km/h 时，动荷载放大系数取为 0.28，相应的取 $k_1 = 0.18$，$k_2 = 0.1$。

在以往研究中，浅埋深隧道（埋深小于 10m）洞内沉降随埋深的增大而增大，是由于埋深较浅时，开挖引起应力重分布，埋深越大地应力越大，故而拱顶沉降也越大。但当埋深达到一定深度后（本书中指大于 10m），隧道上部围岩由于自稳作用，会相应抵消大埋深形成的较大地应力，并且埋深较大时，上覆路面动载荷对下穿隧道的影响也会逐渐减小，故而较大埋深时，下穿隧道洞内沉降随埋深的增大而逐渐减小。埋深 10m 时，洞内最大沉降为 14.452mm；埋深 15m 时，洞内最大沉降为 12.566mm；埋深 20m 时，洞内最大沉降量为 10.379mm，最大沉降位置均位于拱顶。

隧道管片的最大主应力主要分布在隧道腰部两侧，均为负值，埋深为10m，15m，20m，最大主应力分别为7.556MPa，6.773MPa，7.072MPa，呈先减小后增大趋势。而最小主应力则呈现随埋深增大而逐渐减小的趋势。

（二）双洞净距对开挖隧道稳定性的影响

隧道净距对开挖后洞内沉降有着十分重要的影响，净距越小，相邻隧道开挖的扰动就越大，随着净距的不断增加，隧道沉降量不断减小，随着净距的不断增加，两隧道拱肩和拱腰出现了不均匀沉降，靠近中心线的一侧沉降远远大于远离中心点的一侧，说明双洞的开挖具有一定的扰动作用。

开挖后围岩有最大主应力和最小主应力也是判定围岩稳定性的一个主要因素。

（三）双洞异步开挖对开挖隧道稳定性的影响

为了对双孔异步开挖有更清楚的了解本书先对单洞独立开挖做了数值模拟的开挖计算，随后通过记录先行隧道（右洞）和后行隧道（左洞）分别以D、2D、3D（D为盾构机孔径）的掌子面间距通过上覆高速路面时的应力和位移云图来分析异步开挖对下穿双洞隧道稳定性的影响。

先行开挖的右洞最大沉降值略大于左洞0.2～0.3mm，这是因为右洞开挖时应力重新分布，当左洞开挖到右洞之前的进程时，再次对右洞的平衡进行扰动，使右洞再次应力重分布，故而先行开挖的右洞最大沉降值大于后行开挖的左洞。其次，随着掌子面异步开挖的距离增大，左右洞的沉降差值也会有略微的减小，因为掌子面距离较远时，开挖的扰动将减小，但变化值很小，可以忽略其影响。

1. 右洞隧道管片的最大主应力主要分布在掌子面处隧道腰部两侧，均为负值，在附近没有左洞隧道出现之前同一横断面呈现对称趋势，但在左洞接近情况下，右洞隧道管片邻近左洞隧道一侧最大主应力有减小现象，但右洞隧道远离左洞隧道那侧管片最大主应力有所增大，这说明左洞隧道的新建使得右洞隧道管片的应力进行了重分布，改善了隧道内侧管片受力状态，但外侧管片应力有增大的趋势；

2. 若只开挖右洞，最大主应力和最小主应力分别为-7.054MPa和-0.762MPa，分别小于双洞开挖的-7.567MPa和-0.735MPa。这说明左洞的开挖导致的已经开挖并稳定的右洞再次应力重分布，对原有的开挖产生影响。从图中可以看出左洞开挖后，右洞受压范围明显增大，且在靠近双洞中心线一侧拱肩处出现应力集中，开挖后的左洞在靠近双洞中心线一侧拱肩处出现应力集中，最大应力值随异步开挖的掌子面间距的增大而略有减小。

3. 不管是先行开挖的右洞还是后行开挖的左洞，随着异步开挖双洞掌子面间距的不断增大，最大主应力和最小主应力都有略微的减弱，说明掌子面间距越大，双洞相互扰动作用越小。对于不同埋深的异步开挖最大最小主应力分析可知，埋深对双洞异步开挖的扰动影响几乎为0。且掌子面异步距离为6m和12m时最大最小主应力的差值较大，而掌子面距离为12m和18m时最大最小主应力的差值较小，由此推断，当异步距离继续增大时，双洞开挖的相互扰动逐渐减小，其极限状态为单洞分别开挖。

第四章 工程场地岩土工程勘察

第一节 房屋建筑与构筑物

一、主要工作内容

房屋建筑和构筑物［以下简称建（构）筑物］的岩土工程勘察，应有明确的针对性，因此应在收集建（构）筑物上部荷载、功能特点、结构类型、基础形式、埋置深度和变形限制等方面资料的基础上进行，以便提出岩土工程设计参数和地基基础设计方案。不同勘察阶段对建筑结构的了解深度是不同的。建（构）筑物的岩土工程勘察主要工作内容应符合下列规定：

（1）查明场地和地基的稳定性、地层结构、持力层和下卧层的工程特性、土的应力历史和地下水条件以及不良地质作用等。

（2）提供满足设计、施工所需的岩土参数，确定地基承载力，预测地基变形性状。

（3）提出地基基础、基坑支护、工程降水和地基处理设计与施工方案的建议。

（4）提出对建（构）筑物有影响的不良地质作用的防治方案建议。

（5）对于抗震设防烈度等于或大于6度的场地，进行场地与地基的地震效应评价。

二、勘察阶段的划分

根据我国工程建设的实际情况和勘察工作的经验，勘察工作宜分阶段进行。勘察是一种探索性很强的工作，是一个从不知到知、从知之不多到知之较多的过程，对自然的认识总是由粗到细、由浅而深，不可能一步到位。况且，各设计阶段对勘察成果也有不同的要求，因此，必须坚持分阶段勘察的原则，勘察阶段的划分应与设计阶段相适应。可行性研究勘察应符合选择场址方案的要求，初步勘察应符合初步设计的要求，详细勘察应符合施工图设计的要求，场地条件复杂或有特殊要求的工程，宜进行施工勘察。

但是，也应注意到，各行业设计阶段的划分不完全一致，工程的规模和要求各不相同，场地和地基的复杂程度差别很大，要求每个工程都分阶段勘察是不实际也是不必要的。勘察单位应根据任务要求进行相应阶段的勘察工作。

场地较小且无特殊要求的工程可合并勘察阶段。在城市和工业区，一般已经积累了大量工程勘察资料。当建（构）筑物平面布置已经确定且场地或其附近已有岩土工程资料时，可根据实际情况，直接进行详细勘察。但对于高层建筑的地基基础，基坑的开挖与支护、工程降水等问题有时相当复杂，如果这些问题都留到详勘时解决，往往因时间仓促而解决不好，故要求对在短时间内不易查明并要求做出明确的评价的复杂岩土工程问题，仍宜分阶段进行。

岩土工程既然要服务于工程建设的全过程，当然应当根据任务要求，承担后期的服务工作，协助解决施工和使用过程中遇到的岩土工程问题。

三、各勘察阶段的基本要求

（一）选址或可行性研究勘察

把可行性研究勘察（选址勘察）列为一个勘察阶段，其目的是要强调在可行性研究时勘察工作的重要性，特别是一些大的工程更为重要。

在本阶段，要求通过收集、分析已有资料，进行现场踏勘，必要时，进行工程地质测绘和少量勘探工作，应对拟建场地的稳定性和适宜性做出岩土工程评价，进行技术经济论证和方案比较应符合选择场址方案的要求。

1. 主要工作内容

（1）收集区域地质、地形地貌、地震、矿产、当地的工程地质、岩土工程和建筑经验等资料。

（2）在充分收集和分析已有资料的基础上，通过踏勘了解场地的地层、构造、岩性、不良地质作用和地下水等工程地质条件。

（3）当拟建场地工程地质条件复杂，已有资料不能满足时，应根据具体情况进行工程地质测绘和必要的勘探工作。

（4）应沿主要地貌单元垂直的方向线上布置不少于 2 条地质剖面线。在剖面线上钻孔间距为 400～600m。钻孔深度一般应穿过软土层进入坚硬稳定地层或至基岩。

钻孔内对主要地层宜选取适当数量的试样进行土工试验。在地下水位以下遇粉土或砂层时应进行标准贯入试验。

（5）当有两个或两个以上拟选场地时，应进行比选分析。

2. 主要任务

（1）明确选择场地范围和应避开的地段；确定建筑场地时，在工程地质条件方面，宜避开某些地区或地段。

（2）进行选址方案对比，确定最佳场地方案。选择场地一般要有两个以上场地方案进行比较，主要是从岩土工程条件、对影响场地稳定性和建设适宜性的重大岩土工程问题做出明确的结论和论证，从中选择有利的方案，确定最佳场地方案。

（二）初步勘察

初步勘察是在可行性研究勘察的基础上，对场地内拟建建筑场地的稳定性和适宜性做出进一步的岩土工程评价，为确定建筑总平面布置、主要建（构）筑物地基基础方案和基坑工程方案及对不良地质现象的防治工程方案进行论证，为初步设计或扩大初步设计提供资料，并对下一阶段的详勘工作重点提出建议。

1. 主要工作内容

（1）进行勘察工作前，应详细了解、研究建设设计要求，收集拟建工程的有关文件、工程地质和岩土工程资料、工程场地范围的地形图、建筑红线范围及坐标以及与工程有关的条件（建筑的布置、层数和高度、地下室层数以及设计方的要求等）；充分研究已有勘察资料，查明场地所在的地貌单元。

（2）初步查明地质构造、地层结构、岩土工程特性。

（3）查明场地不良地质作用的成因、分布、规模、发展趋势，判明影响场地和地基稳定性的不良地质作用和特殊性岩土的有关问题，并对场地稳定性做出评价，包括断裂、地裂缝及其活动性，岩溶、土洞及其发育程度，崩塌、滑坡、泥石流、高边坡或岸边的稳定性，调查了解古河道、暗浜、暗塘、洞穴或其他人工地下设施。

（4）对抗震设防烈度大于或等于6度的场地，应对场地和地基的地震效应做出初步评价。应初步评价建筑场地类别，场地属抗震有利、不利或危险地段，液化、震陷可能性，设计需要时应提供抗震设计动力参数。

（5）初步判明特殊性岩土对场地、地基稳定性的影响，季节性冻土地区应调查场地的标准冻结深度。

（6）初步查明地下水埋藏条件，初步判定水和土对建筑材料的腐蚀性。

（7）高层建筑初步勘察时，应对可能采取的地基基础类型、基坑开挖与支护、工程降水方案进行初步分析评价。

2. 初步勘察工作量布置原则

（1）勘探线应垂直地貌单元、地质构造和地层界线布置。

（2）每个地貌单元均应布置勘探点，在地貌单元交接部位和地层变化较大的地段，勘探点应予加密。

（3）在地形平坦地区，可按网格布置勘探点。

（4）岩质地基与岩体特征、地质构造、风化规律有关，且沉积岩与岩浆岩、变质岩，地槽区与地台区情况有很大差别，因此勘探线和勘探点的布置、勘探孔深度，应根据地质构造、岩体特性、风化情况等，按有关行业、地方标准或当地经验确定。

（5）对土质地基，勘探线、勘探点间距、勘探孔深度、取土试样和原位测试工作以及水文地质工作应符合下列要求，并应布设判明场地、地基稳定性、不良地质作用和桩基持力层所必需的勘探点和勘探深度。

（三）详细勘察

到了详勘阶段，建筑总平面布置已经确定，单体工程的主要任务是地基基础设计。因此，详细勘察应按单体建筑或建筑群提出详细的岩土工程资料和设计、施工所需的岩土参数；对建筑地基做出岩土工程评价，并对地基类型、基础形式、地基处理、基坑支护、工程降水和不良地质作用的防治等提出建议，符合施工图设计的要求。

1. 详细勘察的主要工作内容和任务

（1）收集附有建筑红线、建筑坐标、地形、±0.00m 高程的建筑总平面图，场区的地面整平标高，建（构）筑物的性质、规模、结构类型、特点、层数、总高度、荷载及荷载效应组合、地下室层数，预计的地基基础类型、平面尺寸、埋置深度、地基允许变形要求，勘察场地地震背景、周边环境条件及地下管线和其他地下设施情况及设计方案的技术要求等资料，目的是为了使勘察工作的布置和岩土工程的评价具有明确的工程针对性，解决工程设计和施工中的实际问题。所以，收集有关工程结构资料、了解设计要求是十分重要的工作。

（2）查明不良地质作用的类型、成因、分布范围、发展趋势和危害程度，提出整治方案和建议。

（3）查明建（构）筑物范围内岩土层的类别、深度、分布、工程特性，尤其应查明基础下软弱和坚硬地层分布，以及各岩土层的物理力学性质，分析和评价地基的稳定性、均匀性和承载力；对于岩质的地基和基坑工程，应查明岩石坚硬程度、岩体完整程度、基本质量等级和风化程度；论证采用天然地基基础形式的可行性，对持力层选择、基础埋深等提出建议。

（4）对需进行沉降计算的建（构）筑物，提供地基变形计算参数，预测建（构）筑物的变形特征。地基的承载力和稳定性是保证工程安全的前提，但工程经验表明，绝大多数与岩土工程有关的事故是变形问题，包括总沉降、差异沉降、倾斜和局部倾斜；变形控制是地基设计的主要原则，故应分析评价地基的均匀性，提供岩土变形参数，预测建（构）筑物的变形特性；勘察单位根据设计单位要求和业主委托，承担变形分析任务，向岩土工程设计延伸，是其发展的方向。

（5）查明埋藏的古河道、沟浜、墓穴、防空洞、孤石等对工程不利的埋藏物。

（6）查明地下水类型、埋藏条件、补给及排泄条件、腐蚀性、初见及稳定水位；提供季节变化幅度和各主要地层的渗透系数；判定水和土对建筑材料的腐蚀性。地下水的埋藏条件是地基基础设计和基坑设计施工十分重要的依据，详勘时应予查明。

（7）在季节性冻土地区，提供场地土的标准冻结深度。

（8）对抗震设防烈度等于或大于6度的地区，应划分场地类别，划分对抗震有利、不利或危险地段；对抗震设防烈度等于或大于7度的场地，应评价场地和地基的地震效应。

（9）当建（构）筑物采用桩基础时，应按桩基工程的有关要求进行。当需进行基坑开挖、支护和降水设计时，应按基坑工程的有关规定进行。

（10）工程需要时，详细勘察应论证地基土和地下水在建筑施工和使用期间可能产生的变化及其对工程和环境的影响，提出防治方案、防水设计水位和抗浮设计水位的建议，提供基坑开挖工程应采取的地下水控制措施，当采用降水控制措施时，应分析评价降水对周围环境的影响。

近年来，在城市中大量兴建地下停车场、地下商店等，这些工程的主要特点是"超补偿式基础"，开挖较深，挖土卸载量较大，而结构荷载很小。在地下水位较高的地区，防水和抗浮成了重要问题。高层建筑一般带多层地下室，需进行防水设计，在施工过程中有时也有抗浮问题。在这样的条件下，提供防水设计水位和抗浮设计水位成了关键。这是一个较为复杂的问题，有时需要进行专门论证。

2. 详细勘察工作的布置原则

详细勘察勘探点布置和勘探孔深度，应根据建（构）筑物特性和岩土工程条件确定，对岩质地基，与初勘的指导原则一致，应根据地质构造、岩体特性、风化情况等，结合建（构）筑物对地基的要求，按有关行业、地方标准或当地经验确定；对土质地基，勘探点布置、勘探点间距、勘探孔深度、取土试样和原位测试工作应符合下列要求。

（1）详细勘察的勘探点布置原则

①勘探点宜按建（构）筑物的周边线和角点布置，对无特殊要求的其他建（构）筑物可按建（构）筑物或建筑群的范围布置。

②同一建筑范围内的主要受力层或有影响的下卧层起伏较大时，应加密勘探点，查明其变化。建筑地基基础设计的原则是变形控制，将总沉降、差异沉降、局部倾斜、整体倾斜控制在允许的限度内。影响变形控制最重要的因素是地层在水平方向上的不均匀性，故地层起伏较大时应补充勘探点，尤其是古河道、埋藏的沟浜、基岩面的局部变化等。

③重大设备基础应单独布置勘探点；对重大的动力机器基础和高耸构筑物，勘探点不宜少于3个。

④宜采用钻探与触探相结合的原则，在复杂地质条件、湿陷性土、膨胀土、风化岩和残积土地区，宜布置适量探井。勘探方法应精心选择，不应单纯采用钻探。触探可以获取连续的定量数据，也是一种原位测试手段；井探可以直接观察岩土结构，避免单纯依据岩芯判断。因此，勘探手段包括钻探、井探、静力触探和动力触探等，应根据具体情况选择。为了发挥钻探和触探的各自特点，宜配合应用。以触探方法为主时，应有一定数量的钻探配合。对复杂地质条件和某些特殊性岩土，布置一定数量的探井是很必要的。

⑤高层建筑的荷载大，重心高，基础和上部结构的刚度大，对局部的差异沉降有较好的适应能力，而整体倾斜是主要控制因素，尤其是横向倾斜。为此，详细勘察的单栋高层建筑勘探点的布置，应满足高层建筑纵横方向对地层结构和地基均匀性的评价要求，需要时还应满足建筑场地整体稳定性分析的要求，满足高层建筑主楼与裙楼差异沉降分析的要求，查明持力层和下卧层的起伏情况。应根据高层建筑平面形状、荷载的分布情况布设勘探点。高层建筑平面为矩形时应按双排布设；为不规则形状时，应在凸出部位的角点和凹进的阴角布设勘探点；在高层建筑层数、荷载和建筑体形变异较大位置处，应布设勘探点；对勘察等级为甲级的高层建筑应在中心点或电梯井、核心筒部位布设勘探点。

（2）详细勘察勘探点间距确定原则

在暗沟、塘、浜、湖泊沉积地带和冲沟地区，在岩性差异显著或基岩面起伏很大的基岩地区，在断裂破碎带、地裂缝等不良地质作用场地，勘探点间距宜取小值并可适当加密。

在浅层岩溶发育地区，宜采用物探与钻探相配合进行，采用浅层地震勘探和孔间地震 CT 或孔间电磁波 CT 测试，查明溶洞和土洞发育程度、范围和连通性。钻孔间距宜取小值或适当加密。溶洞、土洞密集时宜在每个柱基下布设勘探点。

（3）详细勘察勘探孔深度的确定原则

详细勘察的勘探深度自基础底面算起，应符合下列规定：

①勘探孔深度应能控制地基主要受力层，当基础底面宽度 b 不大于 5m 时，勘探孔的深度对条形基础不应小于基础底面宽度的 3 倍，对单独柱基不应小于 1.5 倍，且均不应小于 5m。

②控制性勘探孔是为变形计算服务的，对高层建筑和需作变形计算的地基，控制性勘探孔的深度应超过地基变形计算深度；高层建筑的一般性勘探孔应达到基底下 $0.5 \sim 1.0$ 倍的基础宽度，并深入稳定分布的地层。

由于高层建筑的基础埋深和宽度都很大，钻孔比较深，钻孔深度适当与否将极大地影响勘察质量、费用和周期。

确定变形计算深度有"应力比法"和"沉降比法"，对于勘察工作，由于缺乏荷载和模量等数据，用沉降比法确定孔深是无法实施的。过去的规范控制性勘探孔深度的确定办法是将孔深与基础宽度挂钩，虽然简便，但不全面。

现行的勘察规范采用应力比法。地基变形计算深度，对于中、低压缩性土可取附加压力等于上覆土层有效自重压力20％的深度；对于高压缩性土层可取附加压力等于上覆土层有效自重压力10％的深度。

（4）详细勘察取土试样和原位测试工作要求

①采取土试样和进行原位测试的勘探点数量，应根据地层结构、地基土的均匀性和工程特点确定，且不应少于勘探点总数的1/2，钻探取土孔的数量不应少于勘探孔总数的1/30对地基基础设计等级为甲级的建（构）筑物每栋不应少于3个；勘察等级为甲级的单幢高层建筑不宜少于全部勘探点总数的2/3，且不应少于4个。

原位测试是指静力触探、动力触探、旁压试验、扁铲侧胀试验和标准贯入试验等。考虑到软土地区取样困难，原位测试能较准确地反映土性指标，因此可将原位测试点作为取土测试勘探点。

②每个场地每一主要土层的原状土试样或原位测试数据不应少于6件（组）。由于土性指标的变异性，单个指标不能代表土的工程特性，必须通过统计分析确定其代表值，故规定了原状土试样和原位测试的最少数量，以满足统计分析的需要。当场地较小时，可利用场地邻近的已有资料。对"较小"的理解可考虑为单幢一般多层建筑场地；"邻近"场地资料可认为紧靠的同一地质单元的资料，若必须有个量的概念，以距场地不大于50m的资料为好。

为了保证不扰动土试样和原位测试指标有一定数量，规范规定基础底面下1.0倍基础宽度内采样及试验点间距为1～2m，以下根据土层变化情况适当加大距离，且在同一钻孔中或同一勘探点采取土试样和原位测试宜结合进行。

静力触探和动力触探是连续贯入，不能用次数来统计，应在单个勘探点内按层统计，再在场地（或工程地质分区）内按勘探点统计。每个场地不应少于3个孔。

③在地基主要受力层内，对厚度大于0.5m的夹层或透镜体，应采取土试样或进行原位测试。规范没有规定具体数量的要求，可根据工程的具体情况和地区的规定确定。南京市规定，土层厚度大于1m的稳定地层应满足规范的条款，厚度小于1m时原状土样不少于4件。

④地基载荷试验是确定地基承载力比较可靠的方法，对勘察等级为甲级的高层建筑或工程经验缺乏或研究程度较差的地区，宜布设载荷试验确定天然地基持力层承载力特征值和变形参数。

（四）施工勘察

对于施工勘察不作为一个固定阶段，应视工程的实际需要而定。当工程地质条件复杂或有特殊施工要求的重大工程地基，需要进行施工勘察。施工勘察包括施工阶段的勘察和竣工后一些必要的勘察工作（如检验地基加固效果等），因此，施工勘察并不是专指施工阶段的勘察。

当遇下列情况之一时，应配合设计、施工单位进行施工勘察：

（1）基坑或基槽开挖后，岩土条件与勘察资料不符或发现必须查明的异常情况时，应进行施工勘察。

（2）在地基处理及深基开挖施工中，宜进行检验和监测工作。

（3）地基中溶洞或土洞较发育，应查明并提出处理建议。

（4）施工中出现边坡失稳危险时应查明原因，进行监测并提出处理建议。

第二节　桩基工程

桩基础又称桩基，它是一种常用而古老的深基础形式。桩基础可以将上部结构的荷载相对集中地传递到深处合适的坚硬地层中去，以保证上部结构对地基稳定性和沉降量的要求。由于桩基础具有承载力高、稳定性好、沉降稳定快和沉降变形小、抗震能力强以及能够适应各种复杂地质条件等特点，在工程中得到广泛应用。

桩基按照承载性状可分为摩擦型桩（摩擦桩和端承摩擦桩）和端承型桩（端承桩和摩擦端承桩）两类；按成桩方法分为非挤土桩、部分挤土桩和挤土桩三类；按桩径大小可分为小直径桩、中等直径桩和大直径桩。

一、主要工作内容

（1）查明场地各层岩土的类型、深度、分布、工程特性和变化规律。

（2）当采用基岩作为桩的持力层时，应查明基岩的岩性、构造、岩面变化、风化程度，包括产状、断裂、裂隙发育程度以及破碎带宽度和充填物等，除通过钻探、井探手段外，还可根据具体情况辅以地表露头的调查测绘和物探等方法。确定其坚硬程度、完整程度和基本质量等级，这对于选择基岩为桩基持力层时是非常必要的；判定有无洞穴、临空面、破碎岩体或软弱岩层，这对桩的稳定是非常重要的。

（3）查明水文地质条件，评价地下水对桩基设计和施工的影响，判定水质对建筑材料的腐蚀性。

（4）查明不良地质作用、可液化土层和特殊性岩土的分布及其对桩基的危害程度，并提出防治措施的建议。

（5）对桩基类型、适宜性、持力层选择提出建议；提供可选的桩基类型和桩端持力层；提出桩长、桩径方案的建议；提供桩的极限侧阻力、极限端阻力和变形计算的有关参数；对成桩可行性、施工时对环境的影响及桩基施工条件、应注意的问题等进行论证评价并提出建议。

桩的施工对周围环境的影响，包括打入预制桩和挤土成孔的灌注桩的振动、挤土对周围既有建筑物、道路、地下管线设施和附近精密仪器设备基础等带来的危害以及噪声等公害。

二、勘探点布置要求

（一）端承型桩

（1）勘探点应按柱列线布设，其间距应能控制桩端持力层层面和厚度的变化，宜为 12 ～ 24m。

（2）在勘探过程中发现基岩中有断层破碎带，或桩端持力层为软、硬互层，或相邻勘探点所揭露桩端持力层层面坡度超过 10%，且单向倾伏时，钻孔应适当加密。

（3）荷载较大或复杂地基的一柱一桩工程，应每柱设置勘探点；复杂地基是指端承型桩端持力层岩土种类多、很不均匀、性质变化大的地基，且一柱一桩，往往采用大口径桩，荷载很大，一旦出现差错或事故，将影响大局，难以弥补和处理，结构设计上要求更严。实际工程中，每个桩位都需有可靠的地质资料，故规定按柱位布孔。

（4）岩溶发育场地，溶沟、溶槽、溶洞很发育，显然属复杂场地，此时若以基岩作为桩端持力层，应按柱位布孔。但单纯钻探工作往往还难以查明其发育程度和发育规律，故应辅以有效地球物理勘探方法。近年来地球物理勘探技术发展很快，有效的方法有电法、地震法（浅层折射法或浅层反射法）及钻孔电磁波透视法等。查明溶洞和土洞范围和连通性。查明拟建场地范围及有影响地段的各种岩溶洞隙和土洞的发育程度、位置、规模、埋深、连通性、岩溶堆填物性状和地下水特征。连通性系指土洞与溶洞的连通性、溶洞本身的连通性和岩溶水的连通性。

（5）控制性勘探点不应少于勘探点总数的 1/3。

（二）摩擦型桩

（1）勘探点应按建筑物周边或柱列线布设，其间距宜为 20 ～ 35m。当相邻勘探点揭露的主要桩端持力层或软弱下卧层层位变化较大，影响到桩基方案选择时，应适当加密勘探点。带有裙房或外扩地下室的高层建筑，布设勘探点时应与主楼一同考虑。

（2）桩基工程勘探点数量应视工程规模而定，勘察等级为甲级的单幢高层建筑勘探点数量不宜少于 5 个，乙级不宜少于 4 个，对于宽度大于 35m 的高层建筑，其中心应布置勘探点。

（3）控制性的勘探点应占勘探点总数的 1/3 ～ 1/2。

三、桩基岩土工程勘察勘探方法要求

对于桩基勘察不能采用单一的钻探取样手段，桩基设计和施工所需的某些参数单靠钻探取土是无法取得的，而原位测试有其独特之处。我国幅员广阔，各地区地质条件不同，难以统一规定原位测试手段。因此，应根据地区经验和地质条件选择合适的原位测试手段与钻探配合进行，对软土、黏性土、粉土和砂土的测试手段，宜采用静力触探和标准贯入试验；对碎石土宜采用重型或超重型圆锥动力触探。

四、勘探孔深度的确定原则

设计对勘探深度的要求，既要满足选择持力层的需要，又要满足计算基础沉降的需要。因此，对勘探孔有控制性孔和一般性孔（包括钻探取土孔和原位测试孔）之分，宜布置 1/3 ～ 1/2 的勘探孔为控制性孔。对于设计等级为甲级的建筑桩基，至少应布置 3 个控制性孔；设计等级为乙级的建筑桩基，至少应布置 2 个控制性孔。

（一）一般原则

（1）一般性勘探孔的深度应达到预计桩长以下 $3d \sim 5d$（d 为桩径），且不得小于 3m；对于大直径桩不得小于 5m。

（2）控制性勘探孔深度应满足下卧层验算要求；对于需验算沉降的桩基，应超过地基变形计算深度。

（3）钻至预计深度遇软弱层时，应予加深；在预计深度内遇稳定坚实岩土时，可适当减少。

（4）对嵌岩桩，控制性钻孔应深入预计桩端平面以下不小于 $3 \sim 5$ 倍桩身设计直径，一般性钻孔应深入预计桩端平面以下不小于 $1 \sim 3$ 倍桩身设计直径。当持力层较薄时，应有部分钻孔钻穿持力岩层。在岩溶、断层破碎带地区，应查明溶洞、溶沟、溶槽、石笋等的分布情况，钻孔应钻穿溶洞或断层破碎带进入稳定地层，进入深度应满足上述控制性钻孔和一般性钻孔的要求。

（5）对可能有多种桩长方案时，应根据最长桩方案确定。

（二）高层建筑的端承型桩

对于高层建筑的端承型桩，勘探孔的深度应符合下列规定：

（1）当以可压缩地层（包括全风化和强风化岩）作为桩端持力层时，勘探孔深度应能满足沉降计算的要求，控制性勘探孔的深度应深入预计桩端持力层以下 $5 \sim 10$m 或 $6d/ \sim 10d$（d 为桩身直径或方桩的换算直径，直径大的桩取小值，直径小的桩取大值），一般性勘探孔的深度应达到预计桩端下 $3 \sim 5$m 或 $3d \sim 5d$。

作为桩端持力层的可压缩地层，包括硬塑、坚硬状态的黏性土，中密、密实的砂土和碎石土，还包括全风化和强风化岩。对这些岩土桩端全断面进入持力层的深度不宜小于：黏性土、粉土为 $2d$（d 为桩径），砂土为 $1.5d$，碎石土为 $1d$；当存在软弱下卧层时，桩基以下硬持力层厚度不宜小于 $4d$；当硬持力层较厚且施工条件允许时，桩端全断面进入持力层的深度宜达到桩端阻力的临界深度，临界深度的经验值：砂与碎石土为 $3d \sim 10d$，粉土、黏性土为 $2d \sim 6d$，愈密实、愈坚硬临界深度愈大，反之愈小。因而，勘探孔进入持力层深度的原则是：应超过预计桩端全断面进入持力层的一定深度，当持力层较厚时，宜达到临界深度。为此，控制性勘探孔应深入预计桩端下 $5 \sim 10$m 或 $6d \sim 10d$，一般性勘探孔应达到预计桩端下 $3 \sim 5$m 或 $3d \sim 5d$。

（2）对一般岩质地基的嵌岩桩，勘探孔深度应钻入预计嵌岩面以下 $1d \sim 3d$，对控制性勘探孔应钻入预计嵌岩面以下 $3d \sim 5d$，对质量等级为Ⅲ级以上的岩体，可适当放宽。

嵌岩桩是指嵌入中等风化或微风化岩石的钢筋混凝土灌注桩，且系大直径桩，这种桩型一般不需考虑沉降问题，尤其是以微风化岩作为持力层，往往是以桩身强度控制单桩承载力。嵌岩桩的勘探深度与岩石成因类型和岩性有关。一般岩质地基系指岩浆岩、正变质岩及厚层状的沉积岩，这些岩体多系整体状结构和块状结构，岩石风化带明确，层位稳定，进入微风化带一定深度后，其下一般不会再出现软弱夹层，故规定一般性勘探孔进入预计嵌岩面以下 $1d \sim 3d$，控制性勘探孔进入预计嵌岩面以下

$3d \sim 5d$。

（3）对花岗岩地区的嵌岩桩，一般性勘探孔深度应进入微风化岩 $3 \sim 5m$，控制性勘探孔应进入微风化岩 $5 \sim 8m$。

花岗岩地区，在残积土和全、强风化带中常出现球状风化体，直径一般为 $1 \sim 3m$，最大可达 $5m$，岩性呈微风化状，钻探过程中容易造成误判，为此特予强调，一般性和控制性勘探孔均要求进入微风化一定深度，目的是杜绝误判。

（4）对于岩溶、断层破碎带地区，勘探孔应穿过溶洞或断层破碎带进入稳定地层，进入深度应满足 $3d$，并不小于 $5m$。

（5）具多韵律薄层状的沉积岩或变质岩，当基岩中强风化、中等风化、微风化岩层呈互层出现时，对拟以微风化岩作为持力层的嵌岩桩，勘探孔进入微风化岩深度不应小于 $5m$。

在具多韵律薄层状沉积岩或变质岩地区，常有强风化、中等风化、微风化岩层呈互层或重复出现的情况，此时若要以微风化岩层作为嵌岩桩的持力层，必须保证微风化岩层具有足够厚度，为此规定，勘探孔应进入微风化岩厚度不小于 $5m$ 方能终孔。

（三）高层建筑的摩擦型桩

对于高层建筑的摩擦型桩，勘探孔的深度应符合下列规定：

（1）一般性勘探孔的深度应进入预计桩端持力层或预计最大桩端入土深度以下不小于 $3m$。

（2）控制性勘探孔的深度应达群桩桩基（假想的实体基础）沉降计算深度以下 $1 \sim 2m$，群桩桩基沉降计算深度宜取桩端平面以下附加应力为上覆土有效自重压力 20% 的深度，或按桩端平面以下 b（b 为假想实体基础宽度）的深度考虑。

摩擦型桩虽然以侧阻力为主，但在勘察时，还是应寻求相对较坚硬、较密实的地层作为桩端持力层，故规定一般性勘探孔的深度应进入预计桩端持力层或最大桩端入土深度以下不小于 $3m$，此 $3m$ 值是按以可压缩地层作为桩端持力层和中等直径桩考虑确定的；对高层建筑采用的摩擦型桩，多为筏基或箱基下的群桩，此类桩筏或桩箱基础除考虑承载力满足要求外，还要验算沉降，为满足验算沉降需要，提出了控制性勘探孔深度的要求。

五、岩（土）试样采取、原位测试工作及岩土室内试验要求

（一）试样采取及原位测试工作要求

桩基勘察的岩（土）试样采取及原位测试工作应符合下列规定：

（1）对桩基勘探深度范围内的每一主要土层，应采取土试样，并根据土质情况选择适当的原位测试，取土数量或测试次数不应少于 6 组（次）。

（2）对嵌岩桩桩端持力层段岩层，应采取不少于 6 组的岩样进行天然和饱和单轴极限抗压强度试验。

（3）以不同风化带作桩端持力层的桩基工程，勘察等级为甲级的高层建筑勘察

时控制性钻孔宜进行压缩波波速测试，按完整性指数或波速比定量划分岩体完整程度和风化程度。

以基岩作桩端持力层时，桩端阻力特征值取决于岩石的坚硬程度、岩体的完整程度和岩石的风化程度。岩体的完整程度定量指标为岩体完整性指数，它为岩体与岩块压缩波速度比值的平方；岩石风化程度的定量指标为波速比，它为风化岩石与新鲜岩石压缩波波速之比。因此在勘察等级为甲级的高层建筑勘察时宜进行岩体的压缩波波速测试，按完整性指数判定岩体的完整程度，按波速比判定岩石风化程度，这对决定桩端阻力和桩侧阻力的大小有关键性的作用。

（二）室内试验工作要求

桩基勘察的岩（土）室内试验工作应符合下列规定：

（1）当需估算桩的侧阻力、端阻力和验算下卧层强度时，宜进行三轴剪切试验或无侧限抗压强度试验；三轴剪切试验的受力条件应模拟工程的实际情况。

（2）对需估算沉降的桩基工程，应进行压缩试验，试验最大压力应大于上覆自重压力与附加压力之和。

（3）基岩作为桩基持力层时，应进行风干状态和饱和状态下的极限抗压强度试验，必要时尚应进行软化试验；对软岩和极软岩，风干和浸水均可使岩样破坏，无法试验，因此，应封样保持天然湿度以便做天然湿度的极限抗压强度试验。性质接近土时，按土工试验要求。破碎和极破碎的岩石无法取样，只能进行原位测试。

六、岩土工程分析评价

（一）单桩承载力确定和沉降验算

单桩竖向和水平承载力，应根据工程等级、岩土性质和原位测试成果并结合当地经验确定。对地基基础设计等级为甲级的建（构）筑物和缺乏经验的地区，建议做静载荷试验。试验数量不宜少于工程桩数的1%，且每个场地不少于3个。对承受较大水平荷载的桩，建议进行桩的水平载荷试验；对承受上拔力的桩，建议进行抗拔试验。勘察报告应提出估算的有关岩土的基桩侧阻力和端阻力，必要时提出估算的竖向和水平承载力和抗拔承载力。

从全国范围来看，单桩极限承载力的确定较可靠的方法仍为桩的静载荷试验。虽然各地、各单位有经验方法估算单桩极限承载力，如用静力触探指标估算等方法，也都是与载荷试验建立相应关系后采用。根据经验确定桩的承载力一般比实际偏低较多，从而影响了桩基技术和经济效益的发挥，造成浪费。但也有不安全、不可靠的，以致发生工程事故，故规范强调以静载荷试验为主要手段。

对需要进行沉降计算的桩基工程，应提供计算所需的各层岩土的变形参数，并宜根据任务要求进行沉降估算。

沉降计算参数和指标可以通过压缩试验或深层载荷试验取得，对于难以采取原状土和难以进行深层载荷试验的情况，可采用静力触探试验、标准贯入试验、重型动力触探试验、旁压试验、波速测试等综合评价，求得计算参数。

（二）桩端持力层选择和沉桩分析

一般情况下应选择具有一定厚度、承载力高、压缩性较低、分布均匀、稳定的坚实土层或岩层作为持力层。报告中应按不同的地质剖面提出桩端标高建议，阐明持力层厚度变化、物理力学性质和均匀程度。

沉桩的可能性除与锤击能量有关外，还受桩身材料强度、地层特性、桩群密集程度、群桩的施工顺序等多种因素制约，尤其是地质条件的影响最大，故必须在掌握准确可靠的地质资料特别是原位测试资料的基础上，提出对沉桩可能性的分析意见。必要时，可通过试桩进行分析。

对钢筋混凝土预制桩、挤土成孔的灌注桩等的挤土效应，打桩产生振动以及泥浆污染，特别是在饱和软黏土中沉入大量、密集的挤土桩时，将会产生很高的超孔隙水压力和挤土效应，从而对周围已成的桩和已有建筑物、地下管线等产生危害。灌注桩施工中的泥浆排放产生的污染，挖孔桩排水造成地下水位下降和地面沉降，对周围环境都可产生不同程度的影响，应予分析和评价。

第三节　基坑工程

目前基坑工程的勘察很少单独进行，大多数是与地基勘察一并完成的。但是由于有些勘察人员对基坑工程的特点和要求不很了解，提供的勘察成果不一定能满足基坑支护设计的要求。例如，对采用桩基的建筑地基勘察往往对持力层、下卧层研究较仔细，而忽略浅部土层的划分和取样试验；侧重于针对地基的承载性能提供土质参数，而忽略支护设计所需要的参数；只在划定的轮廓线以内进行勘探工作，而忽略对周边的调查了解等。因深基坑开挖属于施工阶段的工作，一般设计人员提供的勘察任务委托书可能不会涉及这方面的内容。因此勘察部门应根据基坑的开挖深度、岩土和地下水条件以及周边环境等参照本节的内容进行认真仔细的工作。

岩质基坑的勘察要求和土质基坑有较大差别，到目前为止，我国基坑工程的经验主要在土质基坑方面，岩质基坑的经验较少。

一、基坑侧壁的安全等级

根据支护结构的极限状态分为承载能力极限状态和正常使用极限状态。承载能力极限状态对应于支护结构达到最大承载能力或土体失稳、过大变形导致支护结构或基坑周边环境破坏，表现为由任何原因引起的基坑侧壁破坏；正常使用极限状态对应于支护结构的变形已妨碍地下结构施工或影响基坑周边环境的正常使用功能，主要表现为支护结构的变形而影响地下室侧墙施工及周边环境的正常使用。承载能力极限状态应对支护结构承载能力及基坑土体出现的可能破坏进行计算，正常使用极限状态的计算主要是对结构及土体的变形计算。

　　基坑侧壁安全等级的划分与重要性系数是对支护设计、施工的重要性认识及计算参数的定量选择的依据。侧壁安全等级划分是一个难度很大的问题，很难定量说明，结构安全等级确定的原则，以支护结构破坏后果严重程度（很严重、严重及不严重）三种情况将支护结构划分为三个安全等级，其重要性系数的选用，详见表4-1。

表4-1　基坑侧壁安全等级及重要性系数

安全等级	破坏后果	γ_0
一级	支护结构破坏、土体过大变形对基坑周边环境或主体结构施工影响很严重	1.10
二级	支护结构破坏、土体过大变形对基坑周边环境或主体结构施工影响严重	1.00
三级	支护结构破坏、土体过大变形对基坑周边环境或主体结构施工影响不严重	0.90

　　对支护结构安全等级采用原则性划分方法而未采用定量划分方法，是考虑到基坑深度、周边建筑物距离及埋深、结构及基础形式、土的性状等因素对破坏后果的影响程度难以用统一标准界定，不能保证普遍适用，定量化的方法对具体工程可能会出现不合理的情况。

　　在支护结构设计时应根据基坑侧壁不同条件因地制宜进行安全等级确定。应掌握的原则是：基坑周边存在受影响的重要既有住宅、公共建筑、道路或地下管线时，或因场地的地质条件复杂、缺少同类地质条件下相近基坑深度的经验时，支护结构破坏、基坑失稳或过大变形对人的生命、经济、社会或环境影响很大，安全等级应定为一级。当支护结构破坏、基坑过大变形不会危及人的生命、经济损失轻微、对社会或环境影响不大时，安全等级可定为三级。对大多数基坑应该定为二级。

　　支护结构设计应考虑其结构水平变形、地下水的变化对周边环境的水平与竖向变形的影响，对于安全等级为一级和对周边环境变形有限定要求的二级建筑基坑侧壁，应根据周边环境的重要性、对变形的适应能力及土的性质等因素确定支护结构的水平变形限值。在正常使用极限状态条件下，安全等级为一、二级的基坑变形影响基坑支护结构的正常功能，目前支护结构的水平限值还不能给出全国都适用的具体数值，各地区可根据具体工程的周边环境等因素确定。对于周边建筑物及管线的竖向变形限值可根据有关规范确定。

二、基坑支护结构类型

　　目前采用的支护措施和边坡处理方式多种多样，归纳起来不外乎三大类。由于各地地质情况不同，勘察人员提供建议时应充分了解工程所在地区工程经验和习惯，对已有的工程进行调查。综合考虑基坑深度、土的性状及地下水条件、基坑周边环境对基坑变形的承受能力及支护结构失效的后果、主体地下结构和基础形式及其施工方法、基坑平面尺寸和形状、支护结构施工工艺的可行性、施工场地条件和施工季节以及经济指标、环保性能和施工工期等因素，选用一种或多种组合形式的基坑支护结构。

三、勘察要求

（一）主要工作内容

基坑工程勘察主要是为深基坑支护结构设计和基坑安全稳定开挖施工提供地质依据。因此，需进行基坑设计的工程，应与地基勘察同步进行基坑工程勘察。但基坑支护设计和施工对岩土工程勘察的要求有别于主体建筑的要求，勘察的重点部位是基坑外对支护结构和周边环境有影响的范围，而主体建筑的勘察孔通常只需布置在基坑范围以内。

初步勘察阶段应根据岩土工程条件，收集工程地质和水文地质资料，并进行工程地质调查，必要时可进行少量的补充勘察和室内试验，初步查明场地环境情况和工程地质条件，预测基坑工程中可能产生的主要岩土工程问题；详细勘察阶段应针对基坑工程设计的要求进行勘察，在详细查明场地工程地质条件基础上，判断基坑的整体稳定性，预测可能的破坏模式，为基坑工程的设计、施工提供基础资料，对基坑工程等级、支护方案提出建议；在施工阶段，必要时尚应进行补充勘察。勘察的具体内容包括：

（1）查明与基坑开挖有关的场地条件、土质条件和工程条件。

（2）查明邻近建筑物和地下设施的现状、结构特点以及对开挖变形的承受能力。

（3）提出处理方式、计算参数和支护结构选型的建议。

（4）提出地下水控制方法、计算参数和施工控制的建议。

（5）提出施工方法和施工中可能遇到问题的防治措施的建议。

（6）提出施工阶段的环境保护和监测工作的建议。

（二）勘探的范围、勘探点的深度和间距的要求

勘探范围应根据基坑开挖深度及场地的岩土工程条件确定，基坑外宜布置勘探点。

1. 勘探的范围和间距的要求

勘察的平面范围宜超出开挖边界外开挖深度的 2～3 倍。在深厚软土区，勘察深度和范围尚应适当扩大。考虑到在平面扩大勘察范围可能会遇到困难（超越地界、周边环境条件制约等），因此在开挖边界外，勘察手段以调查研究、收集已有资料为主，由于稳定性分析的需要，或布置锚杆的需要，必须有实测地质剖面，故应适量布置勘探点。勘探点的范围不宜小于开挖边界外基坑开挖深度的 1 倍。当需要采用锚杆时，基坑外勘察点的范围不宜小于基坑深度的 2 倍，主要是满足整体稳定性计算所需范围，当周边有建筑物时，也可从旧建筑物的勘察资料上查取。

勘探点应沿基坑周边布置，其间距应视地层条件而定，宜取 15～25m；当场地存在软弱土层、暗沟或岩溶等复杂地质条件时，应加密勘探点并查明分布和工程特性。

2. 勘探点深度的要求

由于支护结构主要承受水平力，因此，勘探点的深度以满足支护结构设计要求深度为宜，对于软土地区，支护结构一般需穿过软土层进入相对硬层。勘探孔的深度不宜小于基坑深度的 2 倍，一般宜为开挖深度的 2～3 倍。在此深度内遇到坚硬黏性土、

碎石土和岩层，可根据岩土类别和支护设计要求减少深度。基坑面以下存在软弱土层或承压含水层时，勘探孔深度应穿过软弱土层或承压含水层。为降水或截水设计需要，控制性勘探孔应穿透主要含水层进入隔水层一定深度；在基坑深度内，遇微风化基岩时，一般性勘探孔应钻入微风化岩层 1～3m，控制性勘探孔应超过基坑深度 1～3m；控制性勘探点宜为勘探点总数的 1/3，且每一基坑侧边不宜少于 2 个控制性勘探点。

基坑勘察深度范围为基坑深度的 2 倍，大致相当于在一般土质条件下悬臂桩墙的嵌入深度。在土质特别软弱时可能需要更大的深度。但由于一般地基勘察的深度比这更大，所以对结合建筑物勘探所进行的基坑勘探，勘探深度满足要求一般不会有问题。

（三）岩土工程测试参数要求

在受基坑开挖影响和可能设置支护结构的范围内，应查明岩土分布，分层提供支护设计所需的岩土参数，具体包括：

（1）岩土不扰动试样的采取和原位测试的数量，应保证每一主要岩土层有代表性的数据分别不少于 6 组（个），室内试验的主要项目是含水量、重度、抗剪强度和渗透系数；土的常规物理试验指标中含水量及土体重度是分析计算所需的主要参数。

（2）土的抗剪强度指标：抗剪强度是支护设计最重要的参数，但不同的试验方法可能得出不同的结果。勘察时应按照设计所依据的规范、标准的要求进行试验，分层提供设计所需的抗剪强度指标，土的抗剪强度试验方法应与基坑工程设计要求一致，符合设计采用的标准，并应在勘察报告中说明。

（3）室内或原位试验测试土的渗透系数，渗透系数 k 是降水设计的基本指标。

（4）特殊条件下应根据实际情况选择其他适宜的试验方法测试设计所需参数。对一般黏性土宜进行静力触探和标准贯入试验；对砂土和碎石土宜进行标准贯入试验和圆锥动力触探试验；对软土宜进行十字板剪切试验；当设计需要时可进行基床系数试验或旁压试验、扁铲侧胀试验。

（四）水文地质条件勘察的要求

深基坑工程的水文地质勘察工作不同于供水水文地质勘察工作，其目的应包括两个方面：一是满足降水设计（包括降水井的布置和井管设计）需要，二是满足对环境影响评估的需要。前者按通常供水水文地质勘察工作的方法即可满足要求，后者因涉及问题很多，要求更高。降水对环境影响评估需要对基坑外围的渗流进行分析，研究流场优化的各种措施，考虑降水延续时间长短的影响。因此，要求勘察对整个地层的水文地质特征作更详细的了解。

当场地水文地质条件复杂、在基坑开挖过程中需要对地下水进行控制且已有资料不能满足要求时，应进行专门的水文地质勘察。应达到以下要求：

（1）查明开挖范围及邻近场地地下水含水层和隔水层的层位、埋深、厚度和分布情况，判断地下水类型、补给和排泄条件；有承压水时，应分层量测其水头高度。

当含水层为卵石层或含卵石颗粒的砂层时，应详细描述卵石的颗粒组成、粒径大小和黏性土含量；这是因为卵石粒径的大小，对设计施工时选择截水方案和选用机具设备有密切的关系，例如，当卵石粒径大、含量多，采用深层搅拌桩形成帷幕截水会有很大困难，甚至不可能。

（2）当基坑需要降水时，宜采用抽水试验测定场地各含水层的渗透系数和渗透影响半径；勘察报告中应提出各含水层的渗透系数。

当附近有地表水体时，宜在其间布设一定数量的勘探孔或观测孔；当场地水文地质资料缺乏或在岩溶发育地区，必要时宜进行单孔或群孔分层抽水试验，测渗透系数、影响半径、单井涌水量等水文地质参数。

（3）分析施工过程中水位变化对支护结构和基坑周边环境的影响，提出应采取的措施。

（4）当基坑开挖可能产生流沙、流土、管涌等渗透性破坏时，应有针对性地进行勘察，分析评价其产生的可能性及对工程的影响。当基坑开挖过程中有渗流时，地下水的渗流作用宜通过渗流计算确定。

（五）基坑周边环境勘察要求

周边环境是基坑工程勘察、设计、施工中必须首先考虑的问题，环境保护是深基坑工程的重要任务之一，在建筑物密集、交通流量大的城区尤其突出，在进行这些工作时应有"先人后己"的概念。由于对周边建（构）筑物和地下管线情况缺乏准确了解或忽视，就盲目开挖造成损失的事例很多，有的后果十分严重。所以基坑工程勘察应进行环境状况调查，设计、施工才能有针对性地采取有效保护措施。基坑周边环境勘察有别于一般的岩土勘察，调查对象是基坑支护施工或基坑开挖可能引起基坑之外产生破坏或失去平衡的物体，是支护结构设计的重要依据之一。周边环境的复杂程度是决定基坑工程安全等级、支护结构方案选型等最重要的因素之一，勘察最后的结论和建议亦必须充分考虑对周边环境影响。

勘察时，委托方应提供周边环境的资料，当不能取得时，勘察人员应通过委托方主动向有关单位收集有关资料，必要时，业主应专项委托勘察单位采用开挖、物探、专用仪器等进行探测。对地面建筑物可通过观察访问和查阅档案资料进行了解，查明邻近建筑物和地下设施的现状、结构特点以及对开挖变形的承受能力。在城市地下管网密集分布区，可通过地面标志、档案资料进行了解。有的城市建立有地理信息系统，能提供更详细的资料，了解管线的类别、平面位置、埋深和规模。如确实收集不到资料，必要时应采用开挖、物探、专用仪器或其他有效方法进行地下管线探测。

基坑周边环境勘察应包括以下具体内容：

（1）影响范围内既有建筑物的结构类型、层数、位置、基础形式和尺寸、埋深、基础荷载大小及上部结构现状、使用年限、用途。

（2）基坑周边的各种既有地下管线（包括上、下水、电缆、煤气、污水、雨水、热力等）、地下构筑物的类型、位置、尺寸、埋深等；对既有供水、污水、雨水等地下输水管线，尚应包括其使用状况和渗漏状况。

（3）道路的类型、位置、宽度、道路行驶情况、最大车辆荷载等。

（4）基坑开挖与支护结构使用期内施工材料、施工设备等临时荷载的要求。

（5）雨期时的场地周围地表水汇流和排泄条件。

（六）特殊性岩土的勘察要求

在特殊性岩土分布区进行基坑工程勘察时，可根据相关规范的规定进行勘察，对软土的蠕变和长期强度、软岩和极软岩的失水崩解、膨胀土的膨胀性和裂隙性以及非饱和土增湿软化等对基坑的影响进行分析评价。

四、基坑岩土工程评价要求

基坑工程勘察，应根据开挖深度、岩土和地下水条件以及环境要求，对基坑边坡的处理方式提出建议。

基坑工程勘察应针对深基坑支护设计的工作内容进行分析，作为岩土工程勘察，应在岩土工程评价方面有一定的深度。只有通过比较全面的分析评价，提供有关计算参数，才能使支护方案选择的建议更为确切，更有依据。深基坑支护设计的具体的工作内容包括：

（1）边坡的局部稳定性、整体稳定性和坑底抗隆起稳定性。

（2）坑底和侧壁的渗透稳定性。

（3）挡土结构和边坡可能发生的变形。

（4）降水效果和降水对环境的影响。

（5）开挖和降水对邻近建筑物和地下设施的影响。

地下水的妥当处理是支护结构设计成功的基本条件，也是侧向荷载计算的重要指标，是基坑支护结构能否按设计完成预定功能的重要因素之一，因此，应认真查明地下水的性质，并对地下水可能影响周边环境提出相应的治理措施供设计人员参考。在基坑及地下结构施工过程中应采取有效的地下水控制方法。当场地内有地下水时，应根据场地及周边区域的工程地质条件、水文地质条件、周边环境情况和支护结构与基础形式等因素，确定地下水控制方法。当场地周围有地表水汇流、排泄或地下水管渗漏时，应对基坑采取保护措施。

降水消耗水资源。我国是水资源贫乏的国家，应尽量避免降水，保护水资源。降水对环境会有或大或小的影响，对环境影响的评价目前还没有成熟的得到公认的方法。一些规范、规程、规定上所列的方法是根据水头下降在土层中引起的有效应力增量和各土层的压缩模量分层计算地面沉降，这种粗略方法计算结果并不可靠。

第四节　建筑边坡工程

建筑边坡是指在建（构）筑物场地或其周边，由于建（构）筑物和市政工程开挖或填筑施工所形成的人工边坡和对建（构）筑物安全或稳定有影响的自然边坡。

一、建筑边坡类型

根据边坡的岩土成分，可分为岩质边坡和土质边坡。土与岩石不仅在力学参数值上存在很大的差异，其破坏模式、设计及计算方法等也有很大的差别。土质边坡的主要控制因素是土的强度，岩质边坡的主要控制因素一般是岩体的结构面。无论何种边坡，地下水的活动都是影响边坡稳定的重要因素。进行边坡工程勘察时，应根据具体情况有所侧重。

二、岩质边坡破坏形式和边坡岩体分类

（一）岩质边坡破坏形式

岩质边坡破坏形式的确定是边坡支护设计的基础。众所周知，不同的破坏形式应采用不同的支护设计。岩质边坡的破坏形式宏观地可分为滑移型和崩塌型两大类。实际上这两类破坏形式是难以截然划分的，故支护设计中不能生搬硬套，而应根据实际情况进行设计。

（二）边坡岩体分类

边坡岩体分类是边坡工程勘察中非常重要的内容，是支护设计的基础。确定岩质边坡的岩体类型应考虑主要结构面与坡向的关系、结构面的倾角大小、结合程度、岩体完整程度等因素。本分类主要是从岩体力学观点出发，强调结构面对边坡稳定的控制作用，对边坡岩体进行侧重稳定性的分类。建筑边坡高度一般不大于 50m，在 50m 高的岩体自重作用下是不可能将中、微风化的软岩、较软岩、较硬岩及硬岩剪断的。

（三）边坡工程安全等级

边坡工程应按其破坏后可能造成的破坏后果（危及人的生命、造成经济损失、产生社会不良影响）的严重性、边坡类型和坡高等因素，根据表 4-2 确定安全等级。

表 4-2　边坡工程安全等级

边坡类型		边坡高度 H/m	破坏后果	安全等级
岩质边坡	岩体类型 为 I 类或 II 类	$H \leqslant 30$	很严重	一级
			严重	二级
			不严重	三级
	岩体类型 为 III 类或 IV 类	$15 < H \leqslant 30$	很严重	一级
			严重	二级
		$H \leqslant 15$	很严重	一级
			严重	二级
			不严重	三级

（续表）

边坡类型	边坡高度 H/m	破坏后果	安全等级
土质边坡	$10 < H \leqslant 15$	很严重	一级
		严重	二级
	$H \leqslant 10$	很严重	一级
		严重	二级
		不严重	三级

　　边坡工程安全等级是支护工程设计、施工中根据不同的地质环境条件及工程具体情况加以区别对待的重要标准。

　　从边坡工程事故原因分析看，高度大、稳定性差的边坡（土质软弱、滑坡区、外倾软弱结构面发育的边坡等）发生事故的概率较高，破坏后果也较严重，因此将稳定性很差的、坡高较大的边坡均划入一级边坡。

　　破坏后果很严重、严重的下列建筑边坡工程，其安全等级应定为一级：

　　（1）由外倾软弱结构面控制的边坡工程。

　　（2）危岩、滑坡地段的边坡工程。

　　（3）边坡塌滑区内或边坡塌方影响区内有重要建（构）筑物的边坡工程。

（四）边坡支护结构形式

　　边坡支护结构形式可根据场地地质和环境条件、边坡高度、边坡重要性以及边坡工程安全等级、施工可行性及经济性等因素，参照表 4-3 选择合理的支护设计方案。

表 4-3　边坡支护结构常用形式

结构类型 条件	边坡环境	边坡高度 H/m	边坡工程 安全等级	说　明
重力式挡墙	场地允许，坡顶无重要建（构）筑物	土坡 $H \leqslant 10$ 岩坡 $H \leqslant 12$	一、二、三级	不利于控制边坡变形。土方开挖后边坡稳定较差时不应采用
悬臂式挡墙、扶壁式挡墙	填方区	悬臂式挡墙 $H \leqslant 6$ 扶壁式挡墙 $H \leqslant 10$	一、二、三级	适用于土质边坡
板肋式或格构式锚杆挡墙		土坡 $H \leqslant 15$ 岩坡 $H \leqslant 30$	一、二、三级	坡高较大或稳定性较差时宜采用逆作法施工。对挡墙变形有较高要求的边坡，宜采用预应力锚杆
排桩式锚杆挡墙	坡顶建（构）筑物需要保护，场地狭窄	土坡 $H \leqslant 15$ 岩坡 $H \leqslant 30$	一、二、三级	有利于对边坡变形控制。适用于稳定性较差的土质边坡、有外倾软弱结构面的岩质边坡、垂直开挖施工尚不能保证稳定的边坡

（续表）

结构类型条件	边坡环境	边坡高度 H/m	边坡工程 安全等级	说 明
岩石锚喷支护			一、二、三级	适用于岩质边坡
			二、三级	
			二、三级	
坡率法	坡顶无重要建（构）筑物，场地有放坡条件	土坡 $H \leqslant 10$ 岩坡 $H \leqslant 25$	一、二、三级	不良地质段，地下水发育区、软塑及流塑状土时不应采用

建筑边坡场地有无不良地质现象是建筑物及建筑边坡选址首先必须考虑的重大问题。显然在滑坡、危岩及泥石流规模大、破坏后果严重、难以处理的地段规划建筑场地是难以满足安全可靠、经济合理的原则的，何况自然灾害的发生也往往不以人们的意志为转移。因此在规模大、难以处理的、破坏后果很严重的滑坡、危岩、泥石流及断层破碎带地区不应修筑建筑边坡。

在山区建设工程时宜根据地质、地形条件及工程要求，因地制宜设置边坡，避免形成深挖高填的边坡工程。对稳定性较差且坡高较大的边坡宜采用后仰放坡或分阶放坡，有利于减小侧压力，提高施工期的安全和降低施工难度。分阶放坡时水平台阶应有足够宽度，否则应考虑上阶边坡对下阶边坡的荷载影响。

三、边坡工程勘察的主要工作内容

边坡工程勘察应查明下列内容：

（1）场地地形和场地所在的地貌单元。

（2）岩土的时代、成因、类型、性状、覆盖层厚度、基岩面的形态和坡度、岩石风化和完整程度。

（3）岩、土体的物理力学性能。

（4）主要结构面特别是软弱结构面的类型、产状、发育程度、延伸程度、结合程度、充填状况、充水状况、组合关系、力学属性和与临空面关系。

（5）地下水的水位、水量、类型、主要含水层分布情况、补给和动态变化情况。

（6）岩土的透水性和地下水的出露情况。

（7）不良地质现象的范围和性质。

（8）地下水、土对支挡结构材料的腐蚀性。

（9）坡顶邻近（含基坑周边）建（构）筑物的荷载、结构、基础形式和埋深，地下设施的分布和埋深。

分析边坡和建在坡顶、坡上建筑物的稳定性对坡下建筑物的影响；在查明边坡工程地质和水文地质条件的基础上，确定边坡类别和可能的破坏形式，评价边坡的稳定性，对所勘察的边坡工程是否存在滑坡（或潜在滑坡）等不良地质现象以及开挖或构筑的适宜性做出评价，提出最优坡形和坡角的建议，提出不稳定边坡整治措施、施工注意事项和监测方案的建议。

四、边坡工程勘察工作要求

（一）勘察等级的划分

边坡工程勘察等级应根据边坡工程安全等级和地质环境复杂程度按表 4-4 划分。

表 4-4　边坡工程勘察等级

边坡工程安全等级	边坡地质环境复杂程度		
	简单	复杂	中等复杂
一级	一级	一级	二级
二级	一级	二级	三级
三级	二级	三级	三级

边坡地质环境复杂程度可按下列标准判别：

（1）地质环境复杂：组成边坡的岩土种类多，强度变化大，均匀性差，土质边坡潜在滑面多，岩质边坡受外倾结构面或外倾不同结构面组合控制，水文地质条件复杂。

（2）地质环境中等复杂：介于地质环境复杂与地质环境简单之间。

（3）地质环境简单：组成边坡的岩土种类少，强度变化小，均匀性好，土质边坡潜在滑面少，岩质边坡不受外倾结构面或外倾不同结构面组合控制，水文地质条件简单。

（二）勘察阶段的划分

地质条件和环境条件复杂、有明显变形迹象的一级边坡工程以及边坡邻近有重要建（构）筑物的边坡工程、二、三级建筑边坡工程作为主体建筑的环境时要求进行专门性的边坡勘察，往往是不现实的，可结合对主体建筑场地勘察一并进行。但应满足边坡勘察的深度和要求，勘察报告中应有边坡稳定性评价的内容。

边坡岩土体的变异性一般都比较大，对于复杂的岩土边坡很难在一次勘察中就将主要的岩土工程问题全部查明；对于一些大型边坡，设计往往也是分阶段进行的。因此，大型的和地质环境条件复杂的边坡宜分阶段勘察；当地质环境条件复杂时，岩土差异性就表现得更加突出，往往即使进行了初勘、详勘还不能准确地查明某些重要的岩土工程问题。因此，地质环境复杂的一级边坡工程尚应进行施工勘察。

各阶段应符合下列要求：

（1）初步勘察应收集地质资料，进行工程地质测绘和少量的勘探和室内试验，初步评价边坡的稳定性。

（2）详细勘察应对可能失稳的边坡及相邻地段进行工程地质测绘、勘探、试验、观测和分析计算，做出稳定性评价，对人工边坡提出最优开挖坡角；对可能失稳的边坡提出防护处理措施的建议。

（3）施工勘察应配合施工开挖进行地质编录，核对、补充前阶段的勘察资料，必要时进行施工安全预报，提出修改设计的建议。

边坡工程勘察前除应收集边坡及邻近边坡的工程地质资料外，尚应取得以下资料：

（1）附有坐标和地形的拟建边坡支挡结构的总平面布置图。

（2）边坡高度、坡底高程和边坡平面尺寸。

（3）拟建场地的整平高程和挖方、填方情况。

（4）拟建支挡结构的性质、结构特点及拟采取的基础形式、尺寸和埋置深度。

（5）边坡滑塌区及影响范围内的建（构）筑物的相关资料。

（6）边坡工程区域的相关气象资料。

（7）场地区域最大降雨强度和二十年一遇及五十年一遇最大降水量；河、湖历史最高水位和二十年一遇及五十年一遇的水位资料；可能影响边坡水文地质条件的工业和市政管线、江河等水源因素，以及相关水库水位调度方案资料。

（8）对边坡工程产生影响的汇水面积、排水坡度、长度和植被等情况。

（9）边坡周围山洪、冲沟和河流冲淤等情况。

（三）勘察工作量的布置

分阶段进行勘察的边坡，宜在收集已有地质资料的基础上先进行工程地质测绘和调查。对于岩质边坡，工程地质测绘是勘察工作的首要内容。查明天然边坡的形态和坡角，对于确定边坡类型和稳定坡率是十分重要的。因为软弱结构面一般是控制岩质边坡稳定的主要因素，故应着重查明软弱结构面的产状和性质；测绘范围不能仅限于边坡地段，应适当扩大到可能对边坡稳定有影响及受边坡影响的所有地段。

边坡工程勘探应采用钻探（直孔、斜孔）、坑（井）探、槽探和物探等方法。对于复杂、重要的边坡可以辅以洞探。边坡（含基坑边坡）勘察的重点之一是查明岩土体的性状。对岩质边坡面言，勘察的重点是查明边坡岩体中结构面的发育性状。采用常规钻探难以达到预期效果，需采用多种手段，辅用一定数量的探洞、探井、探槽和斜孔，特别是斜孔、井槽、探槽对于查明陡倾结构是非常有效的。

边坡工程勘探范围应包括坡面区域和坡面外围一定的区域。对无外倾结构面控制的岩质边坡的勘探范围：到坡顶的水平距离一般不应小于边坡高度。对外倾结构面控制的岩质边坡的勘探范围应根据组成边坡的岩土性质及可能破坏模式确定：对可能按土体内部圆弧形破坏的土质边坡不应小于 1.5 倍坡高；对可能沿岩土界面滑动的土质边坡，后部应大于可能的后缘边界，前缘应大于可能的剪出口位置。勘察范围尚应包括可能对建（构）筑物有潜在安全影响的区域。

由于边坡的破坏主要是重力作用下的一种地质现象，其破坏方式主要是沿垂直于边坡方向的滑移失稳，故勘探线应以垂直边坡走向或平行主滑方向布置为主，在拟设置支挡结构的位置应布置平行或垂直的勘探线。成图比例尺应大于或等于 1：500，剖面的纵横比例应相同。

勘探点分为一般性勘探点和控制性勘探点。控制性勘探点宜占勘探点总数的$1/5 \sim 1/3$，地质环境条件简单、大型的边坡工程取$1/5$，地质环境条件复杂、小型的边坡工程取$1/3$，并应满足统计分析的要求。

勘察孔进入稳定层的深度的确定，主要依据查明支护结构持力层性状，并避免在坡脚出现判层错误（将巨块石误判为基岩）等。勘探孔深度应穿过潜在滑动面并深入稳定层$2 \sim 5m$，控制性勘探孔取大值，一般性勘探孔取小值。支挡位置的控制性勘探孔深度应根据可能选择的支护结构形式确定：对于重力式挡墙、扶壁式挡墙和锚杆可进入持力层不小于$2.0m$；对于悬臂桩进入嵌固段的深度土质时不宜小于悬臂长度的1.0倍，岩质时不小于0.7倍。

对主要岩土层和软弱层应采取试样进行室内物理力学性能试验，其试验项目应包括物性、强度及变形指标，试样的含水状态应包括天然状态和饱和状态。用于稳定性计算时土的抗剪强度指标宜采用直接剪切试验获取，用于确定地基承载力时土的峰值抗剪强度指标宜采用三轴试验获取。主要岩土层采集试样数量：土层不少于6组，对于现场大剪试验，每组不应少于3个试件，岩样抗压强度不应少于9个试件；岩石抗剪强度不少于3组。需要时应采集岩样进行变形指标试验，有条件时应进行结构面的抗剪强度试验。

建筑边坡工程勘察应提供水文地质参数。对于土质边坡及较破碎、破碎和极破碎的岩质边坡在不影响边坡安全条件下，通过抽水、压水或渗水试验确定水文地质参数。

对于地质条件复杂的边坡工程，初步勘察时宜选择部分钻孔埋设地下水和变形监测设备进行监测。

除各类监测孔外，边坡工程勘察工作的探井、探坑和探槽等在野外工作完成后应及时封填密实。

（四）边坡力学参数取值

正确确定岩土和结构面的强度指标，是边坡稳定分析和边坡设计成败的关键。岩体结构面的抗剪强度指标宜根据现场原位试验确定。对有特殊要求的岩质边坡宜做岩体流变试验，但当前并非所有工程均能做到。由于岩体（特别是结构面）的现场剪切试验费用较高、试验时间较长、试验比较困难等原因，在勘察时难以普遍采用。而且，试验点的抗剪强度与整个结构面的抗剪强度可能存在较大的偏差，这种"以点代面"可能与实际不符。此外结构面的抗剪强度还将受施工期和运行期各种因素的影响。

岩土强度室内试验的应力条件应尽量与自然条件下岩土体的受力条件一致，三轴剪切试验的最高围压和直剪试验的最大法向压力的选择，应与试样在坡体中的实际受力情况相近。对控制边坡稳定的软弱结构面，宜进行原位剪切试验，室内试验成果的可靠性较差，对软土可采用十字板剪切试验。对大型边坡，必要时可进行岩体应力测试、波速测试、动力测试、孔隙水压力测试和模型试验。

实测抗剪强度指标是重要的，但更要强调结合当地经验，并宜根据现场坡角采用反分析验证。岩石（体）作为一种材料，具有在静载作用下随时间推移而出现强度降低的"蠕变效应"或称"流变效应"。岩石（体）流变试验在我国（特别是建筑边坡）进行得不是很多。

岩石抗剪强度指标标准值是对测试值进行误差修正后得到反映岩石特点的值。由于岩体中或多或少都有结构面存在，其强度要低于岩块的强度。当前不少勘察单位采用水利水电系统的经验，不加区分地将岩石的黏聚力 C 乘以 0.2，内摩擦因数乘以 0.8 作为岩体的 C、φ。

岩体等效内摩擦角是考虑黏聚力在内的假想的"内摩擦角"，也称似内摩擦角或综合内摩擦角。边坡岩体等效内摩擦角按当地经验确定，也可由公式计算确定。

（五）气象、水文和水文地质条件

大量的建筑边坡失稳事故的发生，无不说明了雨季、暴雨、地表径流及地下水对建筑边坡稳定性的重大影响，所以建筑边坡的工程勘察应满足各类建筑边坡的支护设计与施工的要求，并开展进一步专门必要的分析评价工作，因此提供完整的气象、水文及水文地质条件资料，并分析其对建筑边坡稳定性的作用与影响是非常重要的。

建筑边坡工程的气象资料收集、水文调查和水文地质勘察应满足下列要求：

（1）收集相关气象资料、最大降雨强度和十年一遇最大降水量，研究降水对边坡稳定性的影响。

（2）收集历史最高水位资料，调查可能影响边坡水文地质条件的工业和市政管线、江河等水源因素，以及相关水库水位调度方案资料。

（3）查明对边坡工程产生重大影响的汇水面积、排水坡度、长度和植被等情况。

（4）查明地下水类型和主要含水层分布情况。

（5）查明岩体和软弱结构面中地下水情况。

（6）调查边坡周围山洪、冲沟和河流冲淤等情况。

（7）论证孔隙水压力变化规律和对边坡应力状态的影响。

（8）必要的水文地质参数是边坡稳定性评价、预测及排水系统设计所必需的，因此建筑边坡勘察应提供必需的水文地质参数，在不影响边坡安全的前提条件下，可进行现场抽水试验、渗水试验或压水试验等获取水文地质参数。

（9）建筑边坡勘察除应进行地下水力学作用和地下水物理、化学作用（指地下水对边坡岩土体或可能的支护结构产生的侵蚀、矿物成分改变等物理、化学影响及影响程度）的评价以外，还宜考虑雨季和暴雨的影响。对一级边坡或建筑边坡治理条件许可时，可开展降雨渗入对建筑边坡稳定性影响研究工作。

（六）危岩崩塌勘察

在丘陵、山区选择场址和考虑建筑总平面布置时，首先必须判定山体的稳定性，查明是否存在产生危岩崩塌的条件。实践证明，这些问题如不在选择场址或可行性研究中及时发现和解决，会给经济建设造成巨大损失。因此，危岩崩塌勘察应在拟建建（构）筑物的可行性研究或初步勘察阶段进行。工作中除应查明危岩分布及产生崩塌的条件、危岩规模、类型、范围、稳定性，预测其发展趋势以及危岩崩塌危害的范围等，对崩塌区作为建筑场地的适宜性作出判断外，尚应根据危岩崩塌产生的机制有针对性地提出防治建议。

危岩崩塌勘察区的主要工作手段是工程地质测绘。危岩崩塌区工程地质测绘的比例尺宜选用 1：200-1：500，对危岩体和危岩崩塌方向主剖面的比例尺宜选用 1：200。

危岩崩塌区勘察应满足下列要求：

（1）收集当地崩塌史（崩塌类型、规模、范围、方向和危害程度等）、气象、水文、工程地质勘察（含地震）、防治危岩崩塌的经验等资料。

（2）查明崩塌区的地形地貌。

（3）查明危岩崩塌区的地质环境条件，重点查明危岩崩塌区的岩体结构类型、结构面形状、组合关系、闭合程度、力学属性、贯通情况和岩性特征、风化程度以及下覆洞室等。

（4）查明地下水活动状况。

（5）分析危岩变形迹象和崩塌原因。

工作中应着重分析、研究形成崩塌的基本条件，判断产生崩塌的可能性及其类型、规模、范围。预测发展趋势，对可能发生崩塌的时间、规模方向、途径、危害范围做出预测，为防治工程提供准确的工程勘察资料（含必要的设计参数）并提出防治方案。

不同破坏形式的危岩其支护方式是不同的。因而勘察中应按单个危岩形态特征确定危岩的破坏形式、进行定性或定量的稳定性评价，提供有关图件标明危岩分布、大小和数量，提出支护建议。

危岩稳定性判定时应对张裂缝进行监测。对破坏后果严重的大型危岩，应结合监测结果对可能发生崩塌的时间、规模、方向、途径和危害范围做出预测。

五、边坡的稳定性评价要求

（一）评价要求和内容

下列建筑边坡应进行稳定性评价：

（1）选作建筑场地的自然斜坡。

（2）由于开挖或填筑形成并需要进行稳定性验算的边坡。

（3）施工期间出现新的不利因素的边坡。

施工期间出现新的不利因素的边坡，指在建筑和边坡加固措施尚未完成的施工阶段可能出现显著变形、破坏及其他显著影响边坡稳定性因素的边坡。对于这些边坡，应对施工期出现新的不利因素作用下的边坡稳定性做出评价。

（4）使用条件发生变化的边坡。

边坡稳定性评价应在充分查明工程地质条件的基础上，根据边坡岩土类型和结构，确定边坡破坏模式，综合采用工程地质类比法和刚体极限平衡计算法进行边坡稳定性评价。边坡稳定性评价应包括下列内容：

（1）边坡稳定性状态的定性判断。

（2）边坡稳定性计算。

（3）边坡稳定性综合评价。

（4）边坡稳定性发展趋势分析。

（二）稳定性分析与评价方法

在边坡稳定性评价中，应遵循以定性分析为基础，以定量计算为重要辅助手段，进行综合评价的原则。

边坡稳定性评价应在充分查明工程地质、水文地质条件的基础上，根据边坡岩土工程条件，对边坡的可能破坏方式及相应破坏方向、破坏范围、影响范围等做出判断。判断边坡的可能破坏方式时应同时考虑到受岩土体强度控制的破坏和受结构面控制的破坏。

在确定边坡破坏模式的基础上，综合采用工程地质类比法和刚体极限平衡计算法等定性分析和定量分析相结合的方法进行。应以边坡地质结构、变形破坏模式、变形破坏与稳定性状态的地质判断为基础，对边坡的可能破坏形式和边坡稳定性状态做出定性判断，确定边坡破坏的边界范围、边坡破坏的地质模型（破坏模式），对边坡破坏趋势做出判断和估计。根据边坡地质结构和破坏类型选取恰当的方法进行定量计算分析，并综合考虑定性判断和定量分析结果做出边坡稳定性评价。

根据已经出现的变形破坏迹象对边坡稳定性状态做出定性判断时，应重视坡体后缘可能出现的微小张裂现象，并结合坡体可能的破坏模式对其成因作细致分析。若坡体侧边出现斜列裂缝或在坡体中下部出现剪出或隆起变形时，可做出不稳定的判断。

不同的边坡有不同的破坏模式，如果破坏模式选错，具体计算失去基础，必然得不到正确结果。破坏模式有平面滑动、圆弧滑动、楔形体滑落、倾倒、剥落等，平面滑动又有沿固定平面滑动和沿倾角滑动等。鉴于影响边坡稳定的不确定因素很多，边坡的稳定性评价可采用多种方法进行综合评价。常用的有工程地质类比法、图解分析法、极限平衡法和有限单元法等。各区段条件不一致时，应分区段分析。

工程地质类比方法主要依据工程经验和工程地质学分析方法，按照坡体介质、结构及其他条件的类比，进行边坡破坏类型及稳定性状态的定性判断。工程地质类比法具有经验性和地区性的特点，应用时必须全面分析已有边坡与新研究边坡的工程地质条件的相似性和差异性，同时还应考虑工程的规模、类型及其对边坡的特殊要求，可用于地质条件简单的中、小型边坡。

图解分析法需在大量的节理裂隙调查统计的基础上进行。将结构面调查统计结果绘成等密度图，得出结构面的优势方位。在赤平极射投影图上，根据优势方位结构面的产状和坡面投影关系分析边坡的稳定性。

（1）当结构面或结构面交线的倾向与坡面倾向相反时，边坡为稳定结构。

（2）当结构面或结构面交线的倾向与坡面倾向一致，但倾角大于坡角时，边坡为基本稳定结构。

（3）当结构面或结构面交线的倾向与坡面倾向之间夹角大于 45°，且倾角小于坡角时，边坡为不稳定结构。

求潜在不稳定体的形状和规模需采用实体比例投影，对图解法所得出的潜在不稳定边坡应计算验证。

边坡抗滑移稳定性计算可采用刚体极限平衡法；对结构复杂的岩质边坡，可结合采用极射赤平投影法和实体比例投影法；当边坡破坏机制复杂时，可采用数值极限分析法。

对边坡规模较小、结构面组合关系较复杂的块体滑动破坏，采用极射赤平投影法及实体比例投影法较为方便。

对于破坏机制复杂的边坡，难以采用传统的方法计算，目前国外和国内水利水电部门已广泛采用数值极限分析法进行计算。数值极限分析法与传统极限分析法求解原理相同，只是求解方法不同，两种方法得到的结果是一致的。对复杂边坡，传统极限分析法无法求解，需要作许多人为假设，影响计算精度，而数值极限分析法适用性广，不另作假设就可直接求得。

对于均质土体边坡，一般宜采用圆弧滑动面条分法进行边坡稳定性计算。岩质边坡在发育 3 组以上结构面，且不存在优势外倾结构面组的条件下，可以认为岩体为各向同性介质，在斜坡规模相对较大时，其破坏通常按近似圆弧滑面发生，宜采用圆弧滑动面条分法计算。

通过边坡地质结构分析，存在平面滑动可能性的边坡，可采用平面滑动稳定性计算方法计算。对建筑边坡来说，坡体后缘存在竖向贯通裂缝的情况较少，是否考虑裂隙水压力视具体情况确定。

对于规模较大、地质结构复杂或者可能沿基岩与覆盖层界面滑动的情形，宜采用折线滑动面计算方法进行边坡稳定性计算。

对于折线形滑动面，传递系数法有隐式解和显式解两种形式。显式解的出现是由于当时计算机不普及，对传递系数作了一个简化的假设，将传递系数中的安全系数值假设为 1，从而使计算简化，但增加了计算误差。同时对安全系数作了新的定义，在这一定义中当荷载增大时只考虑下滑力的增大，不考虑抗滑力的提高，这也不符合力学规律。因而隐式解优于显式解，当前计算机已经很普及，应当回归到原理的传递系数法。

无论隐式解还是显式解，传递系数法都存在一个缺陷，即对折线形滑面有严格的要求，如果两滑面间的夹角（即转折点处的两倾角的差值）过大，就可出现不可忽视的误差。因而当转折点处的两倾角的差值超过 10°时，需要对滑面进行处理，以消除尖角效应。一般可采用对突变的倾角作圆弧连接，然后在弧上插点，来减少倾角的变化值，使其小于 10°。处理后，误差可以达到工程要求。

边坡稳定性计算时，对基本烈度为 7 度及 7 度以上地区的永久性边坡应进行地震工况下边坡稳定性校核。

当边坡可能存在多个滑动面时，对各个可能的滑动而均应进行稳定性计算。

（三）稳定性评价标准

边坡稳定性状态分为稳定、基本稳定、欠稳定和不稳定四种状态，可根据边坡稳定性系数按表 4-5 确定。

表 4-5　边坡稳定性状态划分

边坡稳定性系数 F_s	$F_s < 1.00$	$1.00 \leq F_s < 1.05$	$1.05 \leq F_s < F_{st}$	$F_s \geq F_{st}$
边坡稳定性状态	不稳定	欠稳定	基本稳定	稳定

由于建筑边坡规模较小，一般工况中采用的边坡稳定安全系数又较高，所以不再考虑土体的雨季饱和工况。对于受雨水或地下水影响较大的边坡工程，可结合当地做法，按饱和工况计算，即按饱和重度与饱和状态时的抗剪强度参数。

对地质环境条件复杂的工程安全等级为一级的边坡在勘察过程中应进行监测。监测内容根据具体情况可包括边坡变形（包括坡面位移和深部水平位移）、地下水动态和易风化岩体的风化速度等，目的在于为边坡设计提供参数，检验措施（如支挡、疏干等）的效果和进行边坡稳定的预报。

众所周知，水对边坡工程的危害是很大的，因而掌握地下水随季节的变化规律和最高水位等有关水文地质资料对边坡治理是很有必要的。对位于水体附近或地下水发育等地段的边坡工程宜进行长期观测，至少应观测一个水文年。

建筑边坡工程勘察中，除应进行地下水力学作用和对边坡岩土体或可能的支挡结构由于地下水产生侵蚀、矿物成分改变等物理、化学作用的评价，还应论证孔隙水压力变化规律和对边坡应力状态的影响，并应考虑雨季和暴雨过程的影响。

第五节　地基处理

地基处理是指为提高承载力，改善其变形性质或渗透性质而采取的人工处理地基的方法。

一、地基处理的目的

根据工程情况及地基土质条件或组成的不同，处理的目的为：

（1）提高土的抗剪强度，使地基保持稳定。

（2）降低土的压缩性，使地基的沉降和不均匀沉降减至允许范围内。

（3）降低土的渗透性或渗流的水力梯度，防止或减少水的渗漏，避免渗流造成地基破坏。

（4）改善土的动力性能，防止地基产生震陷变形或因土的振动液化而丧失稳定性。

（5）消除或减少土的湿陷性或胀缩性引起的地基变形，避免建筑物破坏或影响其正常使用。

对任何工程来讲，处理目的可能是单一的，也可能需同时在几个方面达到一定要求。地基处理除用于新建工程的软弱和特殊土地基外，也作为事后补救措施用于已建工程地基加固。

二、地基处理方法的分类

地基处理技术从机械压实到化学加固，从浅层处理到深层处理，方法众多，按其处理原理和效果大致可分为换填垫层法、排水固结法、挤密振密法、拌入法、灌浆法和加筋法等类型。

（一）换填垫层法

换填垫层法是先将基底下一定范围内的软弱土层挖除，然后回填强度较高、压缩性较低且不含有机质的材料，分层碾压后作为地基持力层，以提高地基的承载力和减少变形。

换填垫层法适用于处理各类浅层软弱地基，是用砂、碎石、矿渣或其他合适的材料置换地基中的软弱或特殊土层，分层压实后作为基底垫层，从而达到处理的目的。它常用于处理软弱地基，也可用于处理湿陷黄土地基和膨胀土地基。从经济合理角度考虑，换土垫层法一般适用于处理浅层地基（深度通常不超过 3m）。换填垫层法的关键是垫层的碾压密实度，并应注意换填材料对地下水的污染影响。

（二）预压法（排水固结法）

预压法是在建筑物建造前，采用预压、降低地下水位、电渗等方法在建筑场地进行加载预压促使土层排水固结，使地基的固结沉降提前基本完成，以减小地基的沉降和不均匀沉降，提高其承载力。

预压法适用于处理深厚的饱和软黏土，分为堆载预压、真空预压、降水预压和电渗排水预压。预压法的关键是使荷载的增加与土的承载力增长率相适应。当采用堆载预压法时，通常在地基内设置一系列就地灌筑砂井、袋装砂井或塑料排水板，形成竖向排水通道以增加土的排水途径，以加速土层固结。

（三）强夯法和强夯置换法

强夯法又名动力固结法或动力压实法。这种方法是反复将夯锤提到一定高度使其自由落下，给地基以冲击和振动能量，从而提高地基的承载力并降低其压缩性，改善地基性能，由于强夯法具有加固效果显著、适用土类广、设备简单、施工方便、节省劳力、施工期短、节约材料、施工文明和施工费用低等优点，大量工程实例证明，强夯法用于处理碎石土、砂土、低饱和度的粉土和黏性土、湿陷性黄土、素填土和杂填土等地基，一般均能取得较好的效果。对于软土地基，一般来说处理效果不显著。

强夯置换法是采用在夯坑内回填块石、碎石等粗颗粒材料，用夯锤夯击形成连续的强夯置换墩。强夯置换法是 20 世纪 80 年代后期开发的方法，适用于高饱和度的粉

土与软塑 —— 流塑的黏性土等地基上对变形控制要求不严的工程。强夯置换法具有加固效果显著、施工期短、施工费用低等优点，目前已用于堆场、公路、机场、房屋建筑、油罐等工程，一般效果良好，个别工程因设计、施工不当，加固后出现下沉较大或墩体与墩间土下沉不等的情况。因此，特别强调采用强夯置换法前，必须通过现场试验确定其适用性和处理效果，否则不得采用。

强夯法虽然已在工程中得到广泛的应用，但有关强夯机理的研究，至今尚未取得满意的结果。因此，目前还没有一套成熟的设计计算方法。强夯施工前，应在施工现场有代表性的场地上进行试夯或试验性施工，通过试验确定强夯的设计参数 —— 单点夯击能、最佳夯击能、夯击遍数和夯击间歇时间等。强夯法由于振动和噪声对周围环境影响较大，在城市使用有一定的局限性。

（四）复合地基法

复合地基是指由两种刚度（或模量）不同的材料（桩体和桩间土）组成，共同承受上部荷载并协调变形的人工地基。根据桩体材料的不同，复合地基中的许多独立桩体，其顶部与基础不连接，区别于桩基中群桩与基础承台相连接。因此独立桩体亦称竖向增强体。复合地基中的桩柱体的作用，一是置换，二是挤密。因此，复合地基除可提高地基承载力、减少变形外，还有消除湿陷和液化的作用。复合地基设计应满足承载力和变形要求。对于地基土为欠固结土、膨胀土、湿陷性黄土、可液化土等特殊土时，其设计要综合考虑土体的特殊性质选用适当的增强体和施工工艺。

复合地基的施工方法可分为振冲挤密法、钻孔置换法和拌入法三大类。

振冲挤密法采用振冲、振动或锤击沉管、柱锤冲扩等挤土成孔方法对不同性质的土层分别具有置换、挤密和振动密实等作用。对黏性土主要起到置换作用，对中细砂和粉土除置换作用外还有振实挤密作用。在以上各种土中施工都要在孔内加填砂、碎石、灰土、卵石、碎砖、生石灰块、水泥土、水泥粉煤灰碎石等回填料，制成密实振冲桩，而桩间土则受到不同程度的挤密和振密。可用于处理松散的无黏性土、杂填土、非饱和黏性土及湿陷性黄土等地基，形成桩土共同作用的复合地基，使地基承载力提高，变形减少，并可消除土层的液化。

钻孔置换法主要采用水冲、洛阳铲或螺旋钻等非挤土方法成孔，孔内回填为高黏结强度的材料形成桩体如由水泥、粉煤灰、碎石、石屑或砂加水拌和形成的桩、夯实水泥土或素混凝土形成的桩体等，形成桩土共同作用的复合地基，使地基承载力提高，变形减少。

拌入法是指采用高压喷射注浆法、深层喷浆搅拌法、深层喷粉搅拌法等在土中掺入水泥浆或能固化的其他浆液，或者直接掺入水泥、石灰等能固化的材料，经拌和固化后，在地基中形成一根根柱状固化体，并与周围土体组成复合地基而达到处理目的。可适用于软弱黏性土、欠固结冲填土、松散砂土及砂砾石等多种地基。

（五）灌浆法

灌浆法是靠压力传送或利用电渗原理，把含有胶结物质并能固化的浆液灌入土层，使其渗入土的孔隙或充填土岩中的裂缝和洞穴中，或者把很稠的浆体压入事先打好的钻孔中，借助于浆体传递的压力挤密土体并使其上抬，达到加固处理目的。其适用性与灌浆方法和浆液性能有关，一般可用于处理砂土、砂砾石、湿陷性黄土及饱和黏性土等地基。

注浆法包括粒状剂和化学剂注浆法。粒状剂包括水泥浆、水泥砂浆、黏土浆、水泥黏土浆等，适用于中粗砂、碎石土和裂隙岩体；化学剂包括硅酸钠溶液、氢氧化钠溶液、氯化钙溶液等，可用于砂土、粉土和黏性土等。作业工艺有旋喷法、深层搅拌、压密注浆和劈裂注浆等。其中粒状剂注浆法和化学剂注浆法属渗透注浆，其他属混合注浆。

注浆法有强化地基和防水止渗的作用，可用于地基处理、深基坑支挡和护底、建造地下防渗帷幕，防止砂土液化、防止基础冲刷等方面。

因大部分化学浆液有一定的毒性，应防止浆液对地下水的污染。

（六）加筋法

采用强度较高、变形较小、老化慢的土工合成材料，如土工织物、塑料格栅等，其受力时伸长率不大于 4%～5%，抗腐蚀耐久性好，埋设在土层中，即由分层铺设的土工合成材料与地基土构成加筋土垫层。土工合成材料还可起到排水、反滤、隔离和补强作用。加筋法常用于公路路堤的加固，在地基处理中，加筋法可用于处理软弱地基。

（七）托换技术（或称基础托换）

托换技术是指对原有建筑物地基和基础进行处理、加固或改建，或在原有建筑物基础下修建地下工程或因邻近建造新工程而影响到原有建筑物的安全时所采取的技术措施的总称。

三、地基处理的岩土工程勘察的基本要求

进行地基处理时应有足够的地质资料，当资料不全时，应进行必要的补充勘察。地基处理的岩土工程勘察应满足下列基本要求：

（1）针对可能采用的地基处理方案，提供地基处理设计和施工所需的岩土特性参数；岩土参数是地基处理设计成功与否的关键，应选用合适的取样方法、试验方法和取值标准。

（2）预测所选地基处理方法对环境和邻近建筑物的影响；如选用强夯法施工时，应注意振动和噪声对周围环境产生的不利影响；选用注浆法时，应避免化学浆液对地下水、地表水的污染等。

（3）提出地基处理方案的建议。每种地基处理方法都有各自的适用范围、局限性和特点，因此，在选择地基处理方法时都要进行具体分析，从地基条件、处理要求、处理费用和材料、设备来源等综合考虑，进行技术、经济、工期等方面的比较，以选用技术上可靠、经济上合理的地基处理方法。

（4）当场地条件复杂，或采用某种地基处理方法缺乏成功经验，或采用新方法、新工艺时，应在施工现场对拟选方案进行试验或对比试验，以取得可靠的设计参数和施工控制指标；当难以选定地基处理方案时，可进行不同地基处理方法的现场对比试验，通过试验检验方案的设计参数和处理效果，选定可靠的地基处理方法。

（5）在地基处理施工期间，岩土工程师应进行施工质量和施工对周围环境和邻近工程设施影响的监测，以保证施工顺利进行。

四、各类地基处理方法勘察的重点内容

（一）换填垫层法的岩土工程勘察重点

（1）查明待换填的不良土层的分布范围和埋深。

（2）测定换填材料的最优含水量、最大干密度。

（3）评定垫层以下软弱下卧层的承载力和抗滑稳定性，估算建筑物的沉降。

（4）评定换填材料对地下水的环境影响。

（5）对换填施工过程应注意的事项提出建议。

（6）对换填垫层的质量进行检验或现场试验。

（二）预压法的岩土工程勘察重点

（1）查明土的成层条件、水平和垂直方向的分布、排水层和夹砂层的埋深和厚度、地下水的补给和排泄条件等。

（2）提供待处理软土的先期固结压力、压缩性参数、固结特性参数和抗剪强度指标、软土在预压过程中强度的增长规律。

（3）预估预压荷载的分级和大小、加荷速率、预压时间、强度的可能增长和可能的沉降。

（4）对重要工程，建议选择代表性试验区进行预压试验；采用室内试验、原位测试、变形和孔压的现场监测等手段，推算软土的固结系数、固结度与时间的关系和最终沉降量，为预压处理的设计施工提供可靠依据。

（5）检验预压处理效果，必要时进行现场载荷试验。

（三）强夯法的岩土工程勘察重点

（1）查明强夯影响深度范围内土层的组成、分布、强度、压缩性、透水性和地下水条件。

（2）查明施工场地和周围受影响范围内的地下管线和构筑物的位置、标高；查明有无对振动敏感的设施，是否需在强夯施工期间进行监测。

（3）根据强夯设计，选择代表性试验区进行试夯，采用室内试验、原位测试、现场监测等手段，查明强夯有效加固深度，夯击能量、夯击遍数与夯沉量的关系，夯坑周围地面的振动和地面隆起，土中孔隙水压力的增长和消散规律。

（四）桩土复合地基的岩土工程勘察重点

（1）查明暗塘、暗浜、暗沟、洞穴等的分布和埋深。

（2）查明土的组成、分布和物理力学性质，软弱土的厚度和埋深，可作为桩基持力层的相对硬层的埋深。

（3）预估成桩施工可能性（有无地下障碍、地下洞穴、地下管线、电缆等）和成桩工艺对周围土体、邻近建筑、工程设施和环境的影响（噪声、振动、侧向挤土、地面沉陷或隆起等），桩体与水土间的相互作用（地下水对桩材的腐蚀性，桩材对周围水土环境的污染等）。

（4）评定桩间土承载力，预估单桩承载力和复合地基承载力。

（5）评定桩间土、桩身、复合地基、桩端以下变形计算深度范围内土层的压缩性，任务需要时估算复合地基的沉降量。

（6）对需验算复合地基稳定性的工程，提供桩间土、桩身的抗剪强度。

（7）任务需要时应根据桩土复合地基的设计，进行桩间土、单桩和复合地基载荷试验，检验复合地基承载力。

（五）注浆法的岩土工程勘察重点

（1）查明土的级配、孔隙性或岩石的裂隙宽度和分布规律，岩土渗透性，地下水埋深、流向和流速，岩土的化学成分和有机质含量；岩土的渗透性宜通过现场试验测定。

（2）根据岩土性质和工程要求选择浆液和注浆方法（渗透注浆、劈裂注浆、压密注浆等），根据地区经验或通过现场试验确定浆液浓度、黏度、压力、凝结时间、有效加固半径或范围，评定加固后地基的承载力、压缩性、稳定性或抗渗性。

（3）在加固施工过程中对地面、既有建筑物和地下管线等进行跟踪变形观测，以控制灌注顺序、注浆压力和注浆速率等。

（4）通过开挖、室内试验、动力触探或其他原位测试，对注浆加固效果进行检验。

（5）注浆加固后，应对建筑物或构筑物进行沉降观测，直至沉降稳定为止，观测时间不宜少于半年。

第六节 地下洞室

一、地下洞室围岩的质量分级

地下洞室勘察的围岩分级方法应与地下洞室设计采用的标准一致，首先确定基本质量级别，然后考虑地下水、主要软弱结构面和地应力等因素对基本质量级别进行修正，并以此衡量地下洞室的稳定性，岩体级别越高，则洞室的自稳能力越好。

二、地下洞室勘察阶段的划分

地下洞室勘察划分为可行性研究勘察、初步勘察、详细勘察和施工勘察四个阶段。

根据多年的实践经验，地下洞室勘察分阶段实施是十分必要的。这不仅符合按程序办事的基本建设原则，也是由于自然界地质现象的复杂性和多变性所决定的。因为这种复杂多变性，在一定的勘察阶段内难以全部认识和掌握，需要一个逐步深化的认识过程。分阶段实施勘察工作，可以减少工作的盲目性，有利于保证工程质量。当然，也可根据拟建工程的规模、性质和地质条件，因地制宜地简化勘察阶段。

三、各勘察阶段的勘察内容和勘察方法

（一）可行性研究勘察阶段

可行性研究勘察应通过收集区域地质资料，现场踏勘和调查，了解拟选方案的地形地貌、地层岩性、地质构造、工程地质、水文地质和环境条件，对拟选方案的适宜性做出评价，选择合适的洞址和洞口。

（二）初步勘察阶段

初步勘察应采用工程地质测绘，并结合工程需要，辅以物探、钻探和测试等方法，初步查明选定方案的地质条件和环境条件，初步确定岩体质量等级（围岩类别），对洞址和洞口的稳定性做出评价，为初步设计提供依据。

工程地质测绘的任务是查明地形地貌、地层岩性、地质构造、水文地质条件和不良地质作用，为评价洞区稳定性和建洞适宜性提供资料，为布置物探和钻探工作量提供依据。在地下洞室勘察中，做好工程地质测绘可以起到事半功倍的作用。

地下洞室初步勘察时，工程地质测绘和调查应初步查明下列问题：

（1）地貌形态和成因类型。

（2）地层岩性、产状、厚度、风化程度。

（3）断裂和主要裂隙的性质、产状、充填、胶结、贯通及组合关系。

（4）不良地质作用的类型、规模和分布。

（5）地震地质背景。

（6）地应力的最大主应力作用方向。

（7）地下水类型、埋藏条件、补给、排泄和动态变化。

（8）地表水体的分布及其与地下水的关系，淤积物的特征。

（9）洞室穿越地面建筑物、地下构筑物、管道等既有工程时的相互影响。

地下洞室初步勘察时，勘探与测试应符合下列要求：

（1）采用浅层地震剖面法或其他有效方法圈定隐伏断裂、地下隐伏体，探测构造破碎带，查明基岩埋深、划分风化带。

（2）勘探点宜沿洞室外侧交叉布置，钻探工作可根据工程地质测绘的疑点和工程物探的异常点布置。

（3）每一主要岩层和土层均应采取试样，当有地下水时应采取水试样；当洞区存在有害气体或地温异常时，应进行有害气体成分、含量或地温测定；对高地应力地区，应进行地应力量测。

（4）必要时，可进行钻孔弹性波或声波测试，钻孔地震 CT 或钻孔电磁波 CT 测试，可评价岩体完整性，计算岩体动力参数，划分围岩类别等。

（三）详细勘察阶段

详细勘察阶段是地下洞室勘察的一个重要阶段，应采用钻探、钻孔物探和测试为主的勘察方法，必要时可结合施工导洞布置洞探，工程地质测绘在详勘阶段一般情况下不单独进行，只是根据需要做一些补充性调查。详细勘察的任务是详细查明洞址、洞口、洞室穿越线路的工程地质和水文地质条件，分段划分岩体质量级别或围岩类别，评价洞体和围岩稳定性，为洞室支护设计和确定施工方案提供资料。

详细勘察具体应进行下列工作：

（1）查明地层岩性及其分布，划分岩组和风化程度，进行岩石物理力学性质试验。

（2）查明断裂构造和破碎带的位置、规模、产状和力学属性，划分岩体结构类型。

（3）查明不良地质作用的类型、性质、分布，并提出防治措施的建议。

（4）查明主要含水层的分布、厚度、埋深，地下水的类型、水位、补给排泄条件，预测开挖期间出水状态、涌水量和水质的腐蚀性。

（5）城市地下洞室需降水施工时，应分段提出工程降水方案和有关参数。

（6）查明洞室所在位置及邻近地段的地面建筑和地下构筑物、管线状况，预测洞室开挖可能产生的影响，提出防护措施。

（7）综合场地的岩土工程条件，划分围岩类别，提出洞址、洞口、洞轴线位置的建议，对洞口、洞体的稳定性进行评价，提出支护方案和施工方法的建议，对地面变形和既有建筑的影响进行评价。

详细勘察可采用浅层地震勘探和孔间地震 CT 或孔间电磁波 CT 测试等方法，详细查明基岩埋深、岩石风化程度、隐伏体（如溶洞、破碎带等）的位置，在钻孔中进行弹性波波速测试，为确定岩体质量等级（围岩类别）、评价岩体完整性、计算动力参数提供资料。

详细勘察时，勘探点宜在洞室中线外侧 6～8m 交叉布置，山区地下洞室按地质构造布置，且勘探点间距不应大于 50m；城市地下洞室的勘探点间距，岩土变化复杂的场地宜小于 25m，中等复杂的宜为 25～40m，简单的宜为 40～80m。

采集试样和原位测试勘探孔数量不应少于勘探孔总数的 1/2。

详细勘察时，第四系中的控制性勘探孔深度应根据工程地质、水文地质条件、洞室埋深、防护设计等需要确定；一般性勘探孔可钻至基底设计标高下 6～10m。控制性勘探孔深度，对岩体基本质量等级为 I 级和 II 级的岩体宜钻入洞底设计标高下 1～3m；对 III 级岩体宜钻入 3～5m，对 IV 级、V 级的岩体和土层，勘探孔深度应根据实际情况确定。

（四）施工勘察和超前地质预报

进行地下洞室勘察，仅凭工程地质测绘、工程物探和少量的钻探工作，其精度是难以满足施工要求的，尚需依靠施工勘察和超前地质预报加以补充和修正。因此，施工勘察和地质超前预报关系到地下洞室掘进速度和施工安全，可以起到指导设计和施工的作用。

施工勘察应配合导洞或毛洞开挖进行，当发现与勘察资料有较大出入时，应提出修改设计和施工方案的建议。

超前地质预报主要内容包括下列四方面：

（1）断裂、破碎带和风化囊的预报。

（2）不稳定块体的预报。

（3）地下水活动情况的预报。

（4）地应力状况的预报。

超前预报的方法主要有超前导坑预报法、超前钻孔测试法和工作面位移量测法等。

第五章　地基浅基础

第一节　浅基础概述

地基与基础是建筑物的重要组成部分，建筑物的全部荷载都由它下面的地层来承受，受建筑物影响的那一部分地层称为地基，直接承受荷载的地层是持力层，持力层以下为下卧层。基础是位于建筑物墙、柱、底梁以下，尺寸经适当地扩大后，将结构所承受的各种作用传递到地基上的结构组成部分。

一、按基础的埋深分类

基础按其埋置深度可分为浅基础和深基础。通常将基础的埋置深度小于基础的宽度，且只需要采用正常的施工方法（如明挖施工）就可以建造起来的基础称为浅基础浅基础设计按通常的方法验算地基承载力和地基沉降时，不考虑基础底面以上土的抗剪强度对地基承载力的作用，也不考虑基础侧面与土之间的摩擦阻力，深基础包括桩基、沉井基础和地下连续墙等，其设计方法与浅基础不同，主要利用基础将荷载向深部土层传递，设计时需要考虑基础侧壁的摩擦阻力对基础稳定性的有利作用，施工方法及施工机械较为复杂。

二、按基础的受力特点分类

（一）无筋扩展基础

无筋扩展基础又称为刚性基础，通常由砖、石、素混凝土、灰土和三合土等材料构成，这些材料都具有较好的抗压性能，但抗拉强度、抗剪强度却不高，因此设计时必须保证基础内的拉应力和剪应力不超过材料强度的设计值。通常是通过限制基础的构造来实现这一目标，即基础的外伸宽度与基础高度的比值不大于无筋扩展基础台阶宽高比的允许值。这样，基础的相对高度通常都比较大，几乎不会发生挠曲变形，所以此类基础被称为刚性基础或刚性扩展基础。

无筋扩展基础因材料特性不同，有不同的适用性。用砖、石及素混凝土砌筑的基础一般适用于六层及六层以下的民用建筑和砌体承重厂房。在我国的华北和西北比较干燥的地区，灰土基础广泛应用于五层及其以下的民用建筑。在南方常用的三合土及四合土（水泥、石灰、砂、骨料按 1：1：5：10 或 1：1：6：12 配比）基础，一般适用于不超过四层的民用建筑，另外，由于刚性基础的稳定性好、施工简便、能承受较大的竖向荷载，只要地基能满足要求，石材及混凝土常是桥梁、涵洞和挡土墙等首选的基础材料。

（二）钢筋混凝土基础

钢筋混凝土基础又称为柔性基础，钢筋混凝土基础具有较强的抗弯、抗剪能力，适合于荷载大且有力矩荷载的情况或地下水以下，常做成扩展基础、条形基础、筏形基础、箱形基础等形式钢筋混凝土基础有很好的抗弯能力，能发挥钢筋的抗弯性能及混凝土抗压性能，适用范围十分广泛。

根据上部结构特点，荷载大小和地质条件不同，钢筋混凝土基础有以下结构形式。

1. 钢筋混凝土扩展基础

钢筋混凝土扩展基础一般指钢筋混凝土墙下条形基础、单独基础和钢筋混凝土柱下独立基础钢筋混凝土扩展基础的抗弯性能和抗剪性能良好，适用于竖向荷载较大、地基承载力不高及承受水平力和力矩荷载的情况。

（1）柱下单独基础

单独基础是柱子基础的基本形式，基础材料通常用混凝土或钢筋混凝土，混凝土强度等级不低于 C15，荷载不大时，也可用砖石砌体，并用混凝土墩与柱子相联结柱子荷载的偏心距不大时，基础底面常为方形；偏心距大时，则为矩形。预制柱下的钢筋混凝土基础一般做成杯口基础。

（2）墙下单独基础

为避免地基土变形对墙体的影响，或当建筑物较轻，作用在墙上的荷载不大，基础又需要做在较深的好土层上时，做条形基础不经济，可将墙体砌筑在基础梁上，采用墙下单独基础，砖墙砌在单独基础上边的钢筋混凝土过梁上，过梁的跨度一般为 3～5 m。

（3）墙下条形基础

条形基础是墙基础的主要形式，它常用砖石和钢筋混凝土建造。

2. 柱下条形基础及十字交叉条形基础

当在软弱地基上设计单独基础时，基础底面积可能很大，以致彼此相接近，甚至碰在一起，这时可将柱子基础联结起来做成柱下钢筋混凝土条形基础，使各个柱子支承在一个共同的条形基础上，这有利于减轻不均匀沉降对建筑物的影响如果地基很软，需要进一步扩大基础底面积或为了增强基础的刚度以调整不均匀沉降时，可在纵横两个方向上都采用钢筋混凝土条形基础，则称为十字交叉条形基础。十字交叉条形基础具有较大的整体刚度，在多层厂房、荷载较大的多层及高层框架结构基础上常被采用。

3. 筏形基础

如果地基特别软弱，而荷载又很大，十字交叉条形基础的底面积还是不能满足要求，或地下水常在地下室的地坪以上以及使用上有要求时，为了防止地下水渗入室内，往往需要把整个房屋（或地下室）底面做成一片连续的钢筋混凝土板作为基础，此类基础称为筏形基础，也称为满堂基础。

柱下筏形基础常有平板式和梁板式两种形式。平板式基础是在地基上做成一块等厚的钢筋混凝土底板，柱子通过柱脚支承在底板上。当柱荷载较大时，可局部加大柱下板厚以防止板被冲切破坏；当柱距较大，柱荷载相差较大时，板内将产生较大弯矩，宜采用梁板式基础。梁板式基础又分下梁式和上梁式基础，下梁板式基础底板、顶板平整，可作建筑物底层地面。

筏形基础，特别是梁板式筏形基础整体刚度较大，能很好地调整不均匀沉降对于有地下室的房屋、高层建筑或本身需要可靠防渗底板的结构物，是理想的基础形式

4. 壳体基础

壳体基础一般适用于水塔、烟囱、料仓和中小型高炉等高耸的构筑物的基础实际应用最多的是正圆锥形及其组合形式的壳体基础

5. 箱形基础

为了使基础具有更大的刚性，以减少建筑物的相对弯曲，可将基础做成由顶板、底板及若干纵横隔墙组成的箱形基础它是筏形基础的进一步发展，一般由钢筋混凝土建造，基础顶板与底板之间的空间可作为地下室，因此其空间利用率高其主要特点是刚性大，而日挖去的七方多，有利于减少基础底面的附加压力，因而适用于地基软弱土层厚、荷载大和建筑面积不太大的重要建筑物

由顶、底板和纵、横墙形成的结构整体性使箱基具有比筏形基础更大的空间刚度，用以抵抗地基或荷载分布不均匀引起的差异沉降和架越不太大的地下洞穴。此外，箱基的抗震性能较好。目前，在高层建筑中多采用箱形基础，箱基形成的地下室可以提供多种使用功能冷藏库和高温炉体下的箱基的隔热传导作用可防止地基土的冻胀和干缩。高层建筑物的箱基可作为商店、库房、设备层和人防之用。

三、按构成基础的材料分类

基础材料的选择决定着基础的强度、耐久性和经济效果，应按照就地取材、充分利用当地资源的原则，并满足技术经济要求进行考虑常用的基础材料有砖石、混凝土（包括毛石混凝土）、钢筋混凝土等。此外，在我国农村还有利用灰土、三合土等作为基础材料。

（一）砖基础

就强度而抗冻性来说，砖不能算是优良的基础材料。砖基础在干燥而较温暖的地区较为适用，在寒冷而潮湿的地区不甚理想—但是由于砖的价格较低，所以应用比较广泛为保证砖基础在潮湿和霜冻条件下坚固耐久，砖的强度等级不应低于MU7.5，砌砖砂浆应按《砌体结构设计规范》规定进行选用。

（二）毛石基础

在产石料的地区，毛石是比较容易取得的一种基础材料地下水位以上的毛石砌体可以采用水泥、石灰和砂子配制的混合砂浆砌筑，在地下水位以下则要采用水泥沙浆砌筑砂浆强度等级按规范规定采用、

（三）混凝土和毛石混凝土基础

混凝土的强度、耐久性和抗冻性都比较好，是一种较好的基础材料有时为了节约水泥，可以在混凝土中掺入毛石，形成毛石混凝土，其强度虽然比混凝土的有所降低，但仍比砖石砌体的高，所以也得到了广泛的使用。

当基础遇到有侵蚀性地下水时，对混凝土的成分要严加选择，否则可能会影响基础的耐久性。

（四）灰土基础

早在1 000多年前，我国就开始采用灰土作为基础材料，而且有不少还完整地保存到现在这说明在一定条件下，灰土的耐久性是良好的灰土用石灰和黄土（或黏性土）混合而成石灰以块状生石灰为宜，经消化1～2天，用5～10 mm的筛子过筛后使用土料一般以粉质黏土为宜，若用黏土，则应采取相应措施，使其达到一定的松散程度。土在使用前也应过筛（10～20 mm的筛孔）。石灰和土的体积比一般为3：7或2：8，拌和均匀，并加适虽的水分层夯实，每层虚铺220～250 mm，夯至150 mm为一步施工时，注意基坑保持干燥，防止灰土早期浸水。

（五）三合土基础

在我国有的地方也常用三合土基础，其体积比一般为1：3：6或1：2：4（石灰：砂子：骨料）。施工时，每层虚铺220 mm，夯至150mm。三合土基础的强度与骨料有关，矿渣最好，碎砖次之，碎石及河卵石不易夯打结实，质量较差。

（六）钢筋混凝土基础

钢筋混凝土是较好的基础材料，其强度、耐久性和抗冻性都很好，能很好地承受

弯矩。目前在基础工程中，钢筋混凝土是一种广泛使用的建筑材料。

基础设计的第一步是选取适合于工程实际条件的基础类型。选取基础类型应根据各类基础的受力特点、适用条件，综合考虑上部结构的特点，地基土的工程地质条件和水文地质条件以及施工的难易程度等因素，经比较优化，确定一种经济、合理的基础形式。

选择基础方案应该遵循由简单到复杂的原则，即在简单经济的基础形式不能满足要求的情况下，再寻求复杂、合理的基础类型。只有在不能采用浅基础的情况下，才考虑运用桩基础等深基础形式，以避免浪费。

第二节 无筋扩展基础施工

无筋扩展基础又称为刚性基础，通常采用混凝土、毛石混凝土、砖、毛石、灰土和二合土等材料建造。这些材料具有较高的抗压性能，但其抗拉强度、抗剪强度都不高，因此设计时必须使基础主要承受压应力，并保证在基础内产生的拉应力和剪应力都不超过材料强度的设计值，无筋扩展基础具有能就地取材、价格较低、施工方便等优点，广泛适用于层数不多的民用建筑和轻型厂房。

一、无筋扩展基础设计要点

无筋扩展基础所用材料有一个共同的特点，就是材料的抗压强度较高，而抗拉、抗弯、抗剪强度较低。在地基反力作用下，基础下部的扩大部分像倒悬臂梁一样向上弯曲，如悬臂过长，则易发生弯曲破坏。为保证基础不受破坏，基础的高度必须满足下式：

$$H_0..\left(b-b_0\right)/2\tan\alpha$$

公式中：b —— 基础底面宽度；

b_0 —— 基础顶面的墙体宽度或柱脚宽度；

H_0 —— 基础高度；

$\tan\alpha$ —— 基础台阶宽高比（$b_2:H_0$）。

无筋扩展基础设计时，应先确定基础埋深，按地基承载力条件计算基础底面宽度，再根据基础所用材料，按宽高比允许值确定基础台阶的宽度与高度。从基底开始向上逐步缩小尺寸，使基础顶面至少低于室外地面 0.1 m，否则应修改设计。

二、砖基础施工

砖基础的剖面为阶梯形大放脚。各部分的尺寸应符合砖的模数,其砌筑方式有"两皮一收"和"二一间隔收"两种。"两皮一收"是指每砌两皮砖,收进1/4砖长(60 mm);"二一间隔收"是指底层砌两皮砖,收进1/4砖长,再砌一皮砖,收进1/4砖长,以上各层依此类推。

(一)施工准备

1. 材料及主要机具

砖的品种、强度等级必须符合设计要求,并应规格一致。烧结普通砖按抗压强度等级分为MU30、MU25、MU20、MU15、MU10五个等级。

砂浆的品种、强度等级必须符合设计要求。砌筑砂浆划分为M20、M15、M10、M7.5、M5.0、M2.5六个强度等级。砂浆拌和使用时,如出现泌水现象,应在砌筑前再次拌和。对于高强度和潮湿环境中的砖砌体,应优先选用水泥砂浆砌筑。

主要机具包括垂直运输设备(如井字架、龙门架、卷扬机、附壁式升降机、塔式起重机等)、砂浆拌制运输机具(砂浆搅拌机、推车、灰斗、砖夹具、筛子等)、砌筑工具(大铲、瓦刀、刨锛、铺灰尺、铺灰器、线锤、托线板(靠尺)、皮数杆等)。

2. 作业条件

基槽:混凝土或灰土地基均已完成,并办完隐检手续。已放好基础轴线及边线,立好皮数杆(一般间距15~20 m,转角处均应设立),并办理隐检手续。

根据皮数杆最下面一层砖的底标高,用拉线检查基础垫层表面标高,如第一层砖的灰缝大于20 mm,应先用细石混凝土找平,严禁在砌筑砂浆中掺细石代替或用砂浆垫平。

常温施工时,黏土砖必须在砌筑的前一天浇水湿润,一般以水浸入砖四边1.5 cm为宜。砂浆配合比已经实验室确定,现场准备好砂浆试模(6块为一组)。

(二)操作工艺

工艺流程:拌制砂浆—确定组砌方法—排砖撂底—砌筑—抹防潮层。每项工序操作结束后,应及时办理检查手续,检查合格后方能进行下一道工序。

1. 拌制砂浆

砂浆配合比应采用质量比,并由实验室确定,水泥计量精度为±2%,砂、掺合料为±5%。宜用机械搅拌,投料顺序为砂—水泥—掺合料—水,搅拌时间不少于1.5 min。砂浆应随拌随用,一般水泥砂浆和水泥混合砂浆须分别在拌成后3 h和4 h内使用完,不允许使用过夜砂浆。

2. 确定组砌方法

组砌方法应正确,砖基础一般采用满丁满条砌法。里外咬槎,上下层错缝,采用"三一砌砖法"(一铲灰、一块砖、一挤揉),严禁用水冲砂浆灌缝的方法。

3. 排砖摆底

基础大放脚的摆底尺寸及收退方法必须符合设计图纸规定。如一层一退，里外均应砌丁砖；如二层一退，第一层为条砖，第二层砌丁砖。大放脚的转角处应按规定放七分头，其数量为一砖半厚墙放三块，二砖墙放四块，依此类推。

4. 砌筑

砖基础砌筑前，基础垫层表面应清扫干净，洒水湿润。先盘墙角，每次盘角高度不应超过五层砖，随盘随靠平、吊直。砌基础墙应挂线，240 mm 墙单面挂线，370 mm 及以上墙应双面挂线。

基础标高不一致或有局部加深部位，应从最低处往上砌筑，应经常拉线检查，以保持砌体通顺、平直，防止砌成"螺丝"墙。基础大放脚砌至基础上部时，要拉线检查轴线及边线，保证基础墙身位置正确同时，还要对照皮数杆的砖层及标高，如有偏差，应在水平灰缝中逐渐调整，使墙的层数与皮数杆一致。

暖气沟挑檐砖及上一层压砖均应用丁砖砌筑，灰缝要严实，挑檐砖标高必须正确。各种预留洞、埋件、拉结筋按设计要求留置，避免后剔凿而影响砌体质量。变形缝的墙角应按直角要求砌筑，先砌的墙要把舌头灰刮尽，后砌的墙可采用缩口灰，掉入缝内的杂物随时清理。安装管沟和洞口过梁时，其型号、标高必须正确，底灰饱满。

5. 抹防潮层

将墙顶活动砖重新砌好，清扫干净，浇水湿润，随即抹防水砂浆设计无规定时，一般厚度为 15～20 mm，防水粉掺量为水泥质量的 3%～5%。

（三）质量验收

1. 一般规定

有冻胀环境和条件的地区，地面以下或防潮层以下的砌体不宜采用多孔砖，砖砌体应提前 1～2 d 浇水润湿。当采用铺浆法砌筑时，铺浆长度不得超过 750 mm；施工期间气温超过 30℃时，铺浆长度不得超过 500 mm，多孔砖的孔洞应垂直于受压面砌筑，施工时砌的蒸压砖的产品龄期不应小于 28 d，竖向灰缝不得出现透明缝、瞎缝和假缝，施工临时间断处补砌时，必须将接槎处表面清理干净，浇水润湿，并填实砂浆，保持灰缝平直。

2. 主控项目

砖和砂浆的强度等级必须符合设计要求，砌体水平灰缝的砂浆饱满度不得小于80%。砖砌体的转角处和交接处应同时砌筑，严禁无可靠措施的内外墙基础分砌施工。对不能同时砌筑而又必须留置的临时间断处应砌成斜槎，斜槎水平投影长度不应小于高度的 2/3。

非抗震设防及抗震设防烈度为 6 度、7 度地区的临时间断处，当不能留斜槎时，除转角处外可留直槎，但必须做成凸槎。留直槎时，应加设拉结钢筋，拉结钢筋的数量为每 120 mm 墙厚放置 1 ϕ 6 mm 拉结钢筋（120 mm 厚墙放置 2 ϕ 6 mm 拉结钢筋），间距沿墙高不应超过 500 mm，埋入长度从留槎处算起每边均不应小于 500 mm 对抗震设防烈度 6 度、7 度的地区，不应小于 1 000 mm，末端应有 90° 弯钩。

3. 一般项目

砖基础组砌方法应正确，上下错缝，内外搭砌。砖基础的灰缝应横平竖直，厚薄均匀。水平灰缝厚度宜为 10 mm，但不应小于 8 mm，也不应大于 12 mm。

（四）砖基础施工常见问题

砂浆配合比不准，散装水泥和砂都要每车过磅，计量要准确，搅拌时间要达到规定的要求；冬期不得使用无水泥配制的砂浆；基础墙身位移。大放脚两侧边收退要均匀，砌到基础墙身时，要拉线找正墙的轴线和边线；砌筑时，保持墙直。

墙面不平，一砖半墙必须双面挂线，一砖墙单面挂线；舌头灰要随砌随刮平。水平灰缝不平，盘角时，灰缝要掌握均匀，每层砖都要与皮数杆对平，通线要绷紧穿平。砌筑时，要左右照顾，避免接槎处接得高低不平。

皮数杆不平，抄平放线时，要细致认真；钉皮数杆的木桩要牢固，防止碰撞松动皮数杆立完后，要复验，确保皮数杆标高一致。

埋入砌体中的拉结筋位置不准，应随时注意正在砌的皮数，保证按皮数杆标明的位置放拉结筋，其外露部分在施工中不得弯折，并保证其长度符合设计要求。

留槎不符合要求，砌体的转角和交接处应同时砌筑，否则应砌成斜槎。有高低台的基础应先砌低处，并由高处向低处搭接，如设计无要求，其搭接长度不应小于扩大部分的高度。砌体临时间断处的高差过大高差一般不得超过一步架的高度。

三、毛石基础

毛石基础是用毛石与砂浆砌筑而成的毛石用平毛石和乱毛石，其强度等级不低于 MU20。砂浆一般采用水泥砂浆或水泥混合砂浆毛石基础的断面有阶梯形和梯形等形状。

（一）材料要求

石材应质地坚实，无风化剥落和裂缝；毛石应呈块状，其中部厚度不宜小于 150 mm；毛石表面的污垢、水锈等杂质，在砌筑前应清除干净；砂浆按配合比进行搅拌，随拌随用。砂浆稠度为 3 ~ 5cm。水泥一般采用 32.5 级或 42.5 级普通硅酸盐水泥或矿渣硅酸盐水泥。

（二）砌筑施工注意要点

砌筑前，应先检查基槽的尺寸、标高，观察是否有受冻、水泡等异常情况。在基底弹出毛石基础底宽边线，在基础转角处、交接处立皮数杆皮数杆上应标明石块规格及灰缝厚度，砌阶梯形基础时还应标明每一台阶高度在皮数杆间拉准线。

砌筑时，应先砌转角处及交接处，再依线砌中间部要分批卧砌，并注意上下错缝、内外搭砌，不得采用外面侧立石块、中间填心的砌筑方法。每层灰缝的厚度宜为 20 ~ 30 mm，砂浆应饱满。

基础外墙转角、横纵墙交接处及基础最上一层，应选用较大的平毛石砌筑。毛石基础每天砌筑高度不应超过 1.2 m。

每天应在当天砌好的砌体上铺一层灰浆，表面应粗糙，夏季施工时，对刚砌完的砌体，应用草袋覆盖养护 5 ~ 7 d，避免风吹、日晒、雨淋。毛石基础全部砌完后，要及时在基础两边均匀分层回填、分层夯实。整个基础砌筑完后，及时组织检查验收和监督认证当确认合格后，应立即间填土。

（三）质量验收

1. 一般规定

石砌体的灰缝厚度控制：毛料石和粗料石不宜大于 20 mm，细料石砌体不宜大于 5 mm。砂浆初凝后，如需要移动已砌筑的石块，应将原砂浆清理干净，重新铺浆砌筑砌筑毛石基础的第一皮石块应坐浆并将大面向下，砌筑料石基础的第一皮石块应用丁砌层坐浆砌筑，以保证基石与垫层黏结紧密，保证传力均匀和石块稳定。受力重要的部位及每个楼层（包括基础）砌体的顶面，应用较大的平毛石砌筑。

2. 主控项目

石材及砂浆强度等级必须符合设计要求；砂浆饱满度不应小于 80%；石砌体的轴线位置及垂直度允许偏差应符合规定。

3. 一般项目

基础的组砌形式应符合以下规定：第一，内外搭砌，上下错缝，拉结石、丁砌石交错设置。第二，毛石墙拉结石每 0.7 m² 墙面不应少于 1 块。

四、灰土和三合土基础施工

灰土基础是用熟石灰与黏性土拌和均匀，然后分层夯实而成。灰土的体积配合比一般用 2：8 或 3：7（石灰：土），其 28 d 强度可达 1 MPa。一般适用于地下水位较低、基槽经常处于较为干燥状态的基础。

（一）施工工艺

灰土和二合土基础的施工工艺为：基槽清理—底夯—灰土拌和—控制虚土厚度—机械夯实—质量检查—逐皮交替完成。

灰土的配合比除设计有特殊要求外，一般为 2：8 或 3：7（体积比），基础垫层灰土必须标准过筛，严格执行配合比。必须拌和均匀，至少翻拌两次，拌好的灰土颜色一致。

灰土施工时，应适当控制含水率，工地检验方法是用手将灰土紧握成团，两指轻捏即碎为宜如土料水分过多或不足，应晾干或洒水润湿。

灰土铺摊厚度为 200 ~ 250 mm。灰土分段施工时，不得在墙角、柱基及承重墙下接缝。上下两层灰土的接缝距离不得大于 500 mm。当灰土基础标高不同时，应做成阶梯形。接槎时，应将槎子垂直切齐。

（二）质量要求

基底的土质必须符合设计要求；灰土的干密度或贯入度必须符合设计要求和施工规范的规定；配料正确，拌和均匀，虚铺厚度符合规定，夯压密实，表面无松散和起皮；分层留槎位置、方法正确，接槎密实、平整。

三合土基础是由消石灰、砂、碎砖（石）和水拌匀后分层铺设夯实而成的，其体积配合比应按设计规定，一般用 1：2：4 或 1：3：6（消石灰：砂：碎砖）。施工时，先将石灰和砂用水在池内调成浓浆，将碎砖材料倒在拌板上加浆搅拌，虚铺厚度第一层为 220 mm，以后每层 200 mm，并分别夯至 150 mm，直到设计标高，三合土基础厚度不应小于 500 mm。

五、混凝土和毛石混凝土基础施工

混凝土基础一般用 C10 以上的素混凝土做成。毛石混凝土基础是在混凝土基础上埋入 25%～30%（体积比）未风化的毛石形成的，用于砌筑的石块直径不宜大于 300mm 混凝土基础的每阶高度不应小于 250 mm，一般为 300 mm，毛石混凝土基础的每阶高度不应小于 300 mm。

第三节 钢筋混凝土基础施工

钢筋混凝土基础适用于上部结构荷载大、地基较软弱、需要较大底面尺寸的情况，将上部结构传来的荷载通过向侧边扩展成一定底面积，使作用在基底的压应力等于或小于地基土的允许承载力，而基础内部的应力应同时满足材料本身的强度要求，这种起到压力扩散作用的基础称为扩展基础，也称为柔性基础。一般工业与民用建筑在基础设计中多采用钢筋混凝土基础，它造价低、施工简便。常用的浅基础类型有单独基础、条形基础、杯口基础、筏形基础和箱形基础等。

一、钢筋混凝土单独基础施工

钢筋混凝土单独基础的剖面形式有台阶形、锥形和杯口形基础三种。轴心受压柱下基础的底面形状为正方形，而偏心受压柱下基础的底面形状为矩形。钢筋混凝土单独基础主要有以下两种类型：

（一）柱下单独基础

单独基础是柱子基础的主要类型。现浇柱下钢筋混凝土基础的截面可做成阶梯形或锥形，预制柱下的基础一般做成杯口形。

（二）墙下单独基础

墙下单独基础是当上层土质松软，而在不深处有较好的土层时，为了节约基础材料和减少开挖土方量而采用的一种基础形式。砖墙砌在单独基础上边的钢筋混凝土地梁上。

柱下钢筋混凝土单独基础，除应满足墙下钢筋混凝土条形基础的一般要求外，尚应满足如下一些要求：第一，矩形单独基础底面的长边与短边的比值 $i1 < /b \leqslant 2$，一般取 $1 \sim 1.5$；第二，阶梯形基础每阶高度一般为 $300 \sim 500$ mm。基础的阶数可根据基础总高度 H 设置，当 $H \leqslant 500mm$ 时，宜分为一级；当 500 mm $< H \leqslant 900$ mm 时，宜分为二级；当 $H > 900$ mm 时，宜分为三级。第三，锥形基础的边缘高度，一般不宜小于 200 mm，也不宜大于 500 mm；锥形坡度角一般取 $25°$，最大不超过 $35°$；锥形基础的顶部每边宜沿柱边放出 50 mm。第四，柱下钢筋混凝土单独基础的受力钢筋应双向配置，当基础边长大于 2.5 m 时，基础底板受力钢筋可缩短为 0.9 l' 交替布置，其中 l' 为基础底面边长。

对于现浇柱基础，如基础与柱不同时浇注，则柱内的纵向钢筋可通过插筋锚入基础上，捕筋的根数和直径应与柱内纵向钢筋相同。当基础高度 $H \leqslant 900$ mm 时，全部插筋伸至基底钢筋网上面，端部弯直钩；当基础高度 $H > 900$ mm 时，将柱截面四角的钢筋伸到基底钢筋网上面，端部弯直钩，其余钢筋按锚固长度确定，锚固长度 l_m 可按下列要求采用：一是轴心受压及小偏心受压，$lm \geqslant 15d$（d 为钢筋直径）；二是大偏心受压，当柱混凝土不低于 C20 时，$lm \geqslant 25d$（d 为钢筋直径）。

（三）单独基础施工要点

基坑应进行验槽，局部软弱土层应挖去，用灰土或沙砾分层回填夯实至基底相平。基坑内浮土、积水、淤泥、垃圾、杂物应清除干净验槽后，地基混凝土应立即浇筑，以免地基土被扰动。垫层达到一定强度后，在其上弹线、支模，铺放钢筋网片时，底部用与混凝土保护层同厚度的水泥砂浆垫塞，以保证位置正确。

在浇筑混凝土前，应清除模板上的垃圾、泥土和钢筋上的油污等杂物，模板应浇水加以湿润。基础混凝土宜分层连续浇筑完成，阶梯形基础的每一台阶高度内应分层浇捣，每浇筑完一台阶应稍停 $0.5 \sim 1.0$ h，待其初步获得沉实后，再浇筑上层，以防止下台阶混凝土溢出，在上台阶根部出现烂脖子时，台阶表面应基本抹平。

锥形基础的斜面部分模板应随混凝土浇捣分段支设并顶压紧，以防模板浮变形，边角处的混凝土应注意捣实，严禁斜面部分不支模，用铁锹拍实。基础上有插筋时，要加以固定，保证插筋位置正确，防止浇捣混凝土发生移位混凝土浇筑完毕，外露表面应覆盖洒水养护。

二、条形基础施工

（一）条形基础构造

基础为连续的长条形状时称为条形基础条形基础一般用于墙下，也可用于柱下当建筑采用墙承重结构时，通常将墙底加宽形成墙下条形基础；当建筑采用柱承重结构，在荷载较大且地基较软弱时，为了提高建筑物的整体性，防止出现不均匀沉降，可将柱下基础沿一个方向连续设置成条形基础这种基础的抗弯和抗剪性能良好，可在竖向荷载较大、地基承载力不高以及承受水平力和力矩等荷载情况下使用因高度不受台阶宽高比的限制，因此适宜于需要"宽基浅埋"的场合。

1. 墙下钢筋混凝土条形基础

条形基础是承重墙基础的主要形式。当上部结构荷载较大而土质较差时，可采用钢筋混凝土建造，墙下钢筋混凝土条形基础一般做成无肋式；如地基在水平方向上压缩性不均匀，为了增加基础的整体性，减少不均匀沉降，也可做成肋式的条形基础。

梯形截面基础的边缘高度，一般不宜小于 200 mm；梯形坡度 $i \leqslant 1:3$ 基础高度小于 250 mm 时，可做成等厚板；基础下的垫层厚度宜为 100 mm；底板受力钢筋的最小直径不宜小于 8 mm，间距不宜大于 200 mm 和小于 100 mm 等有垫层时，混凝土的保护层净厚度不宜小于 35 mm，无垫层时不宜小于 70 mm 纵向分布筋，直径 6 ~ 8 mm，间距 250 ~ 300 mm；混凝土强度等级不宜低于 C15。当地基软弱时，为了减小不均匀沉降的影响，基础截面可采用带肋梁的板，肋梁的纵向钢筋和箍筋按经验确定。

2. 柱下钢筋混凝土条形基础

柱下钢筋混凝土条形基础是由一根梁或交叉梁及其横向伸出的翼缘板组成的：其横断面一般呈 T 形。基础截面下部向两侧伸出的部分叫作翼板，中间梁腹部分叫作肋梁。其构造除满足一般扩展基础的构造要求外，尚应满足下列要求：

其截面一般为倒 T 形，底板伸出部分称为翼板，中间部分称为肋梁翼板厚度 h 不宜小于 200 mm，当 h 为 200 ~ 250 mm 时，翼板可做成等厚度；当 h 大于 250mm 时，可做成坡度小于或等于 1：3 的变厚度板。

肋梁的高度按计算确定，可取 1/8 ~ 1/4 柱距。翼板的宽度 b 按地基承载力计算确定，肋梁宽度应比该方向柱截面大些。为调整底面形心位置，减小端部基底压力，可挑出悬臂，在基础平面布置允许的条件下，其长度宜小于第一跨距的 1/4 ~ 1/3。

基础肋梁的纵向受力钢筋按内力计算确定，一般上、下双层配置，直径不小于 10 mm，配筋率不宜小于 0.2%。梁底纵向受拉主筋通常配置 2 ~ 4 根，且其面积不应少于纵向钢筋总面积的 1/3，弯起筋及箍筋按弯矩及剪力图配置。翼板受力筋按计算配置，直径不小于 10 mm，间距为 100 ~ 200 mm。

混凝土强度等级不低于 C20，素混凝土垫层一般采用 C10 或 C15，厚度不小于 100 mm。

（二）条形基础施工

在混凝土浇灌前应先行验槽，基坑尺寸应符合设计要求，应挖去局部软弱土层，用沙或沙砾回填、夯实，与基底相平。在地基或基土上浇筑混凝土时，应清除淤泥和杂物，并应有排水和防水措施，对干燥性土，应用水湿润；对未风化的岩石，应用水清洗，但其表面不得留有积水。

垫层混凝土在验槽后应立即浇灌，以保护地基。当垫层素混凝土达到一定强度后，在其上弹线、支模、铺放钢筋。钢筋上的泥土、油污，模板内的垃圾、杂物应清除干净。木模板应浇水湿润，缝隙应堵严，基坑积水应排除干净。

混凝土自高处倾落时，其自由倾落高度不宜超过 2 m，如高度超过 2 m，应设料斗、串筒、斜槽、溜管，以防止混凝土产生分层离析。混凝土宜分段分层灌注，各段各层间应互相衔接，每段长 2～3 m，使逐段逐层呈阶梯形推进，并注意先使混凝土充满模板边角，然后浇灌中间部分。

混凝土应连续浇筑，以保证结构良好的整体性。如时间超过规定，应设置施工缝，并应待混凝土的抗压强度达到 1.2 N/mm² 以上时才允许继续灌注，以免已浇筑的混凝土结构因振动而受到破坏。在继续浇筑混凝土前，应将施工缝接槎处混凝土表面的水泥薄膜（约 1 mm）和松动石子或软弱混凝土清除，并用水冲洗干净，充分湿润，且不得积水，然后铺 15～25 mm 厚水泥砂浆或先灌一层减半石子混凝土，或在立面涂刷 1 mm 厚水泥浆，再正式继续浇筑混凝土，并仔细捣实，使其紧密结合。

三、杯口基础施工

杯口基础常用作钢筋混凝土预制柱基础，基础上预留凹槽（杯口），然后插入预制柱，临时固定后，即在四周空隙中灌细石混凝土。

杯口基础除参照钢筋混凝土基础的施工要点外，还应注意以下几点：第一，混凝土应按台阶分层浇筑，对高杯口基础的高台阶部分按整段分层浇筑。第二，杯口模板可做成两半式的定型模板，中间各加一块楔形板，拆模时，先取出楔形板，然后分别将两半杯口模板取出。为便于周转，宜做成工具式的，支模时杯口模板要固定牢固并压浆。第三，浇筑杯口混凝土时，应注意四侧要对称均匀进行，避免将杯口模板挤向一侧。第四，施工时，应先浇筑杯底混凝土并振实，注意在杯底一般有 50 mm 厚的细石混凝土找平层，应仔细留出。待杯底混凝土沉实后，再浇筑杯口四周混凝土，基础浇捣完毕，在混凝土初凝后，终凝前将杯口模板取出，并将杯口内侧表面混凝土凿毛。第五，施工高杯口基础时，可采用后安装杯口模板的方法施工，即当混凝土浇捣接近杯口底时，再安装固定杯口模板，继续浇筑杯口四周混凝土。

四、筏形基础施工

当地质条件差、上部荷载大时，可将部分或整个建筑范围的基础连在一起，其形式犹如倒置的楼板，又似筏子，因此称为筏形基础，又称为满堂基础。筏形基础由钢筋混凝土底板、梁等组成，适用于地基承载力较低而上部结构荷载很大的场合。其外形和构造像倒置的钢筋混凝土楼盖，整体刚度较大，能有效地将各柱子的沉降调整得较为均匀。筏形基础根据是否有梁可分为平板式和梁板式两种。筏形基础适用于地基土质软弱又不均匀、有地下水或当柱子和承重墙传来的荷载很大的情况。

（一）构造要求

1. 强度等级

筏形基础的混凝土强度等级不应低于 C30。当有地下室时应采用防水混凝土，防水混凝土的抗渗等级应根据地下水的最大水头与防渗混凝土厚度的比值，按现行《地下工程防水技术规范》（GB 50108）选用，但不应小于 0.6 MPa，必要时宜设架空排水层。

2. 墙体

采用筏形基础的地下室，应沿地下室四周布置钢筋混凝土外墙，外墙厚度不应小于 250 mm，内墙厚度不应小于 200 mm。墙的截面设计除满足承载力要求外，尚应考虑变形、抗裂及防渗等要求，墙体内应设置双面钢筋，竖向水平钢筋的直径不应小于 12 mm，间距不应大于 300 mm。

3. 板厚

筏形基础底板的厚度均应满足受冲切承载力、受剪切承载力的要求。12 层以上建筑的梁板式筏形基础的板厚不宜小于 400 mm，且板厚与最大双向板格的短边之比不小于 1/20。

（二）施工要点

筏形基础施工工艺流程：基底土质验槽—施工垫层—在垫层上弹线抄平—基础施工。

基坑开挖时，若地下水位较高，应采取明沟排水、人工降水等措施，使地下水位降至基坑底下不少于 500 mm，保证基坑在无水情况下进行开挖和基础结构施工。

开挖基坑应注意保持基坑底土的原状结构，尽量不要扰动，当采用机械开挖基坑时，在基坑底面设计标高以上保留 200～400 mm 厚的土层，采用人工挖除并清理平整。如不能立即进行下道工序施工，应预留 100～200 mm 厚土层，在下道工序施工前挖除，以防止地基土被扰动在基坑验槽后，应立即浇筑垫层。

当垫层达到一定强度后，在其上弹线，支模，铺放钢筋、连接柱的插筋，在浇筑混凝土前，清除模板和钢筋上的垃圾、泥土等杂物，木模板浇水加以湿润；混凝土浇筑方向应平行于次梁长度方向，对于平板式筏形基础，则应平行于基础长边方向。

混凝土应一次浇灌完成，若不能整体浇灌完成，则应留设施工缝。施工缝留设位置：当平行于次梁长度方向浇筑时，应留在次梁中部 1/3 跨度范围内；对平板式筏形基础可留设在任何位置，但施工缝应平行于底板短边且不应在柱脚范围内。在施工缝处继续浇灌混凝土时，应将施工缝表面松动石子等清扫干净，并浇水湿润，铺上一层水泥浆或与混凝土成分相同的水泥砂浆，再继续浇筑混凝土。

对于梁板式筏形基础，梁高出底板部分应分层浇筑，每层浇筑厚度不宜超过 200 mm 混凝土应浇筑到柱脚顶面，留设水平施工缝。

基础浇筑完毕，表面应覆盖和洒水养护，并防止浸泡地基。待混凝土强度达到设计强度的 25% 以上时，即可拆除梁的侧模。

当混凝土基础达到设计强度的 30% 时，应进行基坑回填。基坑回填应在四周同时进行，并按基底排水方向由高到低分层进行。在基础底板上埋设好沉降观测点，定期进行观测、分析，并且做好记录。

五、箱形基础施工

箱形基础是由钢筋混凝土底板、顶板、外墙以及一定数量的内隔墙构成的封闭箱体，基础上部可在内隔墙开门洞作地下室。该基础具有整体性好、刚度大，调整不均匀沉降能力及抗震能力强，可消除因地基变形使建筑物开裂的可能性，减少基底处原有地基自重应力，降低总沉降量等特点。适用作为软弱地基上的面积较小、平面形状简单、上部结构荷载大且分布不均匀的高层建筑物的基础和对沉降有严格要求的设备基础或特种构筑物基础。

（一）构造要求

箱形基础在平面布置上尽可能对称，以减少荷载的偏心距，防止基础过度倾斜。混凝土强度等级不应低于 C20，基础高度一般取建筑物高度的 1/8～1/12，不宜小于箱形基础长度的 1/16～1/18，且不小于 3 m。

底、顶板的厚度应满足柱或墙冲切验算要求，并根据实际受力情况通过计算确定。底板厚度一般取隔墙间距的 1/8～1/10，为 300～1 000 mm，顶板厚度为 200～400 mm，内墙厚度不宜小于 200 mm，外墙厚度不应小于 250 mm。

为保证箱形基础的整体刚度，平均每平方米基础面积上墙体长度应不小于 400 mm，或墙体水平截面面积不得小于基础面积的 1/10，其中纵墙配置量不得小于墙体总配置量的 3/5。

（二）施工要点

基坑开挖，如地下水位较高，应采取措施降低地下水位至基坑底以下 500mm 处，并尽量减少对基坑底土的扰动。当采用机械开挖基坑时，在基坑底面以下 200～400 mm 厚的土层，应用人工挖除并清理，基坑验槽后，应立即进行基础施工。

施工时，基础底板、内外墙和顶板的支模、钢筋绑扎和混凝土浇筑，可分块进行，其施工缝的留设位置和处理应符合钢筋混凝土工程施工及验收规范的有关要求，外墙接缝应设止水带。

基础的底板、内外墙和顶板宜连续浇筑完毕。为防止出现温度收缩裂缝，一般应设置贯通后浇带，带宽不宜小于 800 mm，在后浇带处钢筋应贯通，顶板浇筑后，相隔 2～4 周，用比设计强度提高一级的细石混凝土将后浇带填灌密实，并加强养护。

基础施工完毕，应立即进行回填。停止降水时，应验算基础的抗浮稳定性，抗浮稳定系数不宜小于 1.2，如不能满足，应采取有效措施，如继续抽水直至上部结构荷载加上后能满足抗浮稳定系数要求，或在基础内灌水或加重物等，防止基础上浮或倾斜。

第四节 减少地基不均匀沉降危害的措施

一、不均匀沉降的危害及产生原因分析

地基不均匀沉降的产生有以下几方面的原因。

（一）地质条件

地质条件主要包括土层极其软弱和不均匀。土层软弱会引起地基较大的沉降和差异沉降，由于不同的土层的压缩性不同，在压缩层范围内土层不均匀，也会引起基础的不均匀沉降。如果土层软弱且不同土层之间压缩模量差异较大，就会引起地基较大的不均匀沉降。

（二）上部结构荷载的不均匀

如相邻部分之间层高相差悬殊等，会造成上部结构荷载分布不均匀，引起地基的不均匀沉降。

（三）邻近建筑物的影响

邻近建筑物会在建筑物的一侧引起较大的附加应力，使建筑物地基产生不均匀沉降。

（四）其他原因

如建筑物一侧大面积堆载、开挖深基坑等也会引起建筑物地基的不均匀沉降。

二、减少地基不均匀沉降的措施

（一）建筑措施

在满足使用和其他要求的前提下，建筑平面布置宜规则、对称，并应具有良好的整体性；建筑的立面和竖向剖面宜简单、规则。体型规则的建筑物，基底应力也比较均匀，圈梁容易拉通，整体刚度好，即使沉降较大，建筑物也不易产生裂缝和损坏。而对于立面上有高差或者荷载不均匀的建筑物，由于作用在地基上荷载的突变，建筑物高低相接处出现过大的差异沉降，常造成建筑物的轻、低部分倾斜或开裂破坏。

控制建筑物的长高比及合理布置纵横墙。砖石承重的建筑物，当其长度与高度之比较小时，建筑物的刚度好，能有效防止建筑物开裂，根据建筑实践经验，当基础沉降量大于 120 mm 时，建筑物的长高比不宜大于 2.5。合理布置纵横墙是增强建筑物刚度的重要措施之一，纵横墙布置时砖石承重结构的纵横墙应尽量贯通，横墙间距适当，一般不大于建筑物宽度的 1.5 倍为宜，纵横墙最好不转折或少转折，可提高建筑

物的整体性。

设置沉降缝，用沉降缝将建筑物从屋面到基础分割成若干个独立的沉降单元，则使得建筑物的平面变得简单、长高比减小，从而有效减轻地基的不均匀沉降因此，应考虑在平面图形复杂的转折处、层高不同处或荷载显著不同的部位、地基土的压缩性有显著不同处或在地基处理方法不同处及分期建筑的交界处设置沉降缝。沉降缝应有足够宽度，缝内一般不填充材料，以便充分发挥其作用。

考虑相邻建筑物的影响，建筑物荷载不仅使建筑物地基土产生压缩变形，而且由于基底压力扩散的影响，在相邻范围内的土层也将产生压缩变形，这种变形随着相邻建筑物距离的增加而逐渐减小，由于软弱地基的压缩性很高，当两建筑物之间距离较近时，常常造成邻近建筑物的倾斜或损坏。

建筑物标高的控制与调整，确定建筑物各部分的标高，应考虑沉降引起的变化根据具体情况，可采取相应的措施。例如室内地坪，应根据预估的沉降量予以提高；建筑物各部分（或设备之间）有联系时，可将沉降量大者的标高适当提高；建筑物与设备之间，应留有足够的净空；当建筑物有管道通过时，管道上方应预留足够尺寸的空洞，或采用柔性的管道接头。

（二）结构措施

增强建筑物的刚度和强度如前所述，控制建筑物的长高比和适当加密横墙可增加建筑物的刚度和整体性此外，结构处理时应在砌体中设置圈梁，以增强建筑物的整体性，这样即使建筑物有较大的沉降，也不致产生过大的挠曲变形，它在一定程度上能防止或减少裂缝的出现，即使出现了裂缝也能阻止裂缝的发展。

减轻或调整建筑物的荷载。尽量采用自重轻的结构形式，如采用轻钢结构、预应力混凝土结构以及轻型屋面等。对于砖石承重的房屋，墙身重量所占总荷载的比重较大，因此，宜选用空心砖、轻质混凝土墙板等轻质墙体材料，设置地下室或半地下室也是减小建筑物沉降的有效措施，通过挖除的土重能抵消一部分作用在地基上的附加压力，从而减小建筑物的沉降。

上部结构采用静定结构体系。当发生不均匀沉降时，在静定结构体系中，构件不致引起很大的附加应力，因此在软弱地基上的公共建筑物、单层工业厂房、仓库等，可考虑采用静定结构体系，以减轻不均匀沉降产生的不利后果。

（三）地基和基础措施

地基基础设计应以控制变形值为主，设计单位必须进行基础最终沉降量和偏心距离的验算基础最终沉降量应当控制在规定的限值以内。在建筑物体形复杂，纵向刚度较差时，基础的最终沉降量必须在 15 mm 以内，偏心距应当控制在 15%。以内。

3～6 层民用建筑基础设计时，可采用薄筏基础，上部结构采用轻型结构，利用软土上部的"硬壳"层作为基础的持力层，可减少施工期间对软土的扰动。

当天然地基不能满足建筑物沉降变形控制要求时，必须采取技术措施。例如，可采用打预制钢筋混凝土短桩、砂井真空预压、深层搅拌桩、新型碎石桩等方法进行技

岩土力学与地基基础

术处理。

基础设计时，应有意识地加强基础的刚度和强度。基础在建筑物的最下面，对建筑物的整体刚度影响很大，特别是当建筑物产生正向挠曲时，受拉区在其下部，因此必须保证基础有足够的刚度和强度。为此应根据地基软弱程度和上部结构的不同情况，可采用钢筋混凝土十字交叉条形基础或筏形基础、肋筏基础，有时甚至采用箱形基础。

同一建筑物尽量采用同一类型的基础并埋置于同一土层中，当采用不同的基础形式时，上部结构必须断开，尤其是地震区，因为地震中软土上各类地基的附加下沉量是不同的。

（四）施工措施

砂浆的品种、强度等级必须符合设计要求。影响砂浆强度的因素是计量不准，原材料质量不合格；塑化材料（如石灰膏）的稠度不准而影响渗入量；砂浆试块的制作和养护方法不当。解决的办法是：加强原材料的进场验收，严禁将不合格的材料用于建筑工程上对计量器具进行检测，并对计量工作派专人进行监控；将石灰膏调成标准稠度后称量，或测出其实际稠度后进行换算。

砖的品种、强度必须符合设计要求，砌体组砌形式一定要根据所砌部位的受力性质和砖的规格来确定。一般采用一顺一丁，上下顺砖错缝的砌筑方法，以大大提高砌筑墙体的整体性；当利用半砖时，应将半砖分散砌于墙中，同时也要满足搭接1/4砖长的要求。

不准任意留直槎甚至阴槎，构造柱马牙槎不标准将直接影响墙体的整体性和抗震性。因此，要加强对操作工人的教育，不能图省事影响质量；构造柱马牙槎高度，不宜超过标准砖五皮，多孔砖不宜三皮；转角及抗震设防地区临时间断处不得留直槎；严禁在任何情况下留阴槎。

加强建筑物的沉降检测。施工期间，施工单位必须按设计要求及规范标准埋设专用水准点和沉降观测点。沉降观测包括从施工开始，整个施工期间和使用期间对建筑物进行的沉降观测，并以实测资料作为建筑物地基基础工程质量检查的依据之一。

第六章 地基桩基础

第一节 桩基础概述

当地基浅层土质不良，采用浅基础无法满足结构物对地基强度、变形、稳定性的要求时，往往需要采用深基础方案。深基础有桩基础、沉井基础、地下连续墙等几种类型，其中应用最广泛的是桩基础。桩基础具有较长的应用历史，我国很早就成功地使用了桩基础，如南京的石头城、上海的龙华塔及杭州湾海堤等。随着工业技术和工程建设的发展，桩的类型、成桩工艺、桩的设计理论及检测技术均有迅速的发展，已广泛地应用于高层建筑、桥梁、港口和水利工程中。

一、桩基础的组成与作用

桩基础由若干根桩和承台两部分组成。桩基础的作用是将承台以上结构物传来的荷载通过承台，由桩传至较深的地基持力层中去，承台将各桩连成整体共同承担荷载，桩是基础上的柱形构件，其作用在于穿过软弱的土层，把桩基坐落在密实或压缩性较小的地基持力层上，各桩所承担的荷载由桩侧土的摩阻力及桩端土的端阻力来承担。

桩基础具有以下特点：第一，承载力高、稳定性好、沉降量小；第二，耗材少、施工简单；第三，在深水河道中，避免水下施工。

二、桩基础的适用性

桩基础适宜在下列情况下采用：第一，荷载较大，地基上部土层软弱，适宜的地基持力层位置较深，采用浅基础或人工地基在技术、经济上不合理时。第二，不允许地基有过大沉降和不均匀沉降的高层建筑或其他重要的建筑物。第三，重型工业厂房和荷载很大的建筑物，如仓库、料仓等。第四，作用有较大水平力和力矩的高耸建筑物（烟囱、水塔等）的基础。第五，河床冲刷较大、河道不稳定或冲刷深度不易计算，如采用浅基础施工困难或不能保证基础安全时。第六，需要减弱其振动影响的动力机器基础。第七，在可液化地基中，采用桩基础可增加结构的抗震能力，防止砂土液化。

三、桩基设计原则

建筑桩基设计与建筑结构设计一样，应采用以概率论为基础的极限状态设计方法，以可靠度指标来衡量桩基的可靠度，采用分项系数的表达式进行计算。桩基的极限状态分为两类：

（一）承载能力极限状态
对应于桩基达到最大承载能力导致整体失稳或发生不适于继续承载的变形。

（二）正常使用极限状态
对应于桩基达到建筑物正常使用所规定的变形值或达到耐久性要求的某项限值。

四、桩基础类型

随着科学技术的发展，在工程实践中已形成了各种类型的桩基础，各种桩型在构造和桩土相互作用机制上都不相同，各具特点。因此，了解桩的类型、特点及适用条件，对桩基础设计非常重要。

（一）按承台与地面相对位置分类
桩基一般由桩和承台组成，根据承台与地面的相对位置，将桩基划分为高承台桩和低承台桩两种。

1. 高承台桩

承台底面位于地面（或冲刷线）以上的桩称为高承台桩。

高承台桩由于承台位置较高，可避免或减少水下施工，施工方便。由于承台及桩身露出地面的自由长度无土来承担水平外力，在水平外力的作用下，桩身的受力情况较差，内力位移较大，稳定性较差。

近年来，由于大直径钻孔灌注桩的采用，桩的刚度、强度都很大，因而高承台桩在桥梁基础工程中得到了广泛应用，另外，在海岸工程、海洋平台工程中都采用高承台桩。

2. 低承台桩

承台底面位于地面（冲刷线）以下的桩称为低承台桩。

低承台桩的受力、桩内的应力和位移、稳定性等方面均较好，因此在建筑工程中应用广泛。

（二）按桩数及排列方式分类

在桩基设计时，当承台范围内布置1根桩时，称为单桩基础；当布置的桩数超过2根时，称为多桩基础；根据桩的布置形式，多桩基础又分为单排桩和多排桩两类。

1. 单排桩

桩基础除承担垂直荷载N外，还承担风荷载、汽车制动力、地震荷载等水平荷载H。单排桩是指与水平外力H相垂直的平面上，只布置一排桩，该排的桩数多于1根的桩基础。如条形基础下的桩基，沿纵向布置桩数较多，但如果基础宽度方向上只布置一排桩，则称为单排桩。

2. 多排桩

多排桩是指与水平外力H相垂直的平面上，由多排桩组成，而每一排又有许多根桩组成的桩基础，如筏板基础下的桩基，在基础宽度方向上只布置多排，而在基础长度方向上，每一排又布置多根桩，这种桩基就是多排桩。

（三）按桩的承载性能分类

桩在竖向荷载作用下，桩顶荷载由桩侧摩阻力和桩端阻力共同承担，而桩侧摩阻力、桩端阻力的大小及分担荷载的比例是不相同的。传统上认为摩擦桩只有侧摩阻力，而端承桩只有端阻力，显然不符合实际。根据桩的受力条件及桩侧摩阻力和桩端阻力的发挥程度及分担比例，将桩基分为端承型桩和摩擦型桩两大类和四个亚类。

1. 摩擦型桩

在竖向荷载作用下，桩顶荷载全部或主要由桩侧阻力承担，这种桩称为摩擦型桩根据桩侧阻力分担荷载大小，又分为摩擦桩和端承摩擦桩两个亚类。

（1）摩擦桩

当土层很深，无较硬的土层作为桩端持力层，或桩端持力层虽然较硬，但桩的长径比很大，传递到桩端的轴力很小，桩顶的荷载大部分由桩侧摩阻力分担，桩端阻力可忽略不计，这种桩称为摩擦桩。

（2）端承摩擦桩

当桩的长径比不大，桩端有较坚硬的黏性土、粉土和砂土时，除桩侧阻力外，还有一定的桩端阻力，这种桩称为端承摩擦桩。

2. 端承型桩

在竖向荷载作用下，桩顶荷载全部或主要由桩端土来承担，桩侧摩阻力相对于桩端阻力而言较小，或可忽略不计的桩称为端承型桩。根据桩端阻力发挥的程度及分担的比例不同，又可分为摩擦端承桩和端承桩两个亚类。

（1）端承桩

是指当桩的长径比较小（一般小于10），桩穿过软弱土层，桩底支承在岩层或较硬土层上，桩顶荷载大部分由桩端土来支承，桩侧阻力可忽略不计。

（2）摩擦端承桩

是指桩端进入中密以上的砂土、碎石类土或中、微风化岩层，桩顶荷载由桩侧摩阻力和桩端阻力共同承担，但主要由桩端阻力承担。

（四）按施工方法分类

按施工方法不同，桩可分为预制桩和灌注桩两大类。

1. 预制桩

预制桩是指预先制成的桩，以不同的沉桩方式（设备）沉入地基内达到所需要的深度。预制桩具有以下特点：可大量工厂化生产、施工速度快，适用于一般土地基，但对于较硬地基，施工困难。预制桩沉桩有明显的排土作用，应考虑对邻近结构的影响，在运输、吊装、沉桩过程中应注意避免损坏桩身。

按不同的沉桩方式，预制桩可分为以下三种。

（1）打入桩（锤击桩）

打入桩是通过桩锤将预制桩沉入地基，这种施工方法适用于桩径较小，地基土为可塑状黏土、砂土、粉土地基的情况。对于含有大量漂卵石的地基，施工较困难。打入桩伴有较大的振动和噪声，在城市建筑密集区施工，应考虑对环境的影响。主要设备包括桩架、桩锤、动力设备、起吊设备等。

（2）振动法沉桩

振动法沉桩是将大功率的振动打桩机安装在桩顶，一方面，利用振动以减少土对桩的阻力；另一方面，利用向下的振动力使桩沉入土中。这种方法适用于可塑状的黏性土和砂土。

（3）静力压桩

静力压桩是借助桩架自重及桩架上的压重，通过液压或滑轮组提供的静力将预制桩压入土中。它适用于可塑、软塑态的黏性土地基，对于砂土及其他较坚硬的土层，由于压桩阻力过大而不宜采用。静力压桩在施工过程中无噪声、无振动，并能避免锤击时桩顶及桩身的破坏。

2. 灌注桩

灌注桩是现场地基钻孔，然后浇注混凝土而形成的桩。它与预制桩相比，具有以下特点：第一，不必考虑运输、吊桩和沉桩过程中对桩产生的内力；第二，桩长可按土层的实际情况适当调整，不存在吊运、沉桩、接桩等工序，施工简单；第三，无振动和噪声。

灌注桩的种类很多，按成孔方法不同，可分为以下几种：

（1）钻孔灌注桩

钻孔灌注桩是在预定桩位，用成孔机械排土成孔，然后在桩孔中放入钢筋笼，灌注混凝土而形成桩体。钻孔灌注桩施工设备简单、操作方便，适用于各种黏性土、砂土地基，也适用于碎石、卵石土和岩层地基。

（2）挖孔灌注桩

依靠人工（部分用机械配合）挖出桩孔，然后浇注混凝土所形成的桩称为挖孔灌注桩。它的特点是不受设备的限制，施工简单，场区各桩可同时施工，挖孔直径较大，可直接观察地层情况，孔底清孔质量有保证。为确保施工安全，挖孔深度不宜太深挖孔灌注桩一般适用于无水或渗水量较小的地层，对可能发生流沙或较厚的软黏土地基，施工较为困难。

（3）冲孔灌注桩

利用钻锥不断地提锥、落锥反复冲击孔底土层，把土层中的泥沙、石块挤向四周或打成碎渣，利用掏渣筒取出，形成冲击钻孔。

冲击钻孔适用于含有漂卵石、大块石的土层及岩层，成孔深度一般不宜超过50m。

（4）冲抓孔灌注桩

用兼有冲击和抓土作用的冲抓锥，通过钻架，由带离合器的卷扬机操纵靠冲锥自重冲下使抓土瓣张开插入土中，然后由卷扬机提升锥头收拢抓土瓣将土抓出冲抓成孔具有以下特点：第一，对地层适应性强，尤其适用于松散地层；第二，噪声小、振动小，可靠近建筑物施工；第三，设备简单，用套管护壁不会缩径；第四，用抓斗可直接抓取软土、松散砂土，遇到特大漂卵石、大石块时，可换用冲击钻头破碎，再用抓斗取土

（5）沉管灌注桩

沉管灌注桩是将带有桩靴的钢管，用锤击、振动等方法将其沉入土中，然后在钢管中放入钢筋笼，灌注混凝土，形成桩体桩靴有钢筋混凝土和活瓣式两种，前者是一次性的桩靴，后者沉管时桩尖闭合，拔管时张开。沉管灌注桩适用于黏性土、砂土地基由于采用了套管，可以避免钻孔灌注桩的塌孔及泥浆护壁等弊端，但桩体直径较小在黏性土中，由于沉管的排土挤压作用对邻桩有挤压影响，挤压产生的孔隙水压力易使拔管时出现混凝土桩缩颈现象。

（6）爆扩桩

成孔后，在孔内用炸药爆炸扩大孔底，浇注混凝土而形成的桩，称为爆扩桩这种桩扩大了桩底与地基土的接触面积，提高了桩的承载力。爆扩桩适用于持力层较浅、黏性土地基。

（五）按组成桩身的材料分类

按组成桩身的材料不同，桩可分为木桩、钢筋混凝土桩、钢桩。

1. 木桩

木桩是古老的预制桩，它常由松木、杉木等制成。其直径一般为160～260mm，桩长一般为4～6 m。木桩的优点是自重小，加工制作、运输、沉桩方便，但它具有承载力低、材料来源困难等缺点，目前已不大采用，只在临时性小型工程中使用。

2. 钢筋混凝土桩

钢筋混凝土预制桩常做成实心的方形、圆形，或是做成空心管桩。预制长度一般

不超过 12 m，当桩长超过一定长度后，在沉桩过程中需要接桩。钢筋混凝土灌注桩的优点是承载力大，不受地下水位的影响，已广泛地应用到各种工程中。

3. 钢桩

钢桩即用各种型钢做成的桩，常见的有钢管桩和工字型钢桩。钢桩的优点是承载力高，运输、吊桩和沉桩方便，但具有耗钢量大、成本高、易锈蚀等缺点，适用于大型、重型设备基础，目前，我国最长的钢管桩达 88m。

（六）按桩的使用功能分类

按使用功能不同，桩可分为竖向抗压桩、竖向抗拔桩、水平受荷桩及复合受荷桩。

1. 竖向抗压桩

竖向抗压桩主要是承受竖向下压荷载的桩，应进行竖向承载力计算，必要时还需计算桩基沉降、验算下卧层承载力以及负摩阻力产生的下拉荷载。

2. 竖向抗拔桩

竖向抗拔桩主要是承受竖向上拔荷载的桩，应进行桩身强度和抗裂计算以及抗拔承载力验算。

3. 水平受荷桩

水平受荷桩主要是承受水平荷载的桩，应进行桩身强度和抗裂验算以及水平承载力验算和位移验算。

4. 复合受荷桩

复合受荷桩是承受竖向、水平向荷载均较大的桩，应按竖向抗压桩及水平受荷桩的要求进行验算。

（七）按桩径大小分类

按桩径大小不同，桩可分为小直径桩、中等直径桩、大直径桩。

1. 小直径桩

小直径桩为 $d \leqslant 50$ mm。由于桩径较小，施工机械、施工场地及施工方法一般较为简单。多用于基础加固（树根桩或静压锚杆托换桩）和复合基础。

2. 中等直径桩

中等直径桩为 250 mm $< d < 800$ mm。这类桩在工业与民用建筑中大量应用，成桩方法和工艺繁杂。

3. 大直径桩

大直径桩为 $d \geqslant 800$ mm。近年来发展较快，常用于高重型建筑物基础。

关于桩基础，有以下几个概念应予以明确：第一，桩基——由设置于岩土中的桩和与桩顶联结的承台共同组成的基础或由柱与桩直接联结的单桩基础；第二，复合桩基——由基桩和承台下地基土共同承担荷载的桩基础；第三，基桩——桩基础上的单桩；第四，复合基桩——单桩及其对应面积地承台下地基土组成的复合承载基桩。

第二节 混凝土预制桩施工

由于钢筋混凝土预制桩坚固耐用，不受地下水和潮湿变化的影响，可按要求制作成各种需要的断面和长度，而且能承受较大的荷载，所以在建筑工程中应用较广钢筋混凝土预制桩有实心桩和空心管桩两种实心桩为便于制作，通常做成方形截面，边长一般为 200 ~ 450 mm 管桩是在工厂以离心法成型的空心圆桩，其断面直径一般为400 mm，500 mm 等单节桩的最大长度取决于打桩架的高度，一般不超过 30 m，如桩长超过 30 m，可将桩分节（段）制作，在打桩时采用接桩的方法接长。

钢筋混凝土预制桩所用混凝土强度等级一般不宜低于 C30。主筋配置根据桩断面大小及吊装验算来确定，直径通常采用 12 ~ 25 mm（一般配置 4 ~ 8 根钢筋），箍筋直径采用 6 ~ 8 mm（间距不大于 200 mm），在桩顶和桩尖处应加强配筋。钢筋混凝土预制桩施工包括预制、起吊、运输、堆放、沉桩、接桩等过程。

一、桩的预制、起吊、运输和堆放

（一）桩的预制

桩的预制视具体情况而定。较长的桩，一般情况下在打桩现场附近设置露天预制厂进行预制如果条件许可，也可以在打桩现场就地预制。较短的桩（10 m 以下）多在预制厂预制，也可在现场预制。预制场地必须平整夯实，不应产生浸水湿陷和不均匀沉陷桩的预制方法有叠浇法、并列法、间隔法等叠浇预制桩的层数一般不宜超过 4层，上下层之间、邻桩之间、桩与底模和模板之间应做好隔离层。其制作程序为：现场布置—场地地基处理、整平—场地地坪浇筑混凝土—支模—绑扎钢筋、安设吊环—浇筑混凝土—养护至设计强度的 30% 拆模—支间隔端头模板、刷隔离剂、绑钢筋—浇筑间隔桩混凝土—同法间隔重叠制作第二层桩—养护至设计强度的 70% 起吊—达100% 设计强度后运输、打桩。

钢筋混凝土预制桩的钢筋骨架的主筋连接宜采用对焊，接头位置应按规范要求相互错开。桩钢筋应严格保证位置正确，桩尖应对准纵轴线，纵向钢筋顶部保护层不应过厚。

预制桩的混凝土浇筑应由桩顶向桩尖连续浇筑，严禁中断上层桩或邻桩的浇筑，应在下层桩或邻桩混凝土达到设计强度等级的 30% 以后方可进行。接桩的接头处要平整，使上、下桩能相互贴合对准,浇筑完毕应覆盖洒水养护不少于 7 d 如果用蒸汽养护，在蒸养后，尚应适当自然养护 30 d 后方可使用。

（二）桩的起吊、运输和堆放

钢筋混凝土预制桩在桩身混凝土达到设计强度等级的 70% 后方可起吊，达到设计强度等级的 100% 后方能运输和打桩。如提前起吊，必须做强度和抗裂度验算，并采取必要的措施起吊时，吊点位置应符合设计规定，无吊环且设计又未进行规定时，绑扎点的数量和位置根据桩长确定，并应符合起吊弯矩最小的原则。起吊前，在吊索与桩之间应加衬垫，起吊应平稳提升，防止撞击和受震动。

桩的运输根据施工需要、打桩进度和打桩顺序确定。通常采用随打随运的方法以减少二次搬运。运桩前应检查桩的质量，桩运到现场后还应进行观测复查，运桩时的支点位置应与吊点位置相同。

桩堆放时，要求地面平整坚实，排水良好，不得产生不均匀沉陷。垫木的位置应与吊点的位置错开，各层垫木应垫在同一垂直线上，堆放的层数不宜超过 4 层，不同规格的桩应分别堆放，以方便施工。

（三）预制桩制作的质量要求

预制桩制作的质量除应符合有关规范的允许偏差规定外，还应符合下列要求：

桩的表面应平整、密实，掉角的深度不应超过 10 mm，且局部蜂窝和掉角的缺损总面积不得超过该桩表面全部面积的 0.5%，并不得过分集中。混凝土收缩产生的裂缝深度不得大于 20 mm，宽度不得大于 0.25 mm，横向裂缝长度不得超过边长的一半（圆桩或多角形桩不得超过直径或对角线的 1/2）。桩顶和桩尖处不得有蜂窝、麻面、裂缝和掉角。

二、打桩前的准备工作

（一）清除障碍物、平整场地

打桩前，应清除高空、地上和地下的障碍物（如地下管线、旧房屋的基础、树木等）在打桩机进场及移动范围内，场地应平整坚实，地面承载力满足施工要求。施工场地及周围应保持排水通畅。

此外，为避免打桩振动对周围建筑物的影响，打桩前还应对现场周围一定范围内的建筑物做全面检查，如有危房或危险的构筑物，必须予以加固，以防产生裂缝甚至倒塌。

（二）准备材料机具，接通水、电源等

施工前，应布置好水、电线路，准备好足够的填料及运输设备。

（三）打桩试验

打桩试验的目的是检验打桩设备及工艺是否符合要求，了解桩的贯入度、持力层强度及桩的承载力，以确定打桩方案。

（四）确定打桩顺序

打桩顺序直接影响打桩工程质量和施工进度，确定打桩顺序时，应综合考虑桩的规格、桩的密集程度、桩的入土深度和桩架在场地内的移动是否方便。

当桩较密集（桩距小于 4 倍桩的直径）时，打桩应采用自中央向两侧打或自中央向四周打的打桩顺序，避免自外向里，或从周边向中间打，以免中间土体被挤密，桩难打入，或虽勉强打入而使邻桩侧移或上冒。由一侧向单一方向进行的逐排打法，桩架单向移动，打桩效率高，但这种打法易使土体向一个方向挤压，地基土挤压不均匀，会导致后打的桩打入深度逐渐减小，最终将引起建筑物不均匀沉降。因此，这种打桩顺序适用于桩距大于 4 倍桩径时的打桩施工。

打桩顺序确定后，还需要考虑打桩机是往后退打还是往前顶打。当打桩桩顶标高超出地面时，打桩机只能采取往后退打的方法，此时，桩不能事先都布置在地面上，只能随打随运当打桩后，桩顶标高在地面以下时（有时采用送桩器将桩送入地面以下），打桩机则可以采取往前顶打的方法进行施工。这时，只要现场许可，所有的桩都可以事先布置好，避免二次搬运。当桩设计的打入深度不同时，打桩顺序宜先深后浅；当桩的规格尺寸不同时，打桩顺序宜先大后小，先长后短。

（五）抄平放线、定桩位

为了控制桩顶标高，在打桩现场或附近需设置水准点（其位置应不受打桩影响），数量不少于两个。根据建筑物的轴线控制桩，确定桩基轴线位置（偏差不得大于 20 mm）及每个桩的桩位，将桩的准确位置测设到地面上，当桩不密时可用小木桩定位，桩较密时可用龙门板（标志板）定位。

三、预制桩施工

预制桩按打桩设备和打桩方法，可分为锤击法、振动法、水冲法、静力压桩法等施工方法。

（一）锤击法

打桩也称锤击沉桩，是钢筋混凝土预制桩最常用的沉桩方法它是靠打桩机的桩锤下落到桩顶产生的冲击能而将桩沉入土中的一种沉桩方法。这种方法施工速度快，机械化程度高，适用范围广，但在施工时极易产生挤土、噪声和振动等现象。

1. 打桩机具

打桩用的机具主要包括桩锤、桩架及动力装置三部分。

（1）桩锤

桩锤是将桩打入土中的主要机具，有落锤、汽锤和柴油锤。

落锤一般由生铁铸成，重 5 ～ 15 kN，其构造简单，使用方便，落锤高度可随意调整，但打桩速度慢（6 ～ 20 次 /min），效率低，对桩的损伤较大，适用于在黏土和含砾石较多的土中打桩。

汽锤是以蒸汽或压缩空气为动力的一种打桩机具，包括单动汽锤和双动汽锤。单动汽锤是用高压蒸汽或压缩空气推动升起汽缸达到顶部，然后排出气体，锤体自由下落，夯击桩顶，将桩沉入土中单动汽锤重 15～150 kN，落距较小，不易损坏桩头，打桩速度和冲击力均较落锤的（20～80 次 /min）大，效率较高，适用于打各种类型的桩双动汽锤重 6～60 kN，冲击频率高（100～200 次 /min），打桩速度快，冲击能量大，工作效率高，不仅适用于一般打桩工程，还可用于打斜桩、水下打桩和拔桩。

柴油锤分为导杆式、活塞式和管式三种。柴油锤是一种单缸内燃机，它利用燃油爆炸产生的力，推动活塞上、下往复运动进行沉桩。柴油锤冲击部分重为 1～60 kN，每分钟锤击 40～70 次。柴油锤多用于打设木桩、钢板桩和钢筋混凝土桩，不适用于在软土中打桩。

桩锤的类型根据施工现场情况、机具设备的条件及工作方式和工作效率等因素进行选择。桩锤的重量，根据现场工程地质条件、桩的类型、桩的密集程度及施工条件来选择。

（2）桩架

桩架的作用是吊桩就位，悬吊桩锤、打桩时引导桩身方向并保证桩锤能沿着所要求方向冲击。选择桩架时，应考虑桩锤的类型、桩的长度和施工条件等因素。常用桩架基本形式有两种：一种是沿轨道或滚杠行走移动的多功能桩架，另一种是装在履带式底盘上可自由行走的履带式桩架。

多功能桩架由立柱、斜撑、回转工作台、底盘及传动机构等组成。它的机动性和适应性较大，在水平方向可做 360°回转，导架可伸缩和前后倾斜。底盘下装有铁轮，可在轨道上行走。这种桩架适用于各种预制桩和灌注桩施工。

履带式桩架以履带式起重机为底盘，增加了立柱、斜撑、导杆等。其行走、回转、起升的机动性好，使用方便，适用范围广，适用于各种预制桩和灌注桩施工。

（3）动力装置

落锤以电源为动力，再配置电动卷扬机、变压器、电缆等。蒸汽锤以高压饱和蒸汽为驱动力，配置蒸汽锅炉、蒸汽绞盘等。汽锤以压缩空气为动力源，需配置空气压缩机、内燃机等。柴油锤的桩锤本身有燃烧室，不需外部动力装置。

2. 打桩施工

打桩机就位后，将桩锤和桩帽吊起固定在桩架上，使锤底高度高于桩顶，用桩架上的钢丝绳和卷扬机将桩提升就位。当桩提升到垂直状态后，送入桩架导杆内，稳住桩顶后，先使桩尖对准桩位，扶正桩身，然后将桩下放插入土中。这时桩的垂直度偏差不得超过 0.5%。

桩就位后，在桩顶放上弹性衬垫，扣上桩帽，待桩稳定后，即可脱去吊钩，再将桩锤缓慢落放在桩帽上。桩锤底面、桩帽上下面及桩顶应保持水平，桩锤、桩帽（送桩）和桩身中心线应在同一轴线上。在锤重作用下，桩将沉入土中一定深度，待下沉稳定后，再次校正桩位和垂直度，然后开始打桩。

打桩宜重锤低击。开始打入时，采用小落距，使桩能正常沉入土中；当桩入土一定深度，桩尖不易发生偏移时，再适当增大落距，正常施打。重锤低击，桩锤对桩头的冲击小，回弹也小，因而桩身反弹小，桩头不易损坏。锤击能量大部分用以克服桩身摩擦力和桩尖阻力，因此桩能较快地打入土中。由于重锤低击的落距小，因而可提高锤击频率，打桩速度快，效率高，对于较密实的土层，如砂或黏土，较容易穿过。当采用落锤或单动汽锤时，落距不宜大于 1 m；采用柴油锤时，应使桩锤跳动正常，落距不超过 1.5 m

打桩时速度应均匀，锤击间歇时间不应过长，并应随时观察桩锤的回弹情况。如桩锤经常回弹较大，桩的入土速度慢，说明桩锤太轻，应更换桩锤；如桩锤发生突发的较大回弹，说明桩尖遇到障碍，应停止锤击，找出原因并处理后继续施打；打桩时，还要随时注意贯入度的变化，如贯入度突增，说明桩尖或桩身遭到破坏。打桩是隐蔽工程，施工时应对每根桩的施打做好原始记录，作为分析处理打桩过程中出现的质量事故和工程验收时鉴定桩的质量的重要依据。

打桩完毕后，应将桩头或无法打入的桩身截去，以使桩顶符合设计标高。

3. 送桩、接桩

（1）送桩

桩基础一般采用低承台桩基，承台底标高位于地面以下，为了减少预制桩的长度可用送桩的办法将桩打入地面以下一定的深度。送桩下端宜设置桩垫，厚薄要均匀，如桩顶不平可用麻袋或厚纸垫平。送桩的中心线应与桩身中心线吻合方能进行送桩，送桩深度一般不宜超过 2 m。

（2）接桩

钢筋混凝土预制桩由于受施工条件、运输条件等因素的影响，单根预制桩一般分成数节制作，分节打入，现场接桩。为避免继续打桩时使桩偏心受压，接桩时，上、下节桩的中心偏差不得大于 10 mm，常用的接桩方法有焊接法、硫磺胶泥锚接法等。

一般在桩头距地面 1 m 左右时进行焊接。制桩时，由于在桩的端部预埋角钢和钢板，接桩时将上节桩用桩架吊起，对准下节桩头，用点焊将四角连接角钢与预埋钢板临时焊接，然后检查平面位置及垂直度，合格后即进行焊接。焊缝要连续饱满，施焊时，应两人同时对称地进行，以防止节点温度变形不匀而引起桩身的歪斜预埋钢板表面应清洁，接头间隙不平处用铁片塞密焊牢。接桩处的焊缝应自然冷却 10～15 min 后才能打入土中，外露铁件应刷防腐漆。焊接法接桩适用于各类土层，但消耗钢材较多，操作较烦琐，工效较低。

硫磺胶泥锚接法又称为浆锚法，制桩时，在上节桩的下端面预埋四根用螺纹钢筋制成的锚筋，下节桩上端面预留四个锚筋孔。接桩时，首先将上节桩的锚筋插入下节桩的锚孔（直径为锚筋直径的 2.5 倍），上、下节桩间隙 200 mm 左右，安设好施工夹箍（由四块木板，内侧用人造革包裹 40 mm 厚的树脂海绵块而成），将熔化的硫磺胶泥注满锚筋孔内并使之溢满桩面 10～20 mm 厚，然后缓慢放下上节桩，使上、下桩胶结。当硫磺胶泥冷却并拆除施工夹箍后，即可继续压桩或打桩。硫黄胶泥锚接法接桩节约钢材，操作简单，施工速度快，适用于在软弱土层中打桩。

硫磺胶泥是一种热塑冷硬性胶结材料，它由胶结材料、细骨料、填充料和增韧剂熔融搅拌混合而成。其质量配合比（百分比）：硫磺：水泥：粉砂：聚硫780胶=44：11：44：1，或硫磺：石英砂：石墨粉：聚硫甲胶=60：34.3：5：0.7。

（二）振动法

　　振动法沉桩与锤击法沉桩的施工方法基本相同，其不同之处是用振动桩机代替锤打桩机施工。振动桩机主要由桩架、振动锤、卷扬机和加压装置等组成。振动法沉桩是利用振动机，将桩与振动机连在一起，振动机产生的动力通过桩身使土体振动，减弱土体对桩的阻力，使桩能较快沉入土中。该法不但能将桩沉入土中，还能利用振动将桩拔出，经验证明，此法对 H 型钢桩和钢板桩拔出效果良好。在砂土中沉桩效率较高，在黏土地区效率较差，需用功率大的振动器。

（三）水冲法

　　水冲法沉桩施工，就是在待沉桩身两对称旁侧，插入两根用卡具与桩身连接的平行射水管，管下端设喷嘴沉桩时利用高压水，通过射水管喷嘴射水，冲刷桩尖下的土体，使土松散而流动，减少桩身下沉的阻力同时射入的水流大部分又沿桩身返回地面，因而减少了土体与桩身间的摩擦力，使桩在自重或加重的作用下沉入土中此法适用于坚硬土层和砂石层一般水冲法沉桩与锤击法沉桩或振动法沉桩结合使用，则更能显示其功效。当桩尖水冲沉至离设计标高 1～2 m 处时，停止冲水，改用锤击或振动将桩沉到设计标高。水冲法沉桩施工时，对周围原有建筑物的基础和地下设施等易产生沉陷，因此不适用于在密集的城市建筑物区域内施工。

（四）静力压桩法

　　静力压桩法是在软土地基上，利用静力压桩机或液压压桩机用无振动的静压力（自重和配重）将预制桩压入土中的一种沉桩新工法，在我国沿海软土地基上较为广泛地采用与锤击法沉桩相比，它具有施工无噪声、无振动、节约材料、降低成本、提高施工质量、沉桩速度快等特点，特别适宜于扩建工程和城市内桩基工程施工。

四、打桩施工质量控制

　　打桩施工质量控制包括两个方面：一是能否满足贯入度或标高的要求；二是桩的位置偏差是否在允许范围之内。

　　当桩尖位于坚硬、硬塑的黏土、碎石土、中密以上的砂土或风化岩等土层时，以贯入度控制为主，桩尖进入持力层深度可用桩尖标高做参考。桩尖位于其他软土层时，以桩尖设计标高控制为主，贯入度可做参考打桩时，如控制指标已符合要求，而其他的指标与要求相差较大时，应会同有关单位研究处理贯入度应通过试桩确定或做打桩试验并与有关单位研究确定。

　　贯入度是指每锤击一次桩的入土深度，在打桩过程中常指最后贯入度，即最后一击桩的入土深度。施工中一般采用最后 3 阵每阵 10 击桩的平均入土深度作为最后贯入度。测量最后贯入度应在下列条件下进行：桩锤的落距应符合规定；桩帽和弹性衬垫正常；锤击没有偏心；桩顶没有破坏或破坏处已凿平。

五、打桩中常见的问题与处理

打桩施工中常会产生打坏、打歪、打不下去等问题。产生这些问题的原因是多方面的，有工艺操作上的原因，有桩的制作质量上的原因，也有土层变化复杂等原因，必须具体情况具体分析处理。

（一）桩顶、桩身被打坏

一般是桩顶四边和四角被打坏，或者顶面被打碎，甚至桩顶钢筋全部外露，桩身断折。出现桩顶、桩身被打坏的原因及处理方法如下：

打桩时，桩顶直接受到冲击而产生很高的局部应力，如桩顶混凝土不密实，主筋过长，桩顶钢筋网片配置不当，则遭锤击后桩顶被打碎引起混凝土剥落。因此，在制作时桩顶混凝土应认真捣实，主筋不能过长并应严格按设计要求设置钢筋网片，一旦桩角打坏，则应凿平再打。

由于制桩时主筋设置不准确，桩身混凝土保护层太厚，锤击时直接受冲击的是素混凝土，因此保护层容易剥落。

由于桩顶不平、桩帽不正，打桩时处于偏心受冲击状态，局部应力增大，使桩损坏在制作时，桩顶面与桩轴线应严格保持垂直，施打前，桩帽要安放平整，衬垫材料要选择适当。打桩时，要避免打歪后仍继续打，一经发现歪斜应及时纠正。

因过打使桩体破坏，在打桩过程中如出现下沉速度慢而施打时间长，锤击次数多或冲击能量过大时，称为过打。过打发生的原因是：桩尖穿过坚硬层，最后贯入度定得过小，锤的落距过大。混凝土的抗冲击强度只有其抗压强度的50%，如果桩身混凝土反复受到过度的冲击，就容易破坏。此时，应分析地质资料，判断土层情况，改善操作方法，采取有效措施解决。

桩身混凝土强度等级不高。主要原因是砂、石含泥量较大，养护龄期不够等使混凝土未达到要求的强度等级就进行施打，致使桩顶、桩身打坏对桩身打坏的处理，可加钢夹箍用螺栓拉紧焊接补强。

（二）打歪

由于桩顶不平、桩身混凝土凸肚、桩尖偏心、接桩不正或土中有障碍物或者打桩时操作不当（如初入土时，桩身就歪斜而未纠正即施打）等均可将桩打歪为防止把桩打歪，可采取以下措施：第一，桩机导架必须校正两个方向的垂直度。第二，桩身垂直，桩尖必须对准桩位，同时桩顶要正确地套入桩锤下的桩帽内，并保证在同一垂直线上，使桩能够承受轴心锤击而沉入土中。第三，打桩开始时采用小落距，待入土一定深度后，再按要求的落距将桩连续锤击入土中。第四，注意桩的制作质量和桩的验收检查工作。第五，设法排除地下障碍物。

（三）打不下去

如出现初入土 1～2 m 就打不下去，贯入度突然变小、桩锤严重回弹现象，可能是遇到旧的灰土或混凝土基础等障碍物，必要时应彻底清除或钻透后再打，或者将桩拔出，适当移位再打：如桩已入土很深，突然打不下去，可能有以下原因：第一，桩顶、桩身已被打坏。第二，土层中夹有较厚的砂层、其他的硬土层或孤石等障碍。第三，打桩过程中，因特殊原因中断打桩，停歇时间过长，由于土的固结作用，桩难以打入土中。

（四）桩上浮

一桩打下，邻桩上升（也称浮桩）叫桩上浮，这种现象多发生在软土中。当桩沉入土中时，若桩的布置较密，打桩顺序又欠合理，由于桩身周围的土体受到急剧的挤压和扰动，靠近地面的部分将在地表面隆起和产生水平位移。土体隆起产生的摩擦力将使已打入的桩上浮，或将邻桩拉断，或引起周围土坡开裂、建筑物裂缝。因此，当桩距小于 4 倍桩径（或边长）时，应合理确定打桩顺序。

第三节　预应力混凝土管桩施工

预应力混凝土管桩是指预应力高强混凝土管桩（代号 PHC）、预应力混凝土管桩（代号 PC）和预应力混凝土薄壁管桩（代号 PTC）预应力混凝土管桩基础，因其在施工中具有低噪声、无污染、施工快等特点，在工程上越来越得到广泛应用。

一、预应力混凝土管桩优缺点

（一）优点

单桩承载力高，由于挤压作用，管桩承载力要比同样直径的沉管灌注桩或钻孔灌注桩的高。

设计选用范围广，预应力混凝土管桩规格较多，一般的厂家可生产 ϕ 300～600 mm 管桩，个别厂家可生产 ϕ 800mm 及 ϕ 1 000 mm 管桩。单桩承载力达到 600～4 500 kN，适用于多层建筑及 50 层以下的高层建筑在同一建筑物基础上，可根据柱荷载的大小采用不同直径的管桩，以充分发挥每根桩的承载能力，使桩长趋于一致，保持桩基沉降均匀。

对持力层起伏变化大的地质条件适应性强。因为管桩桩节长短不一，通常以 4～16m 为一节，搭配灵活，接长方便，在施工现场可随时根据地质条件的变化调整接桩长度，节省用桩量。

运输吊装方便，接桩快捷。管桩节长一般在 13 m 以内，桩身又有预压应力，起吊时用特制的吊钩钩住管桩的两端就可方便地吊起来。接管采用电焊法，两个电焊工一起工作，ϕ 500mm 的管桩，一个接头 20 min 左右可焊好。

成桩长度不受施工机械的限制，管桩成桩后的长度，大部分桩长一般为 5 ~ 60 m，管桩搭配灵活，成桩长度可长可短，不像沉管灌注桩受施工机械的限制，也不像人工挖孔桩那样，成桩长度受地质条件的限制。

施工速度快，工效高，工期短。管桩施工速度快，一台打桩机每台班至少可打 7 ~ 8 根桩，可完成 20 000 kN 以上承载力的桩基工程管桩工期短，主要表现在以下三个方面：一是施工前期准备时间短，尤其是 PHC 桩，从生产到使用的最短时间只需三四天；二是施工速度快，一栋 2 万 ~ 3 万建筑面积的高层建筑，1 个月左右便可完成沉桩；三是检测时间短，两三个星期便可测试检查完毕。

桩身耐打，穿透力强。因为管桩桩身强度高，加上有一定的预应力，桩身可承受重型柴油锤成百上千次的锤击而不破裂，而且可穿透 5 ~ 6 m 的密集砂层。从目前应用情况看，如果设计合理，施工收锤标准定得恰当，施打管桩的破损率一般不会超过 1%，有的工地甚至打不坏一根桩。

施工文明，现场整洁、管桩工地机械化施工程度高，现场整洁，不会发生钻孔灌注桩工地泥浆满地流的脏污情况，也不会出现人工挖孔桩工地到处抽水和堆土运土的忙乱景象。监理检测方便，尤其是采用闭口桩尖，桩身质量及沉桩长度可用直接手段进行监测，难以弄虚作假，使得业主放心，也可减轻监理工作强度。

（二）缺点

用柴油锤施打管桩时，震动剧烈，噪声大，挤土量大，会造成一定的环境污染。采用静压法施工可解决震动剧烈和噪声大的问题，但挤土作用仍然存在。打桩时送桩深度受限制，在深基坑开挖后截去余桩较多，但用静压法施工，送桩深度可加大，余桩就较少。在石灰岩作持力层、"上软下硬、软硬突变"等地质条件下，不宜采用锤击法施工。

二、施工准备

（一）场地要求

施工场地的动力供应，应与所选用的桩机机型、数量的动力需求相匹配，其供电电缆应完好，以确保其正常供电和安全用电。施工场地已经平整，其场地坡度应在 10% 以内，并具有与选用的桩机机型相适应的地基承载力，以确保在管桩施工时地面不致沉陷过大或桩机倾斜超限，影响预应力混凝土管桩的成桩质量。

施工场地下的旧建筑物基础、旧建筑物的混凝土地坪，在预应力混凝土管桩施工前，予以彻底清除。场地下不应有尚在使用的水、电、气管线。场地的边界与周边建（构）筑物的距离，应满足桩机最小工作半径的要求，且对建（构）筑物应有相应的保护措施。对施工场地的地貌，由施工单位复测，做好记录；监理人员应旁站监督，并对测量成果核查、确认。

（二）桩机的选型及测量用仪器

监理工程师应要求施工方提交进场设备报审表，并对选用设备认真核查桩机的选型一般按 5～7 倍管桩极限承载力取值。桩机的压力表应按要求检定，以确保夹桩及压力控制准确。按设计如需送桩，应按送桩深度及桩机机型，合理选择送桩杆的长度，并应考虑施工中可能的超深送桩。

建筑物控制点的测量，宜采用有红外线测距装置的全站仪施测，而桩位宜采用 J2 经纬仪及钢尺进行测量定位。控制桩顶标高的仪器，选择水准仪即可。测量仪器应有相应的检定证明文件。

（三）对施工单位组织机构及相关施工文件的审查

审查施工单位质量保证体系是否建立健全，管理人员是否到岗。审查施工组织设计（施工技术方案）内容是否齐全，质量保证措施、工期保证措施和安全保证措施是否合理、可行，并对其进行审批。核查其施工设备、劳力、材料及半成品是否进场，是否满足连续施工的需要。审查开工条件是否具备，条件成熟时批准其开工。

（四）对预应力混凝土管桩的质量监控

检查管桩生产企业是否具有准予其生产预应力管桩的批准文件。检查管桩混凝土的强度、钢筋力学性能、管桩的出厂合格证及管桩结构性能检测报告。

对预应力管桩在现场进行全数检查：第一，检查管桩的外观，有无蜂窝、露筋、裂缝；应色感均匀、桩顶处无孔隙；第二，对管桩尺寸进行检查：桩径（±5 mm）、管壁厚度（±5 mm）、桩尖中心线（＜2 mm）、顶面平整度（10 mm）、桩体弯曲（＜1/1000L）；第三，管桩强度等级必须达到设计强度的 100%，并且要达到龄期；第四，管桩堆放场地应坚实、平整，以防不均匀沉降造成损桩，并采取可靠的防滚、防滑措施；第五，管桩现场堆放不得超过四层。

（五）管桩桩位的测量定位

管桩桩位的定位工作，宜采用 J2 经纬仪及钢尺进行，其桩位的放样误差，对单排桩≤10 mm，群桩≤20 mm。管桩桩位应在施工图中对其逐一编号，做到不重号、不漏号。管桩桩位经测量定位后，应按设计图进行复核，监理对桩位的测量要进行旁站监督。做到施工单位自检，总承包方复检，监理单位对测量定位成果进行检查（简称"两检一核"）无误后共同验收。

三、预应力管桩的施工

（一）施工工艺

桩位测量定位—桩机就位—吊桩—对中—焊桩尖—压第一节桩—焊接接桩—压第几节桩—送桩—终压—（截桩）。

（二）压桩

压桩顺序应遵循减少挤土效应，避免管桩偏位的原则。一般来说，应注意：先深后浅，先大后小；应尽量避免桩机反复行走，扰动地面土层；循行线路经济合理，送桩、喂桩方便。工程桩施工中，对有挤压情况造成测放桩位偏移，应督促施工单位经常复核。

压好第 1 节桩至关重要。首先要调平机台，管桩压入前要准确定位、对中，在压桩过程中，宜用经纬仪和吊线锤在互相垂直的两个方向监控桩的垂直度，其垂直度偏差不宜大于 0.5%，监理工程师应督促施工方测量人员对压桩进行全程监控测量，并随时对桩身进行调整、校正，以保证桩的垂直度。

合理调配管节长度，尽量避免接桩时桩尖处于或接近硬持力层。每根桩的管桩接头数不宜超过 4 个；同一承台桩的接头位置应相互错开。

在压桩过程中，应随时检查压桩压力、压入深度，当压力表读数突然上升或下降时，应停机对照地质资料进行分析，查明是否碰到障碍物或产生断桩等情况。如设计中对压桩压力有要求，其偏差应在 ±5% 以内。

遇到下列情况之一时，应暂停压桩，并及时与地质、设计、业主等有关方研究、处理：压力值突然下降，沉降量突然增大；桩身混凝土剥落、破碎；桩身突然倾斜、跑位，桩周涌水；地面明显隆起，邻桩上浮或位移过大；按设计图要求的桩长压桩，压桩力未达到设计值；单桩承载力已满足设计值，压桩长度未达到设计要求。

按设计要求或施工组织设计，在预应力管桩施工前，宜在场地上先行施工沙袋桩，袋装砂井施工完成后进行管桩施压，不得交叉作业。沙袋桩的布置及密度应满足地基深层竖向排水和减弱挤土效应的要求，其桩长宜低于地下水位以下，且大于预应力桩的 1/2。

桩压好后桩头高出地面的部分应及时截除，避免机械碰撞或将桩头用作拉锚点。截除应采用锯桩器锯割，严禁用大锤横向敲击或扳拉截断。对需要送桩的管桩，送至设计标高后，其在地面遗留的送桩孔洞，应立即回填覆盖，以免桩机行走时引起地面沉陷。预应力管桩的垂直度偏差应不大于 1%。应随机检查施工单位的压桩记录，并抽查其压桩记录的真实性。

（三）接桩

接桩时，上下节桩段应保持顺直，错位偏差不应大于 2 mm。管桩对接前，上下端板表面应用铁刷子清刷干净，坡口处应刷至露出金属光泽。

为保证接桩的焊接质量，电焊条用 E43，应具有出厂合格证。电焊工应持证上岗，方可操作。施焊时，宜先在坡口周边先行对称点焊 4～6 点，再分层施焊，施焊宜由两个焊工对称进行。

焊接层数不得小于 3 层，内层焊渣必须清理干净后，方可在外层施焊。焊缝应饱满连续，焊接部分不得有咬边、焊瘤、夹渣、气孔、裂缝、漏焊等外观缺陷，焊缝加强层宽度及高度均应大于 2 mm。

应尽可能缩小接桩时间，焊好的桩接头应自然冷却后，方可继续压桩，自然冷却时间应＞8 min。焊接接桩应按隐蔽工程进行验收。

（四）终压

正式压桩前，应按所选桩机型号对预应力管桩进行压，以确定压桩的终压技术参数。其终压的技术参数一般采用双控，根据设计要求，采用以标高控制为主、送桩压力控制为辅或者相反。应视设计要求和工程的具体情况确定。终压后的桩顶标高，应用水准仪认真控制，其偏差为 ±50 mm。

四、注意事项

加强预应力管桩的进场检查验收工作，压桩施工过程中，应对周围建筑物的变形进行监测，并做好原始记录。对群桩承台压桩时，应考虑挤土效应。对长边的桩，宜由中部开始向两边压桩；对短边的桩，可由一边向另一边逐桩施压。

如地质报告表明，地基土中孤石较多，对有孤石的桩位，采取补勘措施，探明其孤石的大小、位置。对小孤石也可采取用送桩杆引孔的措施。土方开挖时，应加强对管桩的成品保护。如用机械开挖土方，更应加强保护，土方开挖，宜在压桩后，不少于 15 d 进行。

雨季施工预应力管桩，其场地内宜设置排水盲沟，并在场地外适当位置设集水井，随时排出地表水，使场地内不集水、不软化、无泥浆。操作人员应有相应的防雨用具。各种用电设施，要检查其用电安全装置的可靠性、有效性，防止漏电或感应电荷可能危及操作人员的安全。

预应力管桩施工结束后，应对桩基做承载力检验及桩体质量检测。承载力检测的桩数不应小于总数的 1%，且不应少于 3 根。其桩体质量检测不应少于总数的 20%，且不应少于 10 根。

第四节 钻孔灌注桩施工

钻孔灌注桩按照施工方法不同，可分为干作业钻孔灌注桩和泥浆护壁钻孔灌注桩两种。

一、干作业钻孔灌注桩

干作业钻孔灌注桩是先用钻机在桩位处钻孔，然后在孔内放入钢筋骨架，再灌注混凝土而成的桩。干作业钻孔灌注桩适用于地下水位以上的填土层、黏性土层、粉土层、砂土层和粒径不大的砾砂层的桩基础施工。目前多使用螺旋钻机成孔，螺旋钻机分长螺旋钻机和短螺旋钻机两种。

（一）长螺旋钻机成孔

长螺旋钻机成孔是用长螺旋钻机的螺旋钻头，在桩位处就地切削土层，被切土块钻屑随钻头旋转，沿着带有长螺旋叶片的钻杆上升，输送到出土器后自动排出孔外运走。

长螺旋钻成孔速度的快慢主要取决于输土是否通畅，而钻具转速的高低对土块钻屑输送的快慢和输土消耗功率的大小都有较大影响，因此合理选择钻进速度是成孔工艺的关键。在钻孔时，采用中高转速、低扭矩、少进刀的工艺，可使螺旋叶片之间保持较大的空间，能自动输土、钻进阻力小、钻孔效率高。

（二）短螺旋钻机成孔

短螺旋钻机成孔是用短螺旋钻机的螺旋钻头，在桩位处就地切削土层，被切土块钻屑随钻头旋转，沿着带有数量不多的螺旋叶片的钻杆上升，积聚在短螺旋叶片上，形成"土柱"，此后靠提钻、反转、甩土，将钻屑散落在孔周。一般每钻进 0.5～1.0m 就要提钻甩土一次。一般为正转钻进，反转甩土，反转转速为正转转速的若干倍，短螺旋钻成孔的钻进效率不如长螺旋钻机高，但短螺旋钻成孔省去了长孔段输送土块钻屑的功率消耗，其回转阻力矩小。在大直径或深桩孔的情况下，采用短螺旋钻施工较为合适。

当钻孔达到预定钻深后，必须在原深处进行空转清土，然后停止转动，提起钻杆在空转清土时不得加深钻进，提钻时不得回转钻杆。

（三）施工中应注意的问题

干作业钻孔灌注桩成孔后，先吊放钢筋笼，再浇筑混凝土。钢筋笼吊放时，要缓慢并保持竖直，防止钢筋笼偏斜和刮土下落，钢筋笼放到预定深度后，要将上端妥善固定。

灌注混凝土宜用机动小车或混凝土泵车，应防止压坏桩孔混凝土坍落度一般为 8～10 cm，强度等级不小于 C20，应注意调整砂率，掺减水剂和粉煤灰等掺合料，以保证混凝土的和易性及坍落度。混凝土灌至接近桩顶时，应测量桩身混凝土顶面的标高，避免超长灌注，并保证在凿除浮浆层后，桩顶标高和质量能符合设计要求。

二、泥浆护壁钻孔灌注桩

泥浆护壁钻孔灌注桩是指先用钻孔机械进行钻孔，在钻孔过程中为了防止孔壁坍塌，向孔中注入循环泥浆（或注入清水造成泥浆）保护孔壁，钻孔达到要求深度后，进行清孔，然后安放钢筋骨架，进行水下灌注混凝土而成的桩。

（一）埋设护筒

护筒的作用是固定桩孔位置，保护孔口，提高桩孔内的泥浆水头，防止塌孔。一般用 3～5 mm 的钢板或预制混凝土圈制成，其内径应比钻头直径大 100～200 mm 安设护筒时，其中心线应与桩中心线重合、偏差不大于 50 mm，护筒应设置牢固，其顶面宜高出地面 0.4～0.6 m，它的入土深度，在砂土中不宜小于 1.5 m，在黏土中不宜小于 1 m，并应保持孔内泥浆液面高出地下水位 1 m 以上。在护筒顶部还应开设 1～2 个溢浆口，便于泥浆溢出而流回泥浆池，进行回收和循环。护筒与坑壁之间的空隙应用黏土填实，以防漏水。

（二）泥浆制备

泥浆是泥浆护壁钻孔施工方法不可缺少的材料，在成孔过程中的作用是：护壁、挟渣、冷却和润滑，其中以护壁作用最为主要由于泥浆的密度比水大，泥浆在孔内对孔壁产生一定的静水压力，相当于一种液体支撑，可以稳定土壁，防止塌孔。同时，泥浆中胶质颗粒在泥浆压力下，渗入孔壁表面孔隙中，形成一层透水性很低的泥皮，避免孔内壁漏水并保持孔内有一定的水压，有助于维护孔壁的稳定。泥浆还具有较高的黏性，通过循环，泥浆可使切削破碎的土石渣屑悬浮起来，随同泥浆排出孔外，起到挟渣、排土的作用。此外，由于泥浆循环作冲洗液，因而对钻头有冷却和润滑作用，可减轻钻头的磨损。

制备泥浆的方法应根据土质的实际情况而定，在成孔过程中，要保持孔内泥浆的一定密度在黏土和粉土层钻孔时，可注入清水以原土造浆护壁，泥浆密度可取 1.1～1.3 g/cm³；在砂和沙砾等容易塌孔的土层中钻孔时，则应采用制备的泥浆护壁。泥浆制备应选用高塑性黏土或膨润土，泥浆密度保持在 1.3～1.5 g/cm³。造浆黏土应符合下列技术要求：胶体率不低于 90%，含砂率不大于 8%。成孔时，由于地下水稀释等使泥浆密度减小时，可添加膨润土来增大密度。

（三）成孔方法

泥浆护壁成孔灌注桩成孔方法有冲击钻成孔法、冲抓锥成孔法、潜水电钻成孔法和回转钻机成孔法四种。

1. 冲击钻成孔

冲击钻成孔是利用卷扬机悬吊冲击锤连续上、下冲击，将硬质土层或岩层破碎成孔，部分碎渣泥浆挤入孔壁，大部分用掏渣筒提出。冲击钻孔机有钢丝式和钻杆式两种，钢丝式钻头为锻钢或铸钢，式样有"十"字形和"3"翼形，锤的质量为 0.5～3.0 t，用钢桩架悬吊，卷扬机作动力，钻孔孔径有 800 mm、1 000 mm、1 200 mm 等几种。

冲孔时，在孔口设护筒，然后冲孔机就位，冲锤对准护筒中心，开始低锤密击（锤高为 0.4～0.6 m），并及时加入块石与黏土泥浆护壁，使孔壁挤压密实，直至孔深达护筒下 3～4 m 后，才可加快速度，将锤高提至 1.5～2.0 m 以上进行正常冲击，并随时测定和控制泥浆比重。每冲击 3～4 m，掏渣一次。

冲击钻成孔设备简单、操作方便，适用于孤石的砂卵石层、坚实土层、岩层等成孔，亦能克服流沙层。所成孔壁坚实、稳定、塌孔少，但掏泥渣较费工时，不能连续作业，成孔速度较慢。

2. 冲抓锥成孔

冲抓锥成孔是用卷扬机悬吊冲抓锥头，其内有压重铁块及活动抓片，当下落时抓片张开，钻头冲入土中，然后提升钻头，抓头闭合抓土，提升至地面卸土，循环作业直至形成所需桩孔。其成孔直径为 450～600 mm，成孔深度为 5～10 m。该设备简单、操作方便，适用于一般较松散的黏土、粉质黏土、砂卵石层及其他软质土层成孔，所成孔壁完整，能连续作业，生产效率高。

3. 潜水电钻成孔

潜水电钻成孔是用潜水电钻机构中密封的电动机、变速机构，直接带动钻头在泥浆中旋转削土，同时用泥浆泵压送高压泥浆（或用水泵压送清水），使从钻头底端射出与切碎的土颗粒混合，然后不断由孔底向孔口溢出，或用砂石泵或空气吸泥机采用反循环方式排泥渣，如此连续钻进、排泥渣，直至形成所需深度的桩孔。

潜水钻机成孔直径 500～1 500 mm，深 20～30 m，最深可达 50 m，适用于在地下水位较高的软土层、淤泥、黏土、粉质黏土、砂土、砂夹卵石及风化页岩层中使用。

潜水电钻成孔前，孔口应埋设直径比孔径大 200 mm 的钢板护筒，一般高出地面 30 cm 左右，埋深 1～1.5 m，护筒与孔壁间缝隙用黏土填实，以防漏水塌口。钻进速度在黏性土中不大于 1 m/min，较硬土层则以钻机的跳动、电机不超负荷为准，钻孔达到设计深度后应进行清孔、设置钢筋笼。清孔可用循环换浆法，即让钻头继续在原位旋转，继续注水，用清水换浆，使泥浆密度在 1.1 g/cm³ 左右。当孔壁土质较差时，用泥浆循环清孔，使泥浆密度在 1～1.25 g/cm³，清孔过程中应及时补给稀泥浆，并保持浆面稳定。该法具有设备定型、体积小、移动灵活、维修方便、无噪声、无振动、钻孔深、成孔精度和效率高、劳动强度低等特点，但需设备较复杂，施工费用较高。

4. 回转钻机成孔

回转钻机是由动力装置带动钻机回转装置，再经回转装置带动装有钻头的钻杆转动，钻头切削土体而形成桩孔。按泥浆循环方式不同，回转钻机可分为正循环回转钻机和反循环回转钻机。

正循环回转钻机成孔工艺为：从空心钻杆内部空腔注入的加压泥浆或高压水，由钻杆底部喷出，裹挟钻削出的土渣沿孔壁向上流动，由孔口排出后流入泥浆池。

反循环回转钻机成孔工艺为：反循环作业的泥浆或清水是由钻杆与孔壁间的环状间隙流入钻孔，由于吸泥泵的作用，在钻杆内腔形成真空，钻杆内、外的压强差使得钻头下裹挟土渣的泥浆，由钻杆内部空腔上升返回地面，再流入泥浆池。反循环工艺中的泥浆向上流动的速度较大，能挟带较多的土渣。

（四）验孔和清孔

成孔后，即进行验孔和清孔。验孔是用探测器检查桩位、直径、深度和孔道情况。清孔即清除孔底沉渣、淤泥浮土，以减少桩基的沉降量，提高承载能力。

泥浆护壁成孔清孔时，对于土质较好不易坍塌的桩孔，可用空气吸泥机清孔，气压为 0.5 MPa，使管内形成强大高压气流向上涌，同时不断地补足清水，被搅动的泥渣随气流上涌，从喷口排出，直至喷出清水。对于稳定性较差的孔壁，应采用泥浆循环法清孔或抽筒排渣，清孔后的泥浆相对密度应控制在 1.15～1.25。原土造浆的孔，清孔后泥浆密度应控制在 1.1 左右。清孔时，必须及时补充足够的泥浆，并保持浆面稳定。

（五）安放钢筋笼

钢筋笼应预先在施工现场制作。吊放钢筋笼时，要防止扭转、弯曲和碰撞，要吊直扶稳、缓缓下落，避免碰撞孔壁，并防止塌孔或将泥土杂物带入孔内。钢筋笼放入后应校正轴线位置、垂直度、钢筋笼定位后，应在 4 h 内浇筑混凝土，以防塌孔。

（六）水下浇筑混凝土

在灌注桩、地下连续墙等基础工程中，常要直接在水下浇筑混凝土。其方法是利用导管输送混凝土并使之与环境水隔离，依靠管中混凝土的自重，使管口周围的混凝土在已浇筑的混凝土内部流动、扩散，以完成混凝土的浇筑工作。

在施工时，先将导管放入孔中（其下部距离底面约 100 mm），用麻绳或铅丝将球塞悬吊在导管内水位以上 0.2 m 处，然后浇筑混凝土，当球塞以上导管和盛料漏斗装满混凝土后，剪断球塞吊绳，混凝土靠自重推动球塞下落，冲向基底，并向四周扩散。球塞冲出导管，浮至水面，可重复使用。冲入基底的混凝土将管口包住，形成混凝土堆。同时，不断地将混凝土注入导管中，管外混凝土面不断被管内的混凝土挤压上升。随着管外混凝土面的上升，导管也逐渐提升（到一定高度，可将导管顶段拆下）。但不能提升过快，必须保证导管下端始终埋入混凝土内，其最大埋置深度不宜超过 5 m。混凝土浇筑的最终高程应高于设计标高约 100mm，以便清除强度低的表层混凝土（清除应在混凝土强度达到 $2 \sim 2.5$ N/mm^2 后进行）。

导管由每段长度为 $1.5 \sim 2.5$ m（脚管为 $2 \sim 3$ m）、管径 $200 \sim 300$ mm、厚 $3 \sim 6$ mm 的钢管用法兰盘加止水胶垫用螺栓连接而成。漏斗位于导管顶端，漏斗上方装有振动设备，以防混凝土在导管中阻塞。提升机具用来控制导管的提升与下降，常用的提升机有卷扬机、电动葫芦、起重机等。球塞可用软木、橡胶、泡沫塑料等制成、其直径比导管内径小 $15 \sim 20$ mm。

每根导管的作用半径一般不大于 3 m，所浇筑混凝土覆盖面积不宜大于 30m2，当面积过大时，可用多根导管同时浇筑。混凝土浇筑应从最深处开始，相邻导管下口的标高差不应超过导管间距的 $1/15 \sim 1/20$，并保证混凝土表面均匀上升。

导管法浇筑水下混凝土的关键：一是保证混凝土的供应量大于导管内混凝土必须保持的高度和开始浇筑时导管埋入混凝土堆内必需的埋置深度所要求的混凝土量；二是严格控制导管提升高度，且只能上、下升降，不能左右移动，以避免造成管内返水事故。

三、施工中常见问题及处理

（一）孔壁坍塌

钻孔过程中，如发现排出的泥浆中不断出现气泡，或泥浆突然漏失，这表示有孔壁坍塌现象。孔壁坍塌的主要原因是土质松散，泥浆护壁不好，护筒周围未用黏土紧密填封以及护筒内水位不高。钻进时如出现孔壁坍塌，首先应保持孔内水位并加大泥浆比重以稳定钻孔的护壁。如坍塌严重，应立即回填黏土，待孔壁稳定后再钻。

（二）钻孔偏斜

钻杆不垂直，钻头导向部分压短、导向性差，土质软硬不一，或者遇上孤石等，都会引起钻孔偏斜。防止措施有：除钻头加工精确，钻杆安装垂直外，操作时还要注意经常观察钻孔偏斜时，可提起钻头，上下反复扫钻几次，以便削去硬土。如纠正无效，应于孔中部回填黏土至偏孔处 0.5 m 以上重新钻进。

（三）孔底虚土

干作业施工中，由于钻孔机械结构所限，孔底常残存一些虚土，它来自扰动残存土、孔壁坍落土以及孔口落土。施工时，孔底虚土较规范大时必须清除，因虚土影响承载力目前，常用的治理虚土的方法是用 20 kg 重铁饼人工辅助夯实，但效果不理想。

（四）断桩

水下灌注混凝土桩的质量除混凝土本身质量外，是否断桩是鉴定其质量的关键，预防时要注意三方面问题：一是力争首批混凝土浇灌一次成功；二是分析地质情况，研究解决对策；三是要严格控制现场混凝土配合比。

第五节　沉管成孔灌注桩施工

一、沉管成孔灌注桩类型及适用条件

沉管成孔灌注桩又称为套管成孔灌注桩或打拔管灌注桩。它是采用振动打桩法或锤击打桩法，将带有活瓣式桩尖或预制混凝土桩尖的钢制桩管沉入土中，然后边浇筑混凝土边振动，或边锤击边拔出钢管而形成的灌注桩。若配有钢筋，则应在规定标高处吊放钢筋骨架，沉管成孔灌注桩整个施工过程在套管护壁条件下进行，因而不受地下水位高低和土质条件的限制。可穿越一般黏性土、粉土、淤泥质土、淤泥、松散至中密的砂土及人工填土等土层，不宜用于标准贯入击数 N > 12 的砂土、N > 15 的黏性土及碎石土。

沉管成孔灌注桩按成孔方式分为锤击沉管灌注桩、振动沉管灌注桩、振动冲击沉管灌注桩、内夯沉管灌注桩、静压沉管灌注桩等。

二、锤击沉管灌注桩施工

利用锤击沉桩设备沉管、拔管时，称为锤击沉管灌注桩。锤击沉管灌注桩施工应根据土质情况和荷载要求，分别选用单打法、复打法或反插法。

（一）施工要求

锤击沉管灌注桩施工应符合下列规定：第一，群桩基础的基桩施工，应根据土质、布桩情况，采取削减负面挤土效应的技术措施，确保成桩质量。第二，桩管、混凝土预制桩尖或钢桩尖的加工质量和埋设位置应与设计相符，桩管与桩尖的接触应有良好的密封性。

（二）操作控制要求

灌注混凝土和拔管的操作控制应符合下列规定：第一，沉管至设计标高后，应立即检查和处理桩管内的进泥、进水和吞桩尖等情况，并立即灌注混凝土。第二，当桩身配置局部长度钢筋笼时，第一次灌注混凝土应先灌至笼底标高，然后放置钢筋笼，再灌至桩顶标高。第一次拔管高度应以能容纳第二次灌入的混凝土量为限，不应拔得过高。在拔管过程中，应采用测锤或浮标检测混凝土面的下降情况。第三，拔管速度应保持均匀，一般土层拔管速度宜为 1 m/min；在软弱土层和软硬土层交界处，拔管速度宜控制在 0.3～0.8 m/min。第四，采用倒打拔管的打击次数，单动汽锤不得少于 50 次 /min，自由落锤轻击（小落距锤击）不得少于 40 次 /min；在管底未拔至桩顶设计标高之前，倒打和轻击不得中断。

（三）充盈系数要求

混凝土的充盈系数不得小于1.0；对于充盈系数小于1.0的桩，应全长复打，对可能断桩和缩颈桩，应采用局部复打。成桩后的桩身混凝土顶面应高于桩顶设计标高500mm 以内。全长复打时，桩管入土深度宜接近原桩长，局部复打应超过断桩或缩颈区1 m 以上。

（四）全长复打桩施工要求

全长复打桩施工时应符合下列规定：第一，第一次灌注混凝土应达到自然地面。第二，拔管过程中，应及时清除粘在管壁上和散落在地面上的混凝土。第三，初打与复打的桩轴线应重合。第四，复打施工必须在第一次灌注的混凝土初凝之前完成。

（五）坍落度要求

混凝土的坍落度宜采用80～100 mm。施工时，用桩架吊起桩管，对准预先埋设在桩位处的预制钢筋混凝土桩尖，然后缓缓放下桩管套入桩尖压入土中。桩管上部扣上桩帽，并检查桩管、桩尖与桩锤是否在同一垂直线上，若桩管垂直度偏差小于0.5%桩管高度，即可用锤打击桩管。

初打时应低锤轻击，并观察桩管是否有偏移。无偏移时，方可正常施打当桩管打入至要求的贯入度或标高后，应检查管内有无泥浆或渗水，测孔深后，在管内放入钢筋笼，便可以将混凝土通过灌注漏斗灌入桩管内，待混凝土灌满桩管后，开始拔管。拔管过程应对桩管进行连续低锤密击，使钢管得到冲击振动，以振密混凝土。拔管速度不宜过快，第一次拔管高度应控制在能容纳第二次所灌入的混凝土量为限，不宜拔得过高，应保证管内不少于2 m 高度的混凝土。在拔管过程中，应检查管内混凝土面的下降情况，拔管速度对一般土层以1.0 m/min为宜，拔管过程应向桩管内继续加灌混凝土，以满足灌注量的要求。灌入的混凝土从搅拌到最后拔管结束，不得超过混凝土的初凝时间。

为了提高桩的质量或使桩径增大，提高桩的承载能力，可采用一次复打扩大灌注桩。复打桩施工是在单打施工完毕、拔出桩管后，及时清除黏附在管壁和散落在地面上的泥土，在原桩位上第二次安放桩尖，以后的施工过程则与单打灌注桩相同。复打扩大灌注桩施工时应注意，复打施工必须在第一次灌注的混凝土初凝以前全部完成，桩管在第二次打入时应与第一次轴线相重合，且第一次灌注的混凝土应达到自然地面，不得少灌。

三、振动沉管灌注桩

利用振动沉桩设备沉管、拔管时，称为振动沉管灌注桩。振动沉管桩架与锤击沉管灌注桩相比，振动沉管灌注桩更适合于稍密及中密的碎石土地基施工，施工时，振动冲击锤与桩管刚性连接，桩管下端设有活瓣式桩尖。活瓣式桩尖应有足够的强度和刚度，活瓣间缝隙应紧密先将桩管下端活瓣闭合，对准桩位，徐徐放下桩管压入土中，然后校正垂直度，即可开动振动器沉管。由于桩管和振动器是刚性连接的，沉管时由振动冲击锤形成竖直方向的往复振动，使桩管在激振力作用下以一定的频率和振幅产生振动，减少了桩管与周围土体间的摩擦阻力。当强迫振动频率与土体的自振频率相同时，土体结构因共振而破坏，桩管受加压作用而沉入土中。

（一）振动沉管灌注桩的施工方法

振动沉管灌注桩可采用单振法、复振法和反插法施工。

1. 单振法

单振法施工时，在桩管灌满混凝土后，开动振动器，先振动 5～10 s，再开始拔管。边振边拔，每拔 0.5～1.0 m，停拔 5～10 s，但保持振动，如此反复，直至桩管全部拔出。

2. 复打法

复打法施工适用于饱和黏土层。其施工方法与锤击沉管灌注桩施工方法相同，相当于进行了两次单振施工。

3. 反插法

反插法施工是在桩管灌满混凝土后，先振动再开始拔管，每次拔管高度 0.5～1.0 m，反插深度 0.3～0.5 m，在拔管过程中分段添加混凝土，保持管内混凝土面始终不低于地表面或高于地下水位 1.0 m 以上，拔管速度应小于 0.5 m/min。如此反复进行，直至桩管拔出地面，反插法能使混凝土的密实度增加，宜在较差的软土地基施工中采用。

（二）振动沉管灌注桩施工程序

振动沉管灌注桩施工可以边拔管、边振动、边灌注混凝土、边成桩。

1. 振动沉管打桩机就位

将桩管对准桩位中心，把桩尖活瓣合拢（当采用活瓣桩尖时）或桩管对准预先埋设在桩位上的预制桩尖（当采用钢筋混凝土、铸铁和封口桩尖时），放松卷扬钢丝绳，利用桩机和桩管自重，把桩尖竖直地压入土中。

2. 振动沉管

开动振动锤，同时放松滑轮组，使桩管逐渐下沉，并开动加压卷扬机，当桩管下沉达到要求后，便停止振动器的振动。

3. 灌注混凝土

利用吊斗向桩管内灌入混凝土。

4. 边拔管、边振动、边灌注混凝土

当混凝土灌满后，再次开动振动器和卷扬机。一面振动，一面拔管；在拔管过程中，一般要向桩管内继续加灌混凝土，以满足灌注量的要求。

四、内夯沉管灌注桩施工

当采用外管与内夯管结合锤击沉管进行夯压、扩底、扩径时，内夯管应比外管短100 mm，内夯管底端可采用闭口平底或闭口锥底。

外管封底可采用干硬性混凝土、无水混凝土配料，经夯击形成阻水、阻泥管塞，其高度可为100 mm，当内、外管间不会发生间隙涌水、涌泥时，亦可不采用上述封底措施。

桩身混凝土宜分段灌注，拔管时内夯管和桩锤应施压于外管中的混凝土顶面，边压边拔。施工前宜进行试桩，并应详细记录混凝土的分次灌注量、外管上拔高度、内管夯击次数、双管同步沉入深度，并应检查外管的封底情况，有无进水、涌泥等，经核定后可作为施工控制依据。

五、沉管成孔灌注桩施工常见问题和处理方法

沉管成孔灌注桩施工时常发生断桩，缩颈桩，吊脚桩，桩尖进水、进泥沙等问题，产生原因及处理措施如下。

（一）断桩

断桩指桩身裂缝呈水平方向或略有倾斜且贯通全截面，常见于地面以下1～3 m不同软硬土层交接处，产生的原因主要是桩距过小，桩身混凝土终凝期间强度低，邻桩沉管时使土体隆起和挤压，产生横向水平力和竖向拉力，使混凝土桩身断裂。避免断桩的措施有：布桩不宜过密，桩间距以不小于3.5 m为宜；当桩身混凝土强度较低时，可采用跳打法施工；合理安排打桩顺序。

（二）缩颈桩

缩颈桩亦称瓶颈，指桩身局部直径小于设计直径。常出现在饱和淤泥质土中。产

生的主要原因是：在含水率高的黏性土中沉管时，土体受到强烈扰动挤压，产生很高的孔隙水压力，桩管拔出后，水压力作用在所浇筑的混凝土桩身上，使桩身局部直径缩小；桩间距过小，邻近桩沉管施工时挤压土体使所浇筑混凝土桩身缩颈；施工过程中拔管速度过快，管内形成真空吸力，且管内混凝土量少且和易性差，使混凝土扩散性差，导致缩颈。避免缩颈的主要措施有：经常观测管内混凝土的下落情况，严格控制拔管速度；采取"慢拔密振"或"慢拔密击"的方法；在可能产生缩颈的土层施工时，采用反插法可避免缩颈。当出现缩颈时，可用复打法进行处理。

（三）吊脚桩

吊脚桩指桩底部的混凝土隔空或混入的泥沙在桩底部形成松软层的桩产生的原因主要是：预制桩尖强度不足，在沉管时被打坏而挤入桩管内，拔管时振动冲击未能将桩尖压出，拔管至一定高度时，桩尖才落下，但又被硬土层卡住，未落到孔底而形成吊脚桩；振动沉管时，桩管入土较深并进入低压缩性土层，灌完混凝土开始拔管时，活瓣式桩尖被周围土体包围而不张开，拔至一定高度时才张开，而此时孔底部已被孔壁回落土充填而形成吊脚桩。避免出现吊脚桩的措施是：严格检查预制桩尖的强度和规格沉管时，可用吊砣检查桩尖是否进入桩管或活瓣是否张开。对已出现的吊脚现象，应将桩管拔出，桩孔回填后重新沉入桩管。

（四）桩尖进水、进泥沙

常见于地下水位高、含水率大的淤泥、粉砂土层中，产生的原因是：活瓣式桩尖合拢后有较大的间隙；预制桩尖与桩管接触不严密；桩尖打坏等预防的措施是：对缝隙较大的活瓣式桩尖应及时修复或更换；预制桩尖的尺寸和配筋应符合设计要求，混凝土强度等级不得低于C30，在桩尖与桩管接触处缠绕麻绳或垫衬，将二者接触处封严。当出现桩尖进水或进泥沙时，可将桩管拔出，修复桩尖缝隙，用砂回填桩孔后再重新沉管如地下水量大，当桩管沉至接近地下水位时，可灌注 $0.05 \sim 0.1$ m³，混凝土封底，将桩管底部的缝隙用混凝土封住，灌 1 m 高的混凝土后，再继续沉管。

第六节 人工挖孔灌注桩施工

一、人工挖孔桩灌注的适用条件

人工挖孔灌注桩是指桩孔采用人工挖掘方法进行成孔，然后安放钢筋笼，浇筑混凝土而成的桩。人工挖孔灌注桩结构上的特点是单桩的承载能力高，受力性能好，既能承受垂直荷载，又能承受水平荷载。人工挖孔灌注桩具有机具设备简单，施工操作方便，占用施工场地小，无噪声、无振动、不污染环境，对周围建筑物影响小，施工质量可靠，可全面展开施工，工期缩短，造价低等优点，因此得到广泛应用。

人工挖孔灌注桩适用于土质较好，地下水位较低的黏土、亚黏土及含少量砂卵石的黏土层等地质条件。可用于高层建筑、公用建筑、水工结构（如泵站、桥墩）做桩基，起支承、抗滑、挡土之用，对软土、流沙及地下水位较高，涌水量大的土层不宜采用。

二、人工挖孔灌注桩的施工机具及构造要求

（一）人工挖孔灌注桩的施工机具

一是电动葫芦或手动卷扬机、提土桶及三脚支架。二是潜水泵：用于抽出孔中积水。三是鼓风机和输风管：用于向桩孔中强制送入新鲜空气。四是镐、锹、土筐等挖土工具，若遇坚硬土层或岩石，还应配风镐等。五是照明灯、对讲机、电铃等。

（二）一般构造要求

桩直径一般为 800～2 000 mm，最大直径可达 3 500 mm。桩埋置深度一般在 20 m 左右，最大可达 40 m。底部采取不扩底和扩底两种方式，扩底直径（1.3～3.0）d（d 为桩径），最大扩底直径可达 4 500 mm。一般采用一柱一桩，当采用一柱两桩时，两桩中心距不应小于 3d，两桩扩大头净距不小于 1 m，上下设置不小于 0.5 m，桩底宜挖成锅底形，锅底中心比四周低 200 mm，根据试验，它比平底桩可提高承载力 20% 以上。桩底应支承在可靠的持力层上，支承桩大多采用构造配筋，配筋率以 0.4% 为宜，配筋长度一般为 1/2 桩长，且不小于 10 m；用于抗滑、锚固、挡土桩的配筋，按全长或 2/3 桩长配置，由计算确定箍筋采用螺旋箍筋或封闭箍筋，不小于 ϕ 8～200 mm，在桩顶 1.0 m 范围内间距加密 1 倍，以提高桩的抗剪强度。当钢筋笼长度超过 4.0 m 时，为加强其刚度和整体性，可每隔 2.0m 设一道 ϕ 16～20 mm 焊接加强筋。钢筋笼长超过 10 m 需分段拼接，拼接处应用焊接。

三、施工工艺

人工挖孔灌注桩常采用现浇混凝土护壁，也可采用钢护筒或采用沉井护壁等。采用现浇混凝土护壁时的施工工艺过程如下：第一，测定桩位、放线。第二，开挖土方。采用分段开挖，每段高度取决于土壁的直立能力，一般为 0.5～1.0 m，开挖直径为设计桩径加上两倍护壁厚度一挖土顺序是自上而下，先中间、后孔边。第三，支撑护壁模板。模板高度取决于开挖土方每段的高度，一般为 1 m，由 4～8 块活动模板组合而成。护壁厚度不宜小于 100 mm，一般取 D/10+5 cm（D 为桩径），且第一段井圈的护壁厚度应比以下各段增加 100～150 mm，上下节护壁可用长为 1 m 左右 ϕ 6～8 的钢筋进行拉结。第四，在模板顶放置操作平台。平台可用角钢和钢板制成半圆形，两个合起来即为一个整圆，用来临时放置混凝土和浇筑混凝土用。第五，浇筑护壁混凝土护壁混凝土的强度等级不得低于桩身混凝土强度等级，应注意浇捣密实根据土层渗水情况，可考虑使用速凝剂不得在桩孔水淹没模板的情况下浇护壁混凝土每节护壁均应在当日连续施工完毕。上下节护壁搭接长度不小于 50 mm。第六，拆除模板继续

下一段的施工。一般在浇筑混凝土 24h 之后便可拆模。当发现护壁有蜂窝、孔洞、漏水现象时，应及时补强、堵塞，防止孔外水通过护壁流入桩孔内。当护壁符合质量要求后，便可开挖下一段的土方，再支模浇筑护壁混凝土，如此循环，直至挖到设计要求的深度并按设计进行扩底。第七，安放钢筋笼、浇筑混凝土。孔底有积水时应先排除积水再浇混凝土，当混凝土浇至钢筋的底面设计标高时再安放钢筋笼，继续浇筑桩身混凝土。

四、人工挖孔灌注桩施工常见问题及处理方法

（一）地下水

地下水是深基础施工中的常见问题，它给人工挖孔桩施工带来许多困难，含水层中的水在开挖时破坏了其平衡状态，使周围的静态水充入桩孔内，从而影响了人工挖孔桩的正常施工。如果遇到动态水压土层施工，不仅开挖困难，连护壁混凝土也易被水压冲刷穿透，发生桩身质量问题。如遇到细砂、粉砂土层，在压力水的作用下，也极易发生流沙和井漏现象。处理方法有以下几种：第一，地下水量不大时，可选用潜水泵抽水，边抽水边开挖，成孔后及时浇筑相应段的混凝土护壁，然后继续下一段的施工。第二，水量较大，用水泵抽水也不易开挖时，应从施工顺序考虑，采取对周围桩孔同时抽水，以减少开挖孔内的涌水量，并采取交替循环施工的方法。第三，对不太深的挖孔灌注桩，可在场地四周合理布置统一的轻型管井降水分流。基础平面占地较大时，也可增加降水管井的排数。第四，抽水时环境影响。有时施工周围环境特殊，一是周围基础设施等较多，不允许无限制抽水；二是周围有江河、湖泊、沼泽等，不可能无限制达到抽水目的，因此，在抽水前均要采取可靠措施。最有效的方法是截断水源，封闭水路。桩孔较浅时，可用板桩封闭；桩孔较深时，用钻孔压力灌浆形成帷幕挡水，以保证在正常抽水时，达到正常开挖。

（二）流沙

人工挖孔在开挖时，如遇细砂、粉砂层地质，加上地下水的作用，极易形成流沙，严重时会发生井漏，造成质量事故，因此要采取可靠的措施进行处理。

流沙情况较轻时，可缩短这一循环的开挖深度，将正常的 1 m 左右一段，缩短为 0.5 m，以减少挖层孔壁的暴露时间，及时进行护壁混凝土灌注。当孔壁塌落、有泥沙流入而不能形成桩孔时，可用编织袋装土逐渐堆堵，形成桩孔的外壁，并控制保证内壁满足设计要求。

流沙情况较严重时，常用办法是下钢套筒，钢套筒与护壁用的钢模板相似，以孔外径为直径，可分成 4～6 段圆弧，再加上适当的肋条，相互用螺栓或钢筋环扣连接，在开挖 0.5 m 左右，即可分片将套筒装入，深入孔底不少于 0.2 m，插入上部混凝土护壁外侧不小于 0.5 m，装后即支模浇注护壁混凝土。若放入套筒后流沙仍上涌，可采取突击挖出后即用混凝土封闭孔底的方法，待混凝土凝结后，将孔心部位的混凝土清凿以形成桩孔也可将此种方法应用到已完成的混凝土护壁的最下段钻孔，使孔位倾

斜至下层护壁以外，打入浆管，压力浇注水泥浆，提高周围及底部土体的不透水性。

（三）淤泥质土层

遇到淤泥质土层等软弱土层时，一般可用木方、木板模板等支挡，缩短开挖深度，并及时浇注混凝土护壁。支挡木方要沿周边打入底部不少于 0.2 m 深，上部嵌入上段已浇好的混凝土护壁后面，可斜向放置，双排布置互相反向交叉，能达到很好的支挡效果。

（四）桩身混凝土的浇筑

1. 消除水的影响

（1）孔底积水

浇筑桩身混凝土主要应保证其符合设计强度，保证混凝土的均匀性、密实性，防止孔内积水影响混凝土的配合比和密实性。

（2）孔壁渗水

可在桩身混凝土浇筑前采用防水材料封闭渗漏部位。对于出水量较大的孔，可用木楔打入，周围再用防水材料封闭，或在集中漏水部分嵌入泄水管，装上阀门，在施工桩孔时打开阀门让水流出，浇筑桩身混凝土时再关闭。

2. 保证桩身混凝土的密实性

桩身混凝土的密实性是保证混凝土达到设计强度的必要条件。为保证桩身混凝土浇筑的密实性，一般采用串流筒下料及分层振捣浇筑的方法，其中浇筑速度是关键，即力求在最短时间内完成一个桩身混凝土浇筑。对于深度大于 10 m 的桩，可依靠混凝土自身落差形成的冲击力及混凝土自身重量的压力而使其密实，这部分混凝土即可不用振捣。经验证明，桩身混凝土能满足均匀性和密实性。

（五）合理安排施工顺序

在可能条件下，先施工较浅的桩孔，后施工较深的桩孔。在含水层或有动水压力的土层中施工，应先施工外围（或迎水部位）的桩孔，这部分桩孔混凝土护壁完成后，可保留少量桩孔先不浇筑桩身混凝土，而作为排水井，以方便其他孔位施工，保证桩孔的施工速度和成孔质量

五、施工注意事项

桩孔开挖，当桩净距小于 2 倍桩径且小于 2.5 m 时，应采用间隔开挖。排桩跳挖的最小施工净距不得小于 4.5m，孔深不宜大于 40 m。

每段挖土后必须吊线检查中心线位置是否正确，桩孔中心线平面位置偏差不宜超过 50 mm，桩的垂直度偏差不得超过 1%，桩径不得小于设计直径。

防止土壁坍塌及流沙，挖土如遇到松散或流沙土层，可减少每段开挖深度（取 0.3 ~ 0.5 m）或采用钢护筒、预制混凝土沉井等作护壁，待穿过此土层后再按一般方法施工。流沙现象严重时，应采用井点降水处理。

浇筑桩身混凝土时，应注意清孔及防止积水，桩身混凝土应一次连续浇筑完毕，不留施工缝。为防止混凝土离析，宜采用串筒来浇筑混凝土，当地下水穿过护壁流入量较大无法抽干时，则应采用导管法浇筑水下混凝土。

必须制定好安全措施：第一，施工人员进入孔内必须戴安全帽，孔内有人作业时，孔上必须有人监督防护。第二，孔内必须设置应急软爬梯供人员上下井；使用的电动葫芦、吊笼等应安全可靠，并配有自动卡紧保险装置；不得用麻绳和尼龙绳吊挂或脚踏井壁凸缘上下；电动葫芦使用前，必须检验其安全起吊能力。第三，每日开工前，必须检测井下的有毒有害气体，并有足够的安全防护措施。桩孔开挖深度超过 10 m 时，应有专门向井下送风的设备，风量不宜少于 25 L/s。第四，护壁应高出地面 200～300 mm，以防杂物滚入孔内，孔周围要设 0.8 m 高的护栏。第五，孔内照明要用 12 V 以下的安全灯或安全矿灯使用的电器必须有严格的接地、接零和漏电保护器。

第七节 灌注桩后注浆技术

一、灌注桩后注浆

钻孔灌注桩由于施工中存在桩端持力层扰动问题、沉渣问题、桩侧土应力释放问题、泥浆护壁泥皮问题、桩身混凝土收缩引起的与桩侧土间的收缩缝问题等导致侧阻和端阻下降。灌注桩桩端后注浆通过注浆泵将水泥浆高压注入桩底和桩侧土层有效克服了上述问题，使群桩的承载力大大提高，基础的沉降量大大减小，所以桩端后注浆很有必要。

桩端后注浆是指钻孔灌注桩在成桩后，由预埋的注浆通道用高压注浆泵将一定压力的水泥浆压入桩端土层和桩侧土层，通过浆液对桩端沉渣和桩端持力层及桩周泥皮起到渗透、填充、压密、劈裂、固结等作用来增强桩端土和桩侧土的强度，从而达到提高桩基极限承载力，减少群桩沉降蚕的一项技术措施。

桩端后注浆技术对持力层是卵砾石层的最为有效，其注浆后比注浆前单桩竖向极限承载力可提高 40% 以上，对粉砂土持力层亦有效，其单桩竖向极限承载力可提高 20%～25% 在黏土持力层中注浆主要对沉渣和泥皮加固有效，亦即主要作用是控制群桩的变形。对持力层为基岩的桩，注浆主要对沉渣、泥皮和裂隙的加固有效。也就是说，无论什么地层的灌注桩，合理注浆对加固桩端沉渣和桩侧泥皮都适用。

二、后注浆设计要点

（一）后注浆装置

后注浆导管应采用钢管，且应与钢筋笼加劲筋绑扎固定或焊接。桩端后注浆导管及注浆阀数量宜根据桩径大小设置对于直径不大于 1 200mm 的桩，宜沿钢筋笼圆周对称设置 2 根；对于直径大于 1 200 mm 而不大于 2 500 mm 的桩，宜对称设置 3 根。

对于桩长超过 15 m 且承载力增幅要求较高者，宜采用桩端桩侧复式注浆桩侧后注浆管阀设置数量应综合地层情况、桩长和承载力增幅要求等因素确定，可在离桩底 5～15 m 以上、桩顶 8 m 以下，每隔 6～12 m 设置一道桩侧注浆阀，当有粗粒土时，宜将注浆阀设置于粗粒土层下部，对于干作业成孔灌注桩宜设于粗粒土层中部。

对于非通长配筋桩，下部应有不少于 2 根与注浆管等长的主筋组成的钢筋笼通底。钢筋笼应沉放到底，不得悬吊，下笼受阻时不得撞笼、墩笼、扭笼。

（二）后注浆阀

注浆阀应能承受 1 MPa 以上静水压力，注浆阀外部保护层应能抵抗砂石等硬质物的剐撞而不致使管阀受损，注浆阀应具备逆止功能。

（三）后注浆作业起始时间、顺序和速率

一是注浆作业宜于成桩 2 d 后开始。二是注浆作业与成孔作业点的距离不宜小于 8 m。三是对于饱和土中的复式注浆顺序，宜先桩侧后桩端；对于非饱和土，宜先桩端后桩侧；多断面桩侧注浆应先上后下；桩侧桩端注浆间隔时间不宜少于 2 h。四是桩端注浆应对同一根桩的各注浆导管依次实施等量注浆。五是对于桩群注浆，宜先外围、后内部。

（四）终止注浆

一是注浆总量和注浆压力均达到设计要求。二是注浆总量已达到设计值的 75%，且注浆压力超过设计值。三是注浆压力长时间低于正常值或地面出现冒浆或周围桩孔串浆，应改为间歇注浆，间歇时间宜为 30～60 min，或调低浆液水灰比。

三、桩端后注浆施工要点

（一）注浆施工流程

桩端及桩周对浆体而言是开放空间，桩端注浆属隐蔽工程，目前的监测手段十分有限，要实现上述目标则主要依赖于好的注浆工艺。好的注浆工艺建立在对桩端注浆机制的正确认识上，它要求因地制宜，严密设计，优质施工，适时调控。

（二）注浆头的制作

打孔包扎注浆头的桩端注浆管采用 ϕ 30 mm～50 mm 钢管，壁厚大于 2.8 mm 注浆头制作是用榔头将钢管的底端砸成尖形开口，钢管底端 40 cm 左右打上 4 排，每

排 4 个 ϕ 8 mm 的小孔，然后在每个小孔中放上图钉（单向阀作用），再用绝缘胶布加硬包装带缠绕包裹，以防小孔被浇筑的混凝土堵塞。钢管可作为钢筋笼的一根主筋，用丝扣连接或外加短套管电焊，但要注意不能漏浆。

（三）注浆管的埋设

桩端注浆管每根桩一般应埋设 2 根注浆管。对桩径大于 1 500 mm 的桩宜埋设 3 根注浆管。桩长越长，注浆管直径应越大，注浆管底端原则上应比通长配筋的钢筋笼长 50 ～ 100 mm。两管应沿钢筋笼内侧垂直且对称下放。管子连接可以采用丝扣连接或外接短套管（长约 20 cm）焊接的办法。桩端注浆管一直通到桩顶，管顶端临时封闭。同时对有地下室的工程，注浆管在基坑开挖段内最好不要有接头，以避免漏浆。与此同时，预埋注浆管时，还应保护好注浆管，防止其弯曲。

桩侧注浆，即在设计要注浆的土层深度位置打孔并临时封闭作为注浆部位。桩侧注浆是指仅在桩侧沿桩身的某些部位进行注浆。在桩侧设置不同深度的单管环形管进行注浆。环形管上等距离设置若干注浆孔并临时封闭。注浆管埋设也应有记录表。

（四）桩底放置碎石情况分析

对于持力层为黏土、粉土、基岩及含泥量高的沙砾层，实行桩端注浆，有时为了增大桩端土层可注性，则可在浇灌混凝土前放置少量碎石以增大桩端土层的渗透性但桩端放置碎石同样存在风险，因为万一某根桩注浆管堵塞而不可注，那么该桩就存在桩端土软弱的安全隐患所以，对渗透性高的卵砾石层一般不宜在桩端放置碎石。

（五）注浆泵的选择

注浆泵要求选择排浆量大（流量大于 5 m^3/h），最大注浆压力能达到 10 MPa 以上，注浆性能稳定，使用维修方便的注浆泵。

（六）注浆顺序

从群桩桩位平面上讲，从内往外注，即从中心某根单注开始由内向外注，优点是各桩注浆量能满足设计要求，缺点是扩散半径大，注浆压力低，整个群桩周边浆液扩散范围很大，不利于群桩周边边界的围合；从外往内注，优点是群桩周边边界可以围合，但注到群桩中心注浆压力可能很大，注浆量有可能达不到设计要求。所以，对具体工程，注浆顺序要针对上部结构的整体性桩端持力层厚薄、渗透性好坏和设计要求及施工工艺综合确定总之，确保达到设计的注浆量是关键。

（七）注浆开始时间

泥浆护壁灌注桩水下混凝土初凝期需 7 d 左右，因此注浆时间宜在混凝土初凝（7 ～ 60d）后进行。注浆开塞过早，会导致因桩身混凝土强度过低而破坏桩本身，另外可能因已开塞的管子由于承压水的砂子倒灌使注浆管内充填砂子而堵塞；注浆开塞过晚，可能难以使桩端已硬化的混凝土形成注浆通道，从而使注浆头打不开。多年的实践发现，在注浆头制作良好和注浆管埋设正常情况下，一般是边开塞边注浆，这样有利于群桩注浆。

（八）压水试验（开塞）

压水试验是注浆施工前必不可少的重要工序。成桩后至实施桩底注浆前，通过压水试验来了解桩底的可灌性；压水试验的情况是选择注浆工艺参数的重要依据之一此外，压水试验还担负探明并疏通注浆通道，提高桩底可灌性的特殊作用。

压水试验不会影响注浆固结体的质量这是因为，受注体是开放空间，无论是压水试验注入的水，还是注浆浆液所含的水，都将在注浆压力或地层应力下逐渐从受注区向外渗透消散其多余的部分。

一般情况下，压水宜按 2～3 级压力顺次逐级进行，并要求有一定的压水时间与压水量，压水量一般控制在 0.5 m³ 左右，开塞压力一般小于 8 MPa。

（九）浆液浓度

不同浓度的浆体其行为特性有所不同稀浆（水灰比约为 0.7∶1）便于输送，渗透能力强，可用于加固预定范围的周边地带；中等浓度浆体（水灰比约为 0.5∶1）主要用于加固预定范围的核心部分，在这里中等浓度浆体起充填、压实、挤密作用；而浓浆（水灰比约为 0.4∶1）的灌注则是对已注入的浆体起脱水作用。水泥浆液应过筛，以去除水泥结块。

在桩底可灌性的不同阶段，调配不同浓度的注浆浆液，并采用相应的注浆压力，才能做到将有限浆量送达并驻留在桩底有效空间范围内浆液浓度的控制原则一般为：依据压水试验情况选择初注浓度，通常先用稀浆，随后渐浓，最后在桩端注浆快结束时注浓浆。在可灌的条件下，尽量多用中等浓度以上的浆液，以防浆液作无效扩散。

（十）注浆过程

对桩位图上同一承台或附近的桩，宜同时注浆。此外，对同一根桩宜边开塞边注浆若开塞后久不注浆，那么由于地下水活动，砂子有可能要从注浆头倒灌进注浆管内，从而堵塞注浆头。对同一根桩，若一根管注浆已能达到设计要求的注浆水泥量，那么另一根管可以不注浆。由于边打桩边注浆，浆液要扩散流到正在打的桩孔中形成干扰，所以最好能在打桩快结束时边开塞边注浆。注浆过程要尽量保持浆液输送不停顿而连续注浆。

（十一）注浆量的确定

桩底注浆设计中注浆量是主控因素，注浆压力是辅控因素。在桩底注浆设计时，主要依据桩端持力层的厚度、扩散性、渗透性、桩承载力的提高要求、桩径大小、桩端沉渣的控制程度等来确定单桩注浆量，桩端注浆量是以注入水泥量来计算的。注浆过程要记录单桩注浆量的数据。原则上每根桩都要达到设计的注浆量。如果某根桩没达到设计注浆量但压力很高，则相邻桩应增加注浆量。

（十二）注浆压力

在注浆过程中，桩端的可灌性的变化直接表现为注浆压力的变化。可灌性好，注浆压力则较低，一般在 4 MPa 以下；反之，若可灌性较差，注浆压力势必较高，可达 4～10 MPa，有的用 10 MPa 仍不可注。注浆过程是渗透、压密、劈裂交替进行的过程。浆液的扩散半径与灌浆压力的大小密切相关。因此，人们往往倾向于采用较高的注浆压力，较高的注浆压力能使一些微细孔隙张开，有助于提高可灌性。当孔隙被某些软弱材料充填时，较高的注浆压力能在充填物中造成劈裂灌浆，使软弱材料的密度、强度以及不透水性得到改善。此外，较高的注浆压力还有助于挤出浆液中的多余水分，使浆结合体的强度得到提高。但是，一旦灌浆压力超过桩的自重和摩阻力时，就有可能使桩上抬导致桩悬空因此，这里有一个容许灌浆压力，它与地层的密实度、渗透性、初始应力、钻孔深度、浆液浓度及灌浆次序等有关。

（十三）注浆节奏与间歇注浆

为了使有限浆液尽可能充填并滞留在桩底有效空间范围内，当注浆压力较高或桩顶冒浆时，在注浆过程中还需掌握注浆节奏，实行间歇注浆。间歇时间的长短需依据压水试验结果确定，并在注浆过程中依据注浆压力变化，判断桩底可灌性，以加以调节。间歇注浆的节奏需掌握得恰到好处，既要使注浆效果明显，又要防止因间歇停注时间过长阻塞通道而使注浆半途而废。对于短桩，桩底注浆时往往会出现浆液沿桩周上冒现象，此时应在注入产生一定冒浆后暂时停止一段时间，待桩周浆液凝固后，再施行注浆，这样可以达到设计要求的注浆量。

（十四）终止注浆条件

一是终止注浆条件主要以单桩注入水泥量达到设计要求为主控因素。二是如果一根桩中单管注浆量能达到设计要求，则第二根管可以不注浆。三是如果第一根管达不到设计要求，则打开第二根管注浆。但当第二根管注浆量仍不能达到设计要求时，那么实行间歇注浆以达到设计注浆量为止；如果实行多次间歇注浆仍不能达到设计要求的单桩注浆量，那么当注浆压力连续达到 8 MPa 且稳定 3 min 以上，该桩终止注浆。同时，对相邻桩适当加大注浆量。四是如果桩顶冒浆，那么先停注一段时间，以让桩侧水泥浆凝固后再注。同时，采用多次间歇注浆，以达到设计注浆量。

（十五）注浆后桩的保养龄期

所谓注浆后的保养龄期，是指桩底注浆后可以做抗压静载试验的龄期，通常要求注浆后保养至少 25 d 以上，以便桩底浆液凝固，以取得真实的注浆桩基承载力。

四、后注浆桩基工程质量检查

后注浆桩基工程施工完成后，应提供水泥材质检验报告、压力表检定证书、试注浆记录、设计工艺参数、后注浆作业记录、特殊情况处理记录等资料。在桩身混凝土强度达到设计要求的条件下，承载力检验应在后注浆 20 d 后进行，浆液中掺入早强剂时可于注浆 15 d 后进行。

第八节 承台施工

一、承台构造要求

桩基承台的构造除应满足抗冲切、抗剪切、抗弯承载力和上部结构要求，还应满足下列要求：

一是柱下独立桩基承台的最小宽度不应小于 500 mm，边桩中心至承台边缘的距离不应小于直径或边长，且桩的外边缘至承台边缘的距离不应小于 150 mm 对于墙下条形承台梁，桩的外边缘至承台梁边缘的距离不应小于 75 承台的最小厚度不应小于 300mm 高层建筑平板式和梁板式筏形承台的最小厚度不应小于 400 mm，墙下布桩的剪力墙结构筏形承台的最小厚度不应小于 200 mm。

二是承台混凝土材料及其强度等级应符合结构混凝土耐久性的要求和抗渗要求。

三是柱下独立桩基承台纵向受力钢筋应通长配置，对四桩以上（含四桩）承台宜按双向均匀布置，对三桩的三角形承台应按三向板带均匀布置，且最里面的三根钢筋围成的三角形应在柱截面范围内。

四是承台底面钢筋的混凝土保护层厚度，当有混凝土垫层时，不应小于 50 mm；无垫层时，不应小于 70 mm。此外，尚不应小于桩头嵌入承台内的长度。

五是桩嵌入承台内的长度对中等直径桩不宜小于 50 mm，对大直径桩不宜小于 100 mm，混凝土桩的桩顶纵向主筋应锚入承台内，其锚入长度不宜小于 35 倍纵向主筋直径。对于抗拔桩，桩顶纵向主筋的锚固长度应按现行《混凝土结构设计规范》（GB 50010）确定。对于大直径灌注桩，当采用一柱一桩时，可设置承台或将桩与柱直接连接。

六是一柱一桩时，应在桩顶两个主轴方向上设置连系梁。当桩与柱的截面直径之比大于 2 时，可不设连系梁。两桩桩基的承台，应在其短向设置连系梁。有抗震设防要求的柱下桩基承台，宜沿两个主轴方向设置连系梁。

七是连系梁顶面宜与承台顶面位于同一标高。连系梁宽度不宜小于 250 mm，其高度可取承台中心距的 $1/10 \sim 1/15$，且不宜小于 400 mm。连系梁配筋应按计算确定，梁上、下部配筋不宜小于 2 根直径 12 mm 的钢筋；位于同一轴线上的连系梁纵筋宜通长配置。

八是承台和地下室外墙与基坑侧壁间隙应灌注素混凝土，或采用灰土、级配砂石、压实性较好的素土分层夯实，其压实系数不宜小于 0.94。

二、承台施工

桩基施工已全部完成，并按设计要求测量放出承台的中心位置，为便于校核，使基础与设计吻合，将承台纵、横轴线从基坑处引至安全的地方，并对轴线桩加以有效的保护。

一是桩基承台施工顺序宜先深后浅，当承台埋置较深时，应对邻近建筑物及市政设施采取必要的保护措施，在施工期间应进行监测。

二是基坑开挖前应对边坡支护形式、降水措施、挖土方案、运土路线及堆土位置编制施工方案，基坑支护的方法有钢板桩、地下连续墙、排桩（灌注桩）、水泥土搅拌桩、喷锚、H型钢桩等以及锚杆或内撑组合的支护结构。当地下水位较高需降水时，可根据周围环境情况采用内降水或外降水措施。

三是挖土应均衡分层进行，挖出的土方不得堆置在基坑附近。机械挖土时，必须确保基坑内的桩体不受损坏。基坑开挖结束后，做好桩基施工验收记录。应在基坑底做出排水盲沟及集水井，如有降水设施仍应维持运转。

四是在承台和地下室外墙与基坑侧壁间隙回填土前，应排除积水，清除虚土和建筑垃圾，填土应按设计要求选料，分层夯实，对称进行。

五是绑扎钢筋前，应将灌注桩桩头浮浆部分和预制桩桩顶锤击面破碎部分去除，桩体及其主筋埋入承台的长度应符合设计要求，当桩顶低于设计标高时，须用同级混凝土接高，在达到桩强度的50%以上时，再将埋入承台梁内的桩顶部分剔毛、冲净。当桩顶高于设计标高，应预先剔凿，使桩顶伸入承台梁深度完全符合设计要求。钢管桩还应焊好桩顶连接件，并应按设计制作桩头和垫层防水。绑扎钢筋前，在承台砂浆底板上弹出承台中心线、钢筋骨架位置线。

六是按模板支撑结构示意图设置支撑拼装模板，并固定好。拼装模板时，应注意保证拼缝的密封性，以防止漏浆。

七是承台混凝土应一次浇筑完成，混凝土入槽宜采用平铺法。对大体积混凝土施工，应采取有效措施防止温度应力引起裂缝。混凝土浇筑完后，应及时收浆，立即进行养护。

八是对于冻胀土地区，必须按设计要求完成承台梁下防冻胀的处理措施，应将槽底虚土、杂物等垃圾清除干净。

三、承台工程验收

承台工程验收时，应提供下列资料：第一，承台钢筋、混凝土的施工与检查记录。第二，桩头与承台的锚筋、边桩离承台边缘距离、承台钢筋保护层记录。第三，桩头与承台防水构造及施工质量。第四，承台厚度、长度和宽度的量测记录及外观情况描述等。

第九节 桩基检测与验收

一、桩基检测方法

成桩的质量检验有两种方法：一种是静载试验（或称破坏性试药）法，另一种是动测法（或称动力无损检测法）。

（一）静载试验法

静载试验是对单根桩进行竖向抗压试验，通过静载加压，确定单根桩承载力。打桩后经过一段时间，待桩身与土体的结合趋于稳定，才能进行试验。对于预制桩，土质为砂类土，打桩完成后与试验的时间应不少于 10 d；对于粉土或黏性土，则不应少于 15 d；对于淤泥或淤泥质土，不应少于 25 d。灌注桩在桩身混凝土达到设计强度等级的情况下，对于砂类土不少于 10d，黏性土不少于 20 d，淤泥或淤泥质土不少于 30d。桩的静载试验根数应不少于总根数的 1%，且不少于 3 根。当总根数少于 50 根时，应不少于 2 根。

桩身质量应进行检验，检验数不少于 20%，且每根柱子承台下不得少于 1 根。一般静荷载试验可直观地反映桩的承载力和混凝土的浇筑质量，数据可靠。但其装置较复杂笨重，装卸操作费工费时，成本高，测试数据有限，且易破坏桩基。

（二）动测法

动测法又称为动力无损检测法，是检测桩基承载力及桩身质量的一项新技术，作为静载试验的补充，动测法是相对于静载试验而言的，它是对桩体进行适当的简化处理，建立起数学—力学模型，借助现代电子技术与量测设备采集桩、土体系在给定的动荷载作用下所产生的振动参数，结合实际桩、土条件进行计算，所得结果与相应的静载试验结果进行比较，在积累一定数量的动静试验对比结果基础上，找出两者之间的某种相关关系，并以此作为标准来确定桩基承载力。应用波在混凝土中传播速度、传播时间的变化情况，即以波在不同阻抗和不同约束条件下的传播特性，用来检验、判断桩身是否存在断裂、夹层、颈缩、空洞等质量缺陷。

动测法试验仪器轻便灵活，检测速度快，不破坏桩基，检测结论可靠性强，检测费用低，可进行全面检测。但需要做大量的测试数据，需静载试验来充实完善，需编写电脑软件，有所测的极限承载力有时与静载荷试验数值离散性较大等问题。

二、桩基验收

（一）桩基验收规定

当桩基设计标高与施工场地标高相同时，桩基工程的验收应在施工结束后进行，当桩基设计标高低于施工场地标高时，可对护筒位置做中间验收，待承台和底板开挖到设计标高后，再做最终验收。

（二）桩基资料验收

桩基工程验收时，应提交下列资料：第一，工程地质勘查报告、桩基施工图、图纸会审纪要、设计变更及材料代用通知单等。第二，经审定的施工组织设计、施工方案及执行中的变更情况。第三，桩位检测放线图，包括工程桩位复核签证单。第四，成桩质量检查报告。第五，单桩承载力检测报告。第六，基坑挖至设计标高的基桩竣工平面图及桩顶标高图。

三、桩基工程安全技术

一是打桩前，应对现场进行详细的踏勘和调查，对地下的各类管线和周边的建筑物有影响的，应采取有效的加固措施和隔离措施，确保施工安全。二是机具进场要注意危桥、陡坡和防止碰撞电杆、房屋等，以免造成事故。三是施工前，应全面检查机械，发现问题及时解决，严禁带病作业。四是机械操作人员必须经过专门培训，熟悉机械操作性能，经专业部门考核取得操作证后方可上岗作业。五是在打桩过程中遇地坪隆起或下陷时，应随时对桩架及路轨调平或垫平。六是护筒埋设完毕、灌注混凝土完毕后的桩坑应加以保护，避免人和物品掉入而发生人身事故。七是打桩时，桩头垫料严禁用手拨正，不要在桩锤未打到桩顶即起锤或过早刹车，以免损坏桩基设备。八是桩机操作时，注意钻机安定平稳，以防止钻架突然倾倒或钻具突然下落而发生事故。九是所有现场作业人员必须佩戴安全帽，特种作业人员佩戴专门的防护工具。十是所有现场人员严禁酒后上岗。十一是施工现场的一切电源、电路的安装和拆除必须由专业电工操作电器必须严格接地、接零和使用漏电保护器。

第十节　沉井基础

一、沉井基础适用条件

沉井是用混凝土（或钢筋混凝土）等建筑材料制成的井筒结构物。施工时，先就地制作第一节井筒，然后用适当的方法在井筒内挖土，使沉井在自重作用下克服阻力而下沉随着沉井的下沉，逐步加高井筒，沉到设计标高后，在其下端浇筑混凝土封底，如沉井作为地下结构物使用，则在其上端再接筑上部结构；如只作为建筑物基础使用的沉井，常用素混凝土或砂石填充井筒。

沉井的特点是埋深较大，整体性强，稳定性好，具有较大的承载面积，能承受较大的垂直荷载和水平荷载此外，沉井既是基础，又是施工时的挡土和挡水围堰结构物，其施工工艺简便，技术稳妥可靠，无须特殊专业设备，并可做成补偿性基础，避免过大沉降，在深基础或地下结构中应用较为广泛，如桥梁墩台基础、地下泵房、水池、油库、矿用竖井以及大型设备基础、高层和超高层建筑物基础等，但沉井基础施工工期较长，对粉砂、细砂类土在井内抽水时易发生流沙现象，造成沉井倾斜；沉井下沉过程中遇到大孤石、树干或井底岩层表面倾斜过大，也会给施工带来一定的困难。

沉井最适宜于不太透水的土层，易于控制下沉方向。一般下列情况下可考虑采用沉井基础：第一，上部结构荷载较大，表层地基土承载力不足，而在一定深度下有较好的持力层，且与其他基础方案相比较为经济合理。第二，虽土质较好但冲刷大的山区河流，或河中有较大卵石不便于桩基础施工。第三，岩层表面较平坦且覆盖层较薄，但河水较深，采用扩大基础施工围堰有困难。

二、沉井基础类型

（一）按施工方法分

根据不同的施工方法可将沉井分为一般沉井和浮运沉井。一般沉井指直接在基础设计的位置上制造，然后挖土，依靠井壁自重下沉。若基础位于水中，则先人工筑岛，再在岛上筑井下沉。浮运沉井指先在岸边预制，再浮运就位下沉的沉井，通常在深水地区（如水深大于 10 m），或水流流速大，有通航要求，人工筑岛困难或不经济时采用。

（二）按井壁材料分

根据不同的井壁材料可将沉井分为混凝土沉井、钢筋混凝土沉井、竹筋混凝土沉井和钢沉井混凝土沉井因抗压强度高，抗拉强度低，多做成圆形，且仅适用于下沉深度不大用 4～7 m 的松软土层钢筋混凝土沉井抗压、抗拉强度高，下沉深度大，可做成重型或薄壁就地制造下沉的沉井，也可做成薄壁浮运沉井及钢丝网水泥沉井等，在工程中应用最广沉井主要在下沉阶段承受拉力，因此在盛产竹材的南方，也可采用耐久性差而抗拉力好的竹筋代替部分钢筋，做成竹筋混凝土沉井钢沉井由钢材制作，强度高、质量轻、易于拼装、适用于制造空心浮运沉井，但用钢量大，国内应用较少此外，根据工程条件，也时选用木沉井和砌石圬工沉井等。

（三）按平面形状分

根据沉井的平面形状可分为圆形、矩形和圆端形三种基本类型。

圆形沉井在下沉过程中易于控制方向，若采用抓泥斗挖土，可比其他沉井更能保证其刃脚均匀地支承在土层上；在侧压力作用下，井壁仅受轴向应力作用，即使侧压力分布不均匀，弯曲应力也不大，能充分利用混凝土抗压强度大的特点，多用于斜交桥或水流方向不定的桥墩基础。

矩形沉井制造方便，受力有利，能充分利用地基承载力，沉井四角一般为圆角，以减少井壁摩阻力和除土清孔的困难在侧压力作用下，井壁受较大的挠曲力矩，流水中阻水系数较大，冲刷较严重。

圆端形沉井控制下沉、受力条件、阻水冲刷均较矩形有利，但施工较为复杂。对平面尺寸较大的沉井，可在沉井中设隔墙，构成双孔或多孔沉井，以改善井壁受力条件及均匀取土下沉。

（四）按剖面形状分

根据沉井的剖面形状可分为柱形、阶梯形和锥形沉井。柱形沉井井壁受力较均衡，下沉过程中不易发生倾斜，接长简单，模板可重复利用，但井壁侧阻力较大，若土体密实、下沉深度较大，易下部悬空，造成井壁拉裂。一般多用于入土不深或土质较松软的情况阶梯形沉井和锥形沉井井壁侧阻力较小，抵抗侧压力性能较合理，但施工较复杂，模板消耗多，沉冲下沉过程中易发生倾斜，多用于土质较密实、沉井下沉深度大、自重较小的情况。通常锥形沉井井壁坡度为 $1/20 \sim 1/40$，阶梯形沉井井壁的台阶宽为 $100 \sim 200$ mm。

三、沉井基础施工

沉井基础的施工大致分为以下几个步骤：第一，整平场地，定位。第二，在刃脚与隔墙位置铺设砂垫层，厚度 ≥ 50 cm：在砂垫层上铺木板，以免沉井时产生不均匀下沉，应使垫层底的压力 ≤ 100 kPa。第三，井身强度达到70%时，抽拆垫木抽拆顺序应明确规定，通常是对称拆除，先拆隔墙下垫木，再拆短边井壁下垫木，长边下垫木最后拆。抽去垫木后往空隙处填砂，使沉井重量逐步落到砂垫层上。

挖土下沉，视沉井穿越的地层情况，挖土可分为排水下沉、不排水下沉、中心岛式下沉。

排水下沉，用于井内抽水时不致产生流沙的情况，可用水枪冲松砂土或再以吸泥机将泥浆吸出井外。遇砂卵石则可用抓斗或人工出土。

不排水下沉地下水涌水量大，极易形成流沙，应采用不排水下沉，并应使井内水位高于地下水位 $1 \sim 2$ m，使水由井内向外渗流，至少井内外水位等高，用抓斗或钻吸机排土。

中心岛式下沉，为进一步减少施工引起的地表沉降对周围建筑物和环境的影响问题，最近国内外创造了中心岛式下沉法，其特点是：井壁较薄，沉井壁的内外两侧处在泥浆护壁槽中挖槽吸泥机沿井壁内侧一面挖槽，一面向槽内补浆，沉井随挖槽加深而随之下沉槽中泥浆维持在适当的高度，以保证槽壁土体稳定，并使沉井刃脚徐徐地挤土下沉。

沉井达到稳定要求后，再开挖井内土层。这种沉井施工新工艺可使地表仅产生微量沉降和位移。

接长井壁，当沉井沉至外露地面部分只有 1 m 左右时，可停止挖土，在地面接长井壁，接长部分一般不超过 5 m。继续挖土下沉，如此重复直至沉井达到设计标高。必要时，刃脚斜面附近的地基要适当加固，以承受沉井的荷载。

封底，可采用干浇混凝土或水下浇混凝土封底，封底后地下水不能进入井内，以使下面可进行干作业，以填实沉井或制底板，用水泥砂浆置换沉井外的触变泥浆。

四、沉井施工常见问题

（一）突沉

当刃脚下无土，沉井没有下部支承，周围又是软土时，易产生突沉，其可达2～3 m，常令沉井倾斜或超沉。为此，在施工中要均匀挖土。刃脚处挖土一次不宜过深，踏步应有足够宽度，或增设底梁以增加支承面积。

（二）沉井倾斜

由于挖土不对称或土性不均匀，下沉中的沉井常常发生倾斜，防止倾斜的办法是施工中紧密跟踪监测，发现倾斜时，立即在相反一侧加紧挖土或压重或射水，以纠正倾斜。

（三）下沉太慢或不下沉

首先应判定原因，如摩阻力大，则在井外射水冲刷，或加压重；如遇大石、树根等障碍，可进行小型爆破或人工潜水清除；如踏面下土硬，则尽量将刃脚下的土挖除如用触变泥浆助沉，则应进行补浆，或改变泥浆配比。

第七章 地基处理

第一节 概 述

地基基础技术在岩土工程领域是一门比较新的学科。它的任务在于提供地基承载力能力，减少房屋的沉降及增强边坡的稳定性，保证上部结构的安全和正常使用。土的物理力学性质极其复杂，各地地质条件有所差别，给地基处理工作增加了很大难度。到目前为止，我们掌握了一些地基处理方法，改进了处理工艺，建造起许多房屋，包括高层建筑、工业厂房、港湾、海堤等。但应当承认，地基基础技术的理论还不成熟，仍然处于发展中的实验和经验性科学阶段。

一、地基基础技术简况

地基基础技术是为了提高地基承载力，改善其变形性质或渗透性质而采取的人工处理地基的方法。

我国土地辽阔、幅员广大，自然地理环境不同、土质差异很大、地基条件区域性很强，因而地基基础技术这门学科特别复杂。地基处理的对象是对天然的软弱地基和人工堆填地基进行加固，以满足各类土木建筑和水利、交通、石化、冶金、电力等工程的技术要求。地基基础技术的目的是为提高软弱地基和人工堆填地基的承载力，保证地基的稳定性；降低地基的压缩性，减少基础的沉降和不均匀沉降；防止地震时液化；消除特殊性的湿陷性、胀缩性和冻胀性等。

随着我国国民经济的持续发展，不仅事先要选择在地质条件良好的场地上从事工程建设，而且有时也不得不在地质条件不良的地基上进行建设，另外，随着地基基础技术的迅速发展，结构物的荷载日益增大，高层建筑层数越来越高，对变形要求也越来越严格，因而原来一般可被评价为良好的地基，也可能在某些特定的条件下必须进行地基处理。所以，我们不仅要善于针对不同的地质条件、不同的结构物选定最合适的地基基础形式、尺寸和布置方案外，而且要善于选取最恰当的地基处理方法。

1. 改善剪切特性

地基的剪切破坏以及在土压力作用下的稳定性，取决于地基土的抗剪强度。因此，为了防止剪切破坏以及减轻土压力，需要采取一定措施以增加地基土的抗剪强度。

2. 改善压缩特性

需要研究采用何种措施以提高地基土的压缩模量，借以减少地基土的沉降。另外，防止侧向流动（塑性流动）产生的剪切变形，也是改善剪切特性的目的之一。

3. 改善透水性

由于在地下水的运动中所出现的问题，需要研究采用何种措施使地基土变成不透水或减轻其水压力。

4. 改善动力特性

地震时饱和松散粉细砂（包括一部分轻亚黏土）将会发生液化。为此，需要研究采用何种措施防止地基土液化，并改善其振动特性以提高地基的抗震性能。

5. 改善特殊土的不良地基的特性

地基基础技术是在工程界常碰到的一门学科。随着我国国民经济的持续发展，事先不仅要选择地质条件良好的场地从事建设，而且有时也不得不在地基条件不良的地基，如软弱土层、杂填土、人工填土、特殊土等进行工程建设。地基处理就是对各类不良地基进行加固处理。由于各种错综复杂的地质，地基基础技术的许多实际问题靠理论上分析是根本无法解决的，这是因为各类土千差万别，很难列出各种理论计算分析程序，即使列出了，也会因为土的参数测定困难等，无法从理论上加以求解。当前各类地基处理的理论研究是滞后于实践的，进行完全的理论求解较为困难，于是不得不靠现场检测方法，如荷载试验或工程监测的结果来探求其规律性。但这种直接试验方法也有很大的局限性，即只能推广到试验条件完全相同或相似的工程上去。另外，也只能得出个别结论，如地基与土质之间的表面经验性关系，而难以抓住它们的内在本质。因此，地基基础技术是实践性很强的应用学科。

二、地基基础技术的发展

近些年来，随着基本建设规模不断扩大，在建筑、水利、石化、电力、冶金、交通和铁道等工程建设中，人们愈来愈多地遇到不良地基问题，各种不良地基需要进行地基处理才能够满足建造上部建（构）筑物的要求，地基基础技术是否合理关系到整个工程质量、进度和投资。合理地选择地基基础技术方法和基础形式是降低工程造价的重要途径之一。因此，地基基础技术日益得到工程建设部门的重视。

158

近几年来，地基基础技术的发展主要表现在以下几个方面。

（1）对各种地基基础技术方法的适用性和优缺点有了进一步的认识，在根据工程实际选用合理的地基基础技术方法上减少盲目性。能够注意到从实际出发，因地制宜，选用技术先进、确保质量、经济合理的地基基础技术方案。对有争议的问题，能够采用科学的态度，注意调查研究，开展试验研究，在确定地基基础技术方案时持慎重态度。能够注意综合应用多种地基处理方法，使选用的地基基础技术方案更加合理。

（2）地基基础技术能力有所提高。一方面，已有的地基基础技术本身的发展，如施工机具、工艺的改进，使地基基础技术能力提高。另一方面，近年来各地在实践中因地制宜发展了一些新的地基处理方法，取得了很好的社会、经济效益。

（3）复合地基理论得到发展。随着地基基础技术的发展和各种地基处理方法的推广使用，复合地基概念在土木工程中得到愈来愈多的应用，工程实践要求加强对复合地基基础理论的研究。然而对复合地基承载力和变形计算理论研究还很不够，复合地基理论正处于发展之中，还不够成熟。

复合地基有两个基本特点：第一，它是由基体和增强体组成的，是非均质和各向异性的；第二，在荷载作用下，基体和增强体共同承担荷载的作用。后一特征使复合地基区别于桩基础。一般来说，对桩基础，荷载是先传给桩，然后通过桩侧摩阻力和桩底端承力把荷载传递给地基土体的。若钢筋混凝土摩擦桩桩径较小，桩距较大，形成所谓疏桩基础，桩土共同承担荷载，也视为复合地基。

三、地基基础技术方案的选择

地基基础技术方法繁多，合理地选择处理方案对确保工程质量、进度，降低处理费用都具有重要的意义。

方案的选择一般应先做好调查研究，详细了解上部结构体系与类型、地质情况、环境影响以及施工条件等。地基处理方案的选定，一般可按以下步骤进行。

1. 收集详细的工程地质，水文地质及地基基础的设计资料

根据基础构类型、荷载大小及使用要求，结合了解的地质资料、周围环境和相邻建筑物等情况，初步选定几种可供考虑的地基处理方案。在选择地基处理方案时，也可考虑采取加强上部结构、基础刚度（整体性）的措施，使其与地基处理共同作用。

2. 对初步选用的几种地基基础技术方案进行筛选和分析对比

应分别从工程、地质、水文状况，以及加固效果、材料消耗及来源、施工机具、场地条件、工程进度要求、环境影响、地基处理费用等方面进行综合的技术与经济分析比较，根据技术可行、质量安全可靠、施工方便、经济合理，又能满足进度要求等原则，因地、因工程制宜地进行优选。在选用某一方法时，还应注意克服盲目性，因每一种地基基础技术方案都有其一定的适用条件、优缺点和局限性，没有哪一种方法是万能的。有时可以选用一种处理方法，也可以选用两种以上地基处理方法组成的综合处理方案。在确定地基基础技术方法时，还应注意节约资源、环境保护，避免因应

用地基基础技术对地面水和地下水产生污染、振动噪声对周围环境产生不良影响等。

3. 对选定方案的实地检验

对已选定的地基技术方案，应该在有代表性的场地上进行相应的原位现场试验或试验性施工，以检验设计参数、施工工艺的合理性和处理效果，如未达到设计要求，应查明原因，采取措施或修正地基基础设计方案，直至满足要求为止。

一般地讲，当软弱地基的土层厚度较薄时，可选用简单的浅层加固方法，如换填垫层、机械碾压、重锤夯实等；当软弱土层厚度较大时，可按加固土的性状和含水量情况采取挤密桩法、振冲碎石桩法、强夯法或排水堆载预压法等；如遇软土层中夹有砂层，则可直接采用堆载预压法，而不需设置竖向排水井；当遇粉细砂地基，如仅为防止砂土的液化，一般可选用强夯法、振冲法、挤密桩法等；当遇淤泥质土地基，因透水性差，一般宜采用设置竖向排水井的堆载预压法、真空预压法、土工合成材料加固法等；当遇杂填土、冲填土（含粉细砂层）和湿陷性地基，一般可采用深层密实法，效果较佳。

在地基处理前、施工中和处理后，还应定时对被加固的软弱土地基进行现场测试和沉降观测，以便了解地基土加固效果，有时还应对周围邻近建筑物及地下管线、通信电缆等进行沉降、位移和裂缝等的监测，以保护周围环境。

第二节　灌注桩后注浆技术

一、国内外发展简况

早在 20 世纪 60 年代初，国外就开发出解决灌注桩桩底沉渣和桩身泥皮的后注浆技术。国外的桩底后注浆装置大体可以分为以下几种，即预埋于桩底的装有碎石的预载箱、注浆腔、U 形管阀。桩侧后注浆装置为设置于钢筋笼上的带套袖阀的钢管。国外灌注桩后注浆技术的特点是工艺复杂、附加费高，桩侧注浆需要在成桩后两天内通过高压射水冲破混凝土保护层来实施。1983 年第八届欧洲土力学与基础会议论文集中有灌注桩后注浆技术论文若干篇。

我国关于灌注桩后注浆的最早报道，是 1974 年交通部一航局设计院在天津塘沽采用氰凝固结桩端土的试验。20 世纪 80 年代初，北京市建筑研究所等在灌注桩桩底设置隔离板，采用 PVC 管作为注浆管进行后注浆试验。上述两单位的技术当时是在干作业灌注中试验和应用的，因此注浆阀无需具备抵抗泥浆和静止水压力的功能，且桩长较短，相对简单。20 世纪 90 年代初，在徐州和郑州地区有关于后注浆技术应用于泥浆护壁灌注桩工程的报道，前者是将两根注浆管埋设在桩底虚土的碎石中，先由一管注入清水，由另一管排除泥浆，随后注入水泥浆，其承载力增幅较小，后者由西南交通大学岩土所与郑州铁路局郑州设计院进行的某桥梁桩基注浆试验，是在桩底设置橡胶囊,有带钢球的单向阀钢管与注浆腔相连,成桩后向囊中注浆,其加固机理主要靠注浆囊的膨胀压密和扩底作用,同时应用套管法于成桩后12h内冲破混凝土保护层实施桩侧注浆的试验。总的来说,上述国内灌注桩后注浆装置与国外技术类似,安装较复杂、成本高,且与桩体施工有一定程度交叉。

中国建筑科学研究院地基基础研究所于20世纪90年代中期研究开发的灌注桩后注浆技术,其预置注浆阀的注浆管构造简单、安装方便、成本较低、可靠性高;注浆时间限制小,不与成桩作业交叉,不破坏桩身混凝土;注浆模式、注浆量可根据土层性质、承载力增幅要求进行调控;注浆装置中的钢管可与桩身完整性检测管结合使用、注浆导管可等强度取代钢筋,降低后注浆附加费用。1999年中国建筑科学研究院制定了该技术企业技术规程,目前该技术已获两项国家实用新型专利(专利号:ZL94222930.4;ZL95207690.X)和两项发明专利(专利号:ZL94116598.1;ZL00100760.2),并被原建设部规定为国家级工法[工法名称:灌注桩后压浆(PPG)工法,保准文号:建设(2000)45号;工法编号:YJGF04-98]o

目前,灌注桩后注浆技术已在国内广泛应用,但在具体工艺方法的应用上差异较大,施工及验收标准也不统一,该技术的应用有待于进一步规范化管理。

二、灌注桩后注浆技术的概念

灌注桩后注浆(post grouting for cast-in-situ pile, PPG)是指在灌注桩成桩后一定时间,通过预设在桩身内的注浆导管及与之相连的桩端、桩侧注浆阀注入水泥浆,桩端、桩侧土体(包括沉渣和泥皮)得到加固,从而提高单桩承载力,减小沉降。灌注桩后注浆是一种提高桩基承载力的辅助措施,而不是成桩方法。后注浆的效果取决于土层性质、注浆的工艺流程、参数和控制标准等因素。

三、灌注桩后注浆技术的基本原理

1. 基本原理

灌注桩后注浆提高承载力的机理:一是通过桩底和桩侧后注浆加固桩底沉渣(虚土)和桩身泥皮,二是对桩底和桩侧一定范围的土体通过渗入(粗颗粒土)、劈裂(细粒土)和压密(非饱和松散土)注浆起到加固作用,从而增大桩侧阻力和桩端阻力,提高单桩承载力,减少沉降。

2. 适用范围

灌注桩后注浆技术适用于各种泥浆护壁和干作业的钻、挖、冲孔灌注桩。

3. 浆液材料

注浆及工程中所用的浆液是由主剂(原材料)、溶液(水或其他溶剂)及各种外加剂混合而成。通常所提的注浆材料是指浆液中所用的主剂。外加剂可根据在浆液中所起的作用分为固化剂、催化剂、速凝剂、缓凝剂和悬浮剂等。

1)浆液材料分类

浆液材料分类的方法很多，通常可进行分类。

2）水泥浆材

水泥浆材是以水泥浆为主的浆液，在地下水无侵蚀性条件下，一般都采用普通硅酸盐水泥。它是一种悬浮液，能形成强度较高和渗透性较低的结石体，既适用于岩土加固，也适用于地下防渗。在细裂隙和微孔地层中虽其可注性不如化学浆材好，但采用劈裂注浆原理，则不少弱透水地层都可以用水泥浆进行有效的加固，故成为国内外所常用的浆液。

水泥浆的水灰比，一般变化范围为 0.6 ~ 2.0；常用的水灰比是 1 ∶ 1。为了调节水泥浆的性能，有时可加入速凝剂或缓凝剂等附加剂。常用的速凝剂有水玻璃和氯化钙，其用量为水泥质量的 1% ~ 2%，常用的缓凝剂有木质素磺酸钙和酒石酸，其用量为水泥质量的 0.2% ~ 0.5%。

3）粉煤灰水泥浆材

粉煤灰掺入普通水泥中作为注浆材料使用，其主要作用在于节约水泥、降低成本和消化三废材料，具有较大的经济效益和社会效益。近几年这类浆材已在国内一些大型工程中使用，获得成功。

对于水工建筑物来说，粉煤灰水泥浆材的突出的优点还在于粉煤灰能使浆液中的酸性氧化物含量增加，它们能与水泥水化析出的部分氢氧化钙发生二次反应而生成水化硅酸钙和水化硫酸钙等较稳定的低钙水化物，从而使浆液结石的抗溶蚀能力和防渗帷幕的耐久性提高。

粉煤灰的用量可高达 50%（即在配方中水泥和粉煤灰的用量相当），但结石的强度将大大减低。因此，灌浆前应根据具体条件进行仔细的配方试验。

4）硅粉水泥浆材

硅粉是冶金厂生产硅铁工程中的副产品，经冷凝而成的细球状颗粒。在水泥浆中掺入硅粉及减水剂后，不仅使浆液的可灌性和稳定性改善，而且由于硅粉中的活性 SiO_2 能与水泥水化放出的 $Ca(OH)_2$ 反应产生低 Ca/Si 的 CSH 凝胶，这种凝胶的强度高于粗大而多孔的 $Ca(OH)_2$ 晶体，从而使浆液结石的强度大大提高。

20 世纪 80 年代，硅粉水泥浆材已在不少加固工程中得到成功地应用，常用的配方。

硅粉水泥浆材的特点如下。

（1）配方中的硅粉含量并不高，一般掺入 6% ~ 10% 即能收到较好的效果。

（2）水灰比较低，一般不超过 0.6 ~ 0.8，试验证明大水灰比的结实强度反而比不掺硅粉的浆液要低。

（3）由于硅粉的比表面积很大，需水量很高，为了使浆液获得必需的流动性，有些配方还掺入高效减水剂 UNF-5。

5）超细水泥

由于当前国内的水泥浆液颗粒材料较粗，其渗入能力受到限制，一般只能灌注大于 0.2 ~ 0.3mm 的裂隙或孔隙，许多情况下不得不求助于昂贵的化学灌浆材料来解决水泥浆不能灌注的微细裂缝，有些化学灌浆材料还存在环境污染问题。

日本首先开发利用干磨制成%。为 4 晬，比表面积约为 8000m²/g 的 MC 超细水泥，可灌入渗透系数为 10-3cm/s 的中细砂层。后由我国水科学院研制出水平相近的 SK 型超细水泥，最近几年由浙江大学等单位研制出更细的 CX 型超细水泥，其么。为 3～4pm。

超细水泥由于细度高和比表面积大，配制成流动性较好的浆液需水量较大，保水性又很强，把这种浆液注入地层后将因多余水分不宜排出而使结石强度显著降低。其解决的办法是采用较小的水灰比，并用高效减水剂改善浆液的流动性。

4. 浆液性质

注浆材料的主要性质包括分散度、沉淀析水性、凝结性、热学性、收缩性、结石强度等。

1）材料的分散度

材料的分散度是影响可注性的主要因素，一般分散度越高，可注性就越好。此外，分散度还将影响浆液的一系列物理力学性质。

2）沉淀析水性

在浆液搅拌过程中，水泥颗粒处于分散和悬浮于水中的状态，但当浆液制成和停止搅拌时，除非浆液极为浓稠，否则水泥颗粒将在重力作用下沉淀，并使水向浆液顶端上升。

沉淀析水性是影响注浆质量的有害因素，而浆液水灰比是影响析水性的主要因素。研究证明，当水灰（质量）比为 1.0 时，水泥浆的最终析水率可高达 20%。由于浆液析水，也可能造成下述几种后果。

（1）由于析水与颗粒沉淀现象是伴生的，析水的结果也将导致浆液流动性发生变化。在注浆过程中，颗粒的沉淀分层将引起机具管路和地层孔隙的堵塞，严重时还可能造成注浆过程的过早结束，并使注浆体结石强度降低。

（2）若析水发生在注浆结束后，颗粒的沉淀分层将使浆液的密度在垂直方向发生变化，浆液的析水形成的空隙，在注浆体中成空穴，如不进行补浆，将使注浆效果降低。

（3）由于水泥颗粒凝结所需的水灰（质量）比仅为 0.25～0.45，大大小于注浆时所用的水灰比，因此只有把多余水分尽量排走，才能使注浆体获得必要的强度。沉淀析水也是渗入性注浆的一种理论依据。因此，如果析水现象发生在适合的时刻，且有浆液补充由析水形成的空隙，则浆液的析水现象不但无害，甚至是必需的。

3）凝结性

浆液的凝结过程被分为两个阶段：第一阶段，浆液的流动性减少到不可泵送的程度；第二阶段，凝后的浆液随时间而逐渐硬化。研究表明，水泥浆的初凝时间一般变化在 2～4h，黏土水泥浆则更慢。由于水泥微粒内核的水化过程非常缓慢，水泥结实强度增长将延续几十年。

4）热学性

水化热引起的浆液温度主要取决于水泥类型、细度、水泥含量、灌注温度和绝热条件等因素，如当水泥的比表面积由 250m²/kg 增至 400m²/kg 时，水化热的发展速度将提高约 60%。

当大体积注浆工程需要控制浆温时，可采用低热水泥、低水泥含量及降低拌和水温度等措施。当采用黏土水泥浆灌浆时，一般不存在水化热问题。

5）收缩性

浆液及结石的收缩性主要受环境条件的影响。潮湿养护的浆液只要长期维持其潮湿条件，不仅仅会收缩还可能随时间而略有膨胀。反之，干燥养护的浆液或潮湿养护后又使其处于干燥环境中，就可能发生收缩。一旦发生收缩，就将在注浆体中形成微细裂隙，浆液效果降低，因而在注浆设计中应采取防御措施。

6）结石强度

影响结石强度的因素主要包括浆液的起始水灰比、结石的孔隙率、水泥的品种及掺合料等，其中以浆液浓度最为重要。

5. 注浆工艺

注浆工艺根据采用注浆方法的不同而不同，每种注浆方法决定着它采用的注浆工艺。注浆工艺复杂多变，但是在任何一种注浆方法的注浆工艺中，注浆参数是影响注浆效果的最重要的因素之一，而且注浆参数的确定比较困难，一直是注浆技术效果研究的一个主要方向。

（1）注浆压力是浆液在地层中扩散的动力，它直接影响注浆加固或防渗效果，但是注浆压力受地层条件、注浆方法和注浆材料等因素的影响和制约。确定注浆压力大小应视具体工程而定。一般来说，化学注浆比水泥注浆时的压力要小得多；浅部注浆比深部地层注浆压力要小；渗透系数大比渗透系数小的地层注浆压力要小。在煤矿地面竖井预注浆中，注浆终压一般为静水压力的 2.0 ～ 2.5 倍，地层深度每增加10m，注浆压力增加 0.02MPa 左右；在水坝注浆工程中，注浆压力一般为 1 ～ 3MPa。许多地层表面浅部注浆压力只有 0.2 ～ 0.3MPa。地下隧道或巷道围岩注浆压力最大达 6MPa 以上，最小只有 1MPa 左右。

（2）扩散半径或有效扩散距离。它随着地层渗透系数、裂缝开度、注浆压力、注入时间的增加而增大，一般只要地质及上部建筑物允许，注浆压力选择尽量大一些。注浆压力应根据注浆试验的成果来确定。根据工程实践的经验，注浆压力随浆液浓度和黏度的增加而减少。扩散半径或有效扩散距离可用一些理论公式及结合类似工程经验进行估算，但是由于涉及因素太多，一般通过工程试验确定。

（3）凝固时间。浆液凝固时间是浆液本身的特性，有时因为工程的不同需要，在浆液中加入适量的速凝剂、早强剂、塑化剂、缓凝剂、膨胀剂等附加剂来调节凝固时间或改善浆液的其他性能。工程要求浆液凝固时间可从几秒到几个小时范围内随意调节，并要准确地控制，浆液一旦发生凝固就在瞬间完成，凝固前浆液黏度变化不大。几种典型浆液的凝固时间为：单液水泥浆 1 ～ 1100min；水泥 - 水玻璃双液浆为几秒至几十分钟；丙烯酰胺类浆液为几秒至十几分钟。

6. 水泥注浆法

水泥注浆地基是将水泥浆通过压浆泵、注浆管均匀地注入土体中，以填充、渗透和挤密等方式，驱走岩石裂隙中或土颗粒间的水分和气体，并填充其位置，硬化后将岩土胶结成一个整体，形成一个强度大、压缩性低、抗渗性高和稳定性良好的新的岩体，从而使得地基得到加固，可防止或减少渗透和不均匀的沉降，在建筑工程中应用较为广泛。

1）特点及适用范围

水泥注浆法的特点：与岩体结合形成强度高、渗透性小的结石体；取材容易，配方简单，操作易于掌握；无环境污染，价格便宜等。

水泥注浆适用于软黏土、粉土、新近沉积黏性土、砂土等土，提高强度的加固和渗透系数大于 10^{-2}cm/s 的土层的止水加固，以及在建工程局部松软地基的加固。

2）机具设备

注浆设备主要是压灌泵，其选用原则：满足注浆压力的要求，一般为注浆实际压力的 1.2～1.5 倍；满足岩土吸浆量的要求；压力稳定，能保证安全可靠地运转；机身轻便，结构简单，易于组装、拆卸、搬运。

水泥浆泵多用泥浆泵或砂浆泵代替。国产泥浆泵、砂浆泵类型较多，常用于注浆的有 BW-250/50 型、TBW-200/400 型、TBW-250/40 型、NSB-100/30 型泥浆泵及 100/15（C-232）型砂浆泵等。配套机具有搅拌机、注浆管、阀门、压力表等，此外还有钻孔机等机具设备。

3）材料要求及配合比

（1）水泥。用强度等级 32.5 或 42.5 普通硅酸盐水泥；在特殊条件下也可以试用矿渣水泥、火山灰质水泥或抗硫酸盐水泥，要求新鲜无结块。

（2）水。一般饮用淡水，但不应采用含硫酸盐大于 0.1%、氯化钠大于 0.5% 以及含过量糖、悬浮物质、碱类的水。

注浆一般用纯净泥浆，水灰比变化范围为 0.6～2.0，常用水灰比（8：1）～（1：1）；要求快凝时，可采用快硬水泥或在水中掺入水泥用量 1%～2% 的氯化钙；如要求缓凝时，可掺入加水泥用量的 0.1%～0.5% 的木质素磺酸钙；也可以掺加其他外加剂以调节水泥浆性能。在裂隙或孔隙较大、可注性好的地层，可在浆液中掺入适量的细砂，或粉煤灰比例为（1：0.5）～（1：3），以节约水泥，更好地填充，并可减少收缩；对不以提高固结强度为主的松散土层，也可以在水泥浆中掺加细粉质黏土配成水泥黏土浆，水灰比为（1：3）～（1：8），可以提高浆液的稳定性，防止沉淀和析水，使填充更加密实。

4）施工工艺方法要点

（1）水泥注浆的工艺流程为：钻孔 —— 下注浆管 —— 套管—填砂—拔套管—封口—边注浆边拔注浆管—封孔。

（2）地基注浆加固前，应通过试验确定注浆段长度、注浆孔距、注浆压力等有关技术参数；注浆段长根据土的裂隙、松散情况、渗透性及注浆设备能力等条件选定。在一般地质条件下，段长多控制在 5 ～ 6m；在土质严重松散、裂隙发育、渗透性强的情况下，宜为 2 ～ 4m；注浆孔距一般不宜大于 2.0m，单孔加固的直径范围可按 1 ～ 2m；孔深视土层加固深度而定；注浆压力是指注浆段所受的全压力，即孔口处压力表上指示的压力，所用压力大小视钻孔深度、土的渗透性及水泥浆的稠度等而定，一般为 0.3 ～ 0.6MPa。

（3）注浆施工方法是先在加固地基中按规定位置用钻机或手钻钻孔到要求的深度，孔径一般为 55 ～ 100mm，并探测地质情况，然后在孔内插入直径为 38 ～ 55mm 的注浆射管，管底部 1.0 ～ 1.5m 的管壁上钻有注浆孔，在射管之外设有套管，在射管与套管之间用砂填塞。地基表面空隙用 1:3 水泥浆砂或黏土、麻丝填塞，而后拔出套管，用压浆泵将水泥浆压入射管而透入土层孔隙中，水泥浆应连续一次压入，不得中断。注浆先从稀浆开始，逐渐加浓。注浆次序一般是把射管一次沉入整个深度后，自下而上分段连续进行，分段拔管直至孔口为止。注浆宜间隙进行，第 1 组孔注浆结束后，再注第 2 组、第 3 组。

（4）对于砂砾石地基注浆也可以采用花管注浆法，是利用吊锤直接将注浆花管打入沙砾层中。花管由厚壁无缝钢管、花管和锥形管尖组成。即可自上而下分段拔管注浆。注浆方法可以是自流式，也可以是压力注浆，但都是注完一段后，将注浆管拔起段高度，重复上述工序，如此一段一段地自下而上依次拔管，逐段注浆。本法设备简单、操作方便，多用于较浅的沙砾层；遇有大砾石层仍宜边钻孔边设套管，在套管内下花管注浆的方法。

（5）注浆完后，拔出注浆管，留孔 1 ～ 2 水泥砂浆或细砾石填塞密实；也可用原浆压浆堵口。

（6）注浆填充率应根据加固土要求达到的强度指标、加固深度、注浆流量、土体的孔隙率和渗透系数等因素确定。饱和软黏土的一次注浆充填率不宜大于 0.15 ～ 0.17。

（7）注浆加固土的强度具有较大的离散性，加固土的质量检验宜采用静力触探法，检测点数应满足有关规范要求。检测结果的分析方法可采用面积积分平均法。

5）质量控制

（1）施工前应检查有关技术文件（注浆点位置、浆液配比、注浆施工技术参数、检测要求等），对有关浆液组成材料性能及注浆设备也应进行检查。

（2）施工中应该经常抽查浆液的配比及主要性能指标、注浆的顺序、注浆过程中的压力控制等。

（3）施工结束后应检查注浆强度、承载力等，检查孔数为总量的 2% ～ 5%，不合格率不小于 20% 时进行 2 次注浆。检查应在 15 天（对砂土、黄土）或 60 天（对黏性土）进行。

四、灌注桩后注浆技术要点

1. 后注浆装置的设置

注浆后的设置应符合下列规定。

（1）后注浆导管应采用钢管，且应与钢筋笼加劲筋焊接或绑扎固定，桩身内注浆导管可取代承载力桩身纵向钢筋。

（2）桩底后注浆导管及注浆阀数量宜根据桩径大小设置，对于1000mm的桩，宜沿钢筋笼圆周对称设置2根；d≤600mm的桩，可设置1根；对于1000mm＜d≤2000mm的桩，宜对称设置3～4根。

（3）对于桩长超过15m且承载力增幅要求较高者，宜采用桩底桩侧复式注浆。桩侧后注浆管阀设置数量应综合地层情况、桩长、承载力增幅要求等因素确定，可在离桩底5～15m以上，每隔6～12m于粗粒土层下部设置一道（对于干作业成孔灌注桩宜设于粗粒土层中上部）。

（4）对于非通长配筋的桩，下部应有不少于两根与注浆管等长的主筋组成钢筋笼统底。

（5）钢筋笼应沉放到底，不得悬吊，下笼受阻时不得撞笼、墩笼、扭笼。

2. 后注浆管阀

后注浆管阀应具备下列性能。

（1）管阀应能承受1MPa以上静水压力；管阀外部保护层应能抵抗砂、石等硬质物的剐撞而不致使管阀受损。

（2）管阀应具备逆止功能。

3. 浆液配比、终止注浆压力、流量、注浆量等参数设计

浆液配比、终止注浆压力、流量、注浆量等参数设计应符合下列规定。

（1）浆液的水灰比应根据土的饱和度、渗透性确定，对于饱和土宜为0.5～0.7，对于非饱和土宜为0.7～0.9（松散碎石土、砂砾宜为0.5～0.6）；低水灰比浆液宜掺入减水剂；地下水处于流动状态时，应掺入速凝剂。

（2）桩底注浆终止工作压力应根据土层性质、注浆点深度确定，对于风化岩、非饱和黏性土、粉土，宜为5～10MPa；对于饱和土层宜为1.5～6MPa，软土取值低，密实黏性土取高值；桩侧注浆终止压力宜为桩底注浆终止压力的1/2。

（3）注浆流量不宜超过75L/min。

（4）单桩注浆量的设计主要应考虑桩的直径、长度、桩底桩侧土层性质、单桩承载力增幅、是否复式注浆等因素确定，可按下式估算为

$$G_C = a_p d + a_s n d$$

式中：a_p、a_s 为桩底、桩侧注浆量经验系数，a_p=1.5～1.8，a_s=0.5～0.7，对于卵石、砾石、中粗砂取较高值；n 为桩侧注浆断面数；d 为桩直径（m）；G_c 为注浆量，

以水泥质量计。

独立单桩、桩距大于 6 天的群桩和群桩初始注浆的部分基桩的注浆量应按上述估算值乘以 1.2 系数。

（5）后注浆作业开始前，宜进行试注浆，优并最终确定注浆参数。

4. 后注浆作业起始时间、顺序和速率

后注浆作业起始时间、顺序和速率应按下列规定实施。

（1）注浆作业宜于成桩两天后开始。注浆作业离成孔作业点距离不宜小于 8～10m。

（2）对于饱和土中的复式注浆顺序宜先桩侧后桩底，对于非饱和土宜先桩底后桩侧，多断面桩侧注浆应上后下，桩侧桩底注浆间隔时间不宜少于 2h。

（3）桩底注浆应对同一根桩的各注浆导管依次实施等量注浆。

（4）对于桩群注浆宜先外围、后内部。

5. 终止注浆

当满足下列条件之一时可终止注浆。

（1）注浆总量和注浆压力均达到设计要求。

（2）注浆总量已达到设计值的 75%，且注浆压力超过设计值。

6. 间歇注浆

出现下列情况之一时应该间歇注浆，间歇时间宜为 30～60min，或调低浆液水灰比。

（1）注浆压力长时间低于正常值。

（2）地面出现冒浆或周围桩孔窜浆。

7. 后注浆施工

后注浆施工过程中，应经常对后注浆的各项工艺参数进行检查，发现异常应采取相应处理措施。

8. 工程质量检查和验收

后注浆桩基工程质量检查和验收应符合下列要求。

（1）后注浆施工完成后应提供下列资料：水泥材质检验报告、压力表鉴定证书、试注浆记录、设计工艺参数、后注浆作业记录、特殊情况处理记录。

（2）承载力检验应在后注浆 20 天进行，浆液中掺入早强剂是可提前进行。

（3）对于注浆量等主要参数达不到设计时，应根据工程具体情况采取相应措施。

9. 承载力估算

（1）灌注桩经后注浆处理后的单桩极限承载力，应通过静载试验确定，在没有地方经验的情况下，可按下式预估单桩竖向极限承载力标准值为

$$Q_{\mu v} = U\sum \beta_n \times q_m + \beta_p \times q_{pk} \times A_p$$

168

式中：q_{sik}、q_{pk} 为极限侧阻力标准和极限端阻力标准值，按 JGJ 94-1994 或有关地方标准取值；U、AP 为桩身周长和桩底面积；β_{si}，β_p 为侧阻力、端阻力增强系数，可参考以下取值范围：2β_{si} 1.2～2.0：β_p 1.2～3.0，细颗粒土取低值，粗颗粒土取高值。

（2）在确定单桩承载力设计值时，应验算桩身承载力。

五、注浆施工监控与注浆效果检测

1. 注浆施工过程中的监控

注浆施工属于隐蔽工程作业，早期的注浆施工过程没有更多的监控工作。随现代化技术的发展，人们把电算技术和 CT 技术应用到注浆监控中。一些比较发达的国家已较为普遍地在注浆施工中设置电子计算机监控系统，用来记录、收集和处理注浆过程中诸如注浆压力、流量、浆液黏度等重要数据，以便人们能更好地控制注浆工序和了解注浆工程中各种注浆规律。日本、英国、法国等注浆施工监控已达到半主动化和全自动化的程度。例如，法国索莱坦修公司注浆时，在中心控制室自动记录，集中管理一组注浆泵的流量和压力，同时在进行多孔注浆注浆监控系统中配置一种高频记录仪，它利用电磁流量计和微机处理数据的功能在注浆现场之外能自动记录注浆过程中的各种重要数据，并及时以绘制打印记录图形和打印记录方式从微机中输出。高频记录仪中的图形记录器能及时记录和显示注浆过程中的各种情况，如注浆突然注进到较大的空洞或裂隙、注浆时间、注浆孔号、浆液流量及其压力等。

我国注浆施工监控技术比较落后，一般只能从注浆设备中获得部分注浆参数，而无法按照注浆中参数变化情况来调节注浆工艺过程，这方面还有待于进一步研究和发展。

2. 注浆效果的检测

注浆效果的好坏直接关系到注浆过程的成功与否。随着注浆技术的发展，注浆效果在注浆工程的各个领域中也得到不同程度地发展。

3. 质量检验

注浆效果与注浆质量的概念不完全相同。注浆质量一般是指注浆施工是否严格按设计和施工规范进行，如注浆材料的品种规格、浆液的性能、钻孔角度、注浆压力等都要求符合规范的要求，不然则应根据具体情况采取适当的补充措施；注浆效果则指注浆后能将地基土的物理力学性能提高的程度。

注浆质量高不等于注浆效果好，因此在设计和施工中，除应明确规定某些质量指标外，还应规定所要达到的注浆效果及检查方法。

注浆效果的检验，通常在注浆结束后 28 天才可送行，检验方法如下。

（1）统计计算注浆量。可利用注浆过程中的流量和压力自动曲线进行分析，从而判断注浆效果。

（2）利用静力触探测试加固前后土体力学指标的变化，用以了解加固效果。

（3）在现场进行抽水试验，测定加固土体的渗透系数。

（4）采用现场静荷载试验，测定加固土体的承载力和变形模量。

（5）采用钻孔弹性波试验测定加固土体的动弹性模量和剪切模量。

（6）采用标准贯入度或轻便触探等动力触探测定的加固土体的力学性能，此法可直接得到注浆前后的原位土的强度，进行对比。

（7）进行室内试验。通过室内加固前后土体的物理力学指标的对比试验，判断加固效果。

（8）采用 γ 射线密度计法。它属于物理探测法的一种，在现场可测定土的密度，用以说明注浆效果。

（9）使用电阻率法。将注浆前后对土所测定的电阻率进行比较，根据电阻率差说明土体孔隙中浆液的存在情况。

在以上方法中，动力触探试验和静力触探试验最为简单、实用。检验点一般为注浆空数的 2%～5%，如检验点的不合格率不大于 20%，或虽小于 20% 但检验点的平均值达不到设计要求，在确定设计原则正确后应对不合格的注浆区实施重复注浆。

4. 工程应用实例

（1）目前中国建筑科学研究院地基基础研究所已将该技术运用于北京、上海、天津、福州、汕头、武汉、宜春、杭州、济南、廊坊、西宁、西安、德州等地数百项高层、超高层建筑桩基工程中，经济效益显著。据不完全统计节约工程投资约 2 亿元以上。与普通灌注桩相比，对于承载力设计值为 5000～10000kN 的单桩，采用后注浆技术，每根桩可节约造价 2000～8000 元。

（2）北京首都国际机场扩建工程位于现机场东侧，主要包括新的 3 号航站楼（T3 航站楼，建筑面积 54 万 m^2）、楼前交通中心（GTC，建筑面积 30 万 m^2）和一条可起降空中客车 A380 的新跑道。扩建工程为 2008 年奥运会的国家重大工程，总占地面积 20 000 亩，预算总投资 194 亿。T3 航站楼全部共计 18000 余根基础灌注桩全部采用后注浆技术，节约直接投资约 1.5 亿元。在投入相同设备能力条件下，缩短工期 4 个月，直接和间接经济效益显著。

第三节　长螺旋钻孔压灌桩技术

一、国内外发展简况

钻孔灌注桩于 20 世纪 40 年代率先在美国出现。经过 30 年的发展，钻孔桩的应用范围扩展到全世界，每年的使用量居高不下，连年上升，成为常用桩型。长螺旋钻孔压灌桩使用螺旋钻孔机进行钻孔，螺旋钻机包括主机、滑轮组、螺旋钻杆、钻头、滑动支架、出土装置等部分。施工时电动机带动钻杆转动，使钻头上的螺旋叶片旋转来切削土层，然后削下的土屑靠与土壁的摩擦力沿叶片上升排出孔外。螺旋钻机成孔有长杆螺旋成孔、短杆螺旋成孔、环状螺旋成孔、振动螺旋成孔和跟管螺旋成孔等几种。常用的长杆螺旋成孔直径较小，一般不超过 1.0m，长度不超过 30m。

长螺旋钻孔压灌桩在成孔过程中不使用泥浆护壁；施工无噪声、无振动，对环境影响较小、操作方便、施工速度快，一般 40min 即可成孔；由于干作业成孔，混凝土灌注下同。质量易于控制；其缺点是由于钻具回转阻力较大，对地层的适应性有一定的限制，即仅适用于黏性土、粉土、砂土等多种地质条件。

长螺旋钻孔压灌桩凭借着其承载力高、施工振动及噪声小、非挤土、对邻近建筑物影响小的优点，广泛应用于高层建筑和大型构筑物。要了解长螺旋钻孔压灌桩的受力性能首先要了解其施工的方法。长螺旋钻孔压灌桩在施工过程中首先利用钻机在指定桩位钻孔达到设计深度，然后通过导管进行压灌混凝土，最后一边振捣一边插入钢筋笼。

目前，对有地下水的地基，国内外灌注桩的施工主要采用"振动沉管灌注桩""泥浆护壁钻孔灌注桩"及"长螺旋钻孔无砂混凝土灌注桩"的施工工艺，但上述三种灌注桩的施工方法存在效率低、成本高、噪声大、泥浆或水泥浆污染、成桩质量不够稳定等问题。

1. 振动沉管灌注桩

振动沉管灌注桩目前应用相当普遍，其施工如下。

（1）启动振动锤振动沉管至预定标高。

（2）将预制好的钢筋笼通过桩管下放至设计标高。

（3）将搅拌好的混凝土用料斗倒入桩管内。

（4）边振动、边投料、边拔管直至成桩完毕。

2. 存在问题

通过工程实践，振动沉管施工工艺存在如下问题。

（1）沉管桩基难以穿透厚砂层、卵石层和硬土层，若采用螺旋钻机引孔，会引起塌孔现象，破坏原天然地基强度。

（2）振动及噪声污染严重。随着社会的不断进步，对文明施工的要求越来越高，振动和噪声污染导致扰民使施工无法正常进行，故许多地区限制在城区采用振动沉管打桩机施工。

（3）振动沉管打桩机成桩为非挤土成桩工艺，在饱和黏性土中成桩，会造成地表隆起拉断已打桩，沉桩质量不稳定；在高灵敏度土中施工可导致桩间土强度的降低。

（4）施工时，混凝土料从搅拌机到桩机进料口的水平运输一般为翻斗车或人工运输，效率相对较低。对于长桩，拔管过程中尚需空中投料，操作不便。

3. 泥浆护壁钻孔灌注桩泥浆护壁灌注桩施工工艺

（1）旋挖钻机（或正、反循环钻机）通过泥浆护壁钻孔至设计深度。

（2）在泥浆护壁的桩孔内下放钢筋笼。

（3）下放水下混凝土灌注导管至一定深度。

（4）灌注混凝土。

4. 泥浆护壁灌注桩存在的问题

（1）由于采用泥浆护壁，灌注桩身混凝土时排出大量泥浆易造成现场泥浆污染，与现场的文明施工要求不符。

（2）采用正、反循环及旋挖钻机成孔；相对螺旋钻机而言，其成孔效率较低。

（3）由于采用泥浆护壁工艺，其桩周泥皮和桩底沉渣使得其单桩承载力降低。

（4）由于其工序多、投入量大，施工成本高。

5. 长螺旋钻孔无砂混凝土灌注桩

长螺旋钻孔无砂混凝土灌注桩施工工艺如下。

（1）长螺旋钻机钻孔至设计标高。

（2）为防止塌孔，采用水泥浆护壁，通过桩管向钻头底端注入水泥浆，边注浆边拔管。

（3）在水泥浆护壁的桩孔内下放钢筋笼（水泥补浆管绑扎在钢筋笼上随钢筋笼下放至设计标高），向桩孔内倒入碎石。

（4）通过绑扎在钢筋笼上的水泥补浆管补浆，将桩底和桩身的杂质排出桩身。

6. 存在问题

长螺旋钻孔无砂混凝土灌注桩存在如下问题。

（1）由于采用水泥浆护壁及水泥浆补浆，水泥浆排放量大，会造成水泥浆污染及施工场地桩间土挖运困难。

（2）由于采用补浆管补浆将桩底和桩身的杂质排出，施工中通常由于补浆不充分而造成桩头混凝土强度低易于破坏。

（3）由于桩身骨料只有碎石，无砂充填，级配不好，采用泥浆护壁，水泥用量很大，施工成本高。

（4）螺旋钻提钻注水泥浆护壁过程中桩孔易缩颈，遇到砂层时易塌孔，成桩质量不稳定。

鉴于上述灌注桩施工存在的问题，研制一种经济、高效、环保的施工工艺及设备——长螺旋水下成桩工艺及设备很有必要。

二、主要技术内容

1. 施工工艺

本工艺施工步骤如下。

（1）螺旋钻机就位。

（2）启动马达钻孔至预设标高。

（3）混凝土泵将搅拌好的混凝土通过钻杆内管压至钻头底端，边压混凝土边拔管直至成素混凝土桩。

（4）将制作好的钢筋笼与钢筋笼导入管连接并吊起，移至已成素混凝土桩的桩孔内。

（5）起吊振动锤至笼顶，通过振动锤下的夹具夹住钢筋笼导入管。

（6）启动振动锤通过导入管将钢筋笼送入桩身混凝土内至设计标高。

（7）边振动边拔管将钢筋笼导入管拔出，并使桩身混凝土振捣密实。

与该施工工艺配套的主要施工设备包括长螺旋钻机、混凝土输送泵、钢筋笼导入管、夹具、振动锤。长螺旋钻机、混凝土输送泵采用目前市场上常规型号的机械设备，其动力性能和混凝土输送泵功率的选择根据桩径及桩长确定。

2．关键技术

（1）长螺旋钻孔泵送混凝土成桩技术。

（2）振动锤及夹具。

（3）钢筋笼导入管。

（4）导入管与钢筋笼的连接方式。

长螺旋水下成桩工艺和设备施工便捷、无泥浆或水泥浆污染、噪声小、效率高、成本低，是一种很好的灌注桩施工方法。该工法施工的单桩承载力高于普通的泥浆护壁钻孔灌注桩，成桩质量稳定。与泥浆护壁灌注桩相比，该工法施工效率是其他施工效率的 4～5 倍，施工费用是其施工费用的 72%，节约费用约 28%；与长螺旋钻孔无砂混凝土桩相比，该工法的施工效率是其他施工效率的 1.2～1.5 倍，施工费用是其他施工费用的 51%，节约费用约 49%。

钢筋笼导入管与钢筋笼巧妙连接，将击振力传至钢筋笼底部，通过下拉方法有效地将钢筋笼下至设计标高。钢筋笼导入管的振动，使桩身混凝土密实，桩身混凝土质量更有保证。

三、长螺旋钻孔压灌桩群桩受力机理

为了和群桩相比较，首先来说明一下单桩的受力机理：对于单桩来说，荷载全部由桩来承担，当竖向荷载作用于桩顶时，桩身产生压缩变形，有相对于土体向下的运动趋势，从而桩侧土在桩土交界面形成抵抗桩侧表面向下移动的摩阻力，即正摩阻力，此时桩通过侧阻将桩顶荷载传递到桩周土中去，所以桩身轴力和桩身压缩变形随深度而逐步的减小。当桩顶荷载较小时，桩身混凝土的压缩也在桩的上部，桩侧上部土的摩阻力得到逐步发挥，此时在桩身中下部侧摩阻力尚未开始起作用。随着桩顶荷载的逐步增加，桩身压缩量和桩土相对位移逐渐增大，桩侧下部土层的摩阻力开始发挥作用，并随着位移的增大而逐步增大，桩端土层也因桩端受力被压缩而逐渐产生桩端阻力；当荷载进一步增大，桩顶传递到桩端的力也逐步增大，桩端土层的压缩也逐渐增大，桩端土层压缩进一步加大了桩土相对位移，从而使桩侧摩阻力在桩端位置处有所增大。由于黏性土中桩土相对极限位移一般只有 6～12mm，砂性土中为 8～15mm，当桩土界面相对位移超过极限位移后，桩上部土的侧阻就发挥完全，并出现相对滑移。此时，桩身上部土的抗剪强度由峰值强度跌落为残余强度，桩身下部土的侧阻开始发挥，端阻力也开始增大。

1. 群桩受力机理

根据周围土体、持力层刚度的不同，大致分为以下两种基本受力模式，第一种是考虑承台的分担作用，第二种就是考虑全部由群桩承担。

（1）桩、承台共同承担，即荷载经由桩体界面和承台底面两条路径传递给地基土，使桩产生足够的刺入变形。桩－土－承台共同作用有如下一些特点。

①承台的存在导致了桩周土的沉降加剧，使桩的上部侧阻发挥减少，削弱侧阻。

②由于承台和相邻桩的存在，阻止了桩间土的侧向挤出，具有遮拦作用。

③与刚性承台连接的桩会跟承台同步下沉，如同刚性基础底面接触压力的分布，承台内部桩所承受的压力远小于承台边缘桩。

④桩－土－承台共同作用还包含着时间因素的问题。

（2）桩群独立承担，即荷载仅由桩体界面传递地基土。桩顶（承台）沉降小于承台下面土体沉降的摩擦端承桩和端承桩属于这个模式。

2. 主要应力

影响群桩承载力和沉降土体主要包括桩与桩之间的土体、桩端部的土体以及承台下部一定范围内的土体，其中自重应力、附加应力和施工应力对群桩承载力有较大影响。

（1）自重应力：一般指群桩承台外土体自重应力等于，对于地下水位以下的土体，按其饱和重度计算。

（2）附加应力：附加应力是由承台底面压力、桩侧摩阻力及桩端阻力的应力叠加。在一般桩距下应力互相叠加，使群桩桩周围土与桩底土中的应力都大大超过单桩，且附加应力影响的深度成倍增加，从而使群桩承载力达不到单桩之和，群桩的沉降与单桩沉降相比，不仅数量增大，而且机理也不相同。

（3）施工应力：施工应力是指施工工程过程中对土体产生的超静水压力的应力。施工应力虽是暂时的，却长久影响着群桩的工作性状。土体压密、孔压消散使有效应力增大，土体强度随着增大，从而使桩的承载力提高，但是桩间土固结下沉对桩会产生负摩阻力，并可能使承台底面脱空。

（4）应力的影响范围：群桩应力的影响范围在深度和宽度上都是超过单桩的，这与群桩的桩群大小、桩数多少，以及土体的摩擦角有关，影响深度范围越大，应力的收敛速度也就越慢。

（5）侧摩阻力以及桩端阻力的变化：由于在桩端平面应力的叠加，群桩桩端周围土体的应力相较于单桩有所增加，土体被挤密，群桩中的桩端阻力增加。对于桩侧阻力来说，桩间土体受到裹挟作用，桩土相对位移减小，桩侧摩阻力有所削弱。

四、长螺旋钻孔压灌桩群桩的破坏形态

为了与群桩的破坏形态相比较，先来分析一下单桩受压的破坏模式。长螺旋钻孔压灌桩单桩竖向受压的情况下，几种典型的破坏模式如下：

（1）当桩端土体有足够的强度满足承载需要时，桩侧为软土层，不能够有效的约束桩体，那么在竖向荷载作用下，桩体就会出现纵向挠曲破坏。

（2）当桩周土体的强度较小、桩端土的强度较大，并且桩身又有足够的强度时，在极限荷载作用下，桩端土体形成滑动面向两侧上部滑动，出现整体剪切破坏，此时桩的承载力主要取决于桩底土层的支承力，桩侧阻力几乎不起作用。

（3）当桩身材料具有足够强度，并且桩周土体强度和桩端土体强度比较均匀时，在极限荷载作用下，桩身将会刺入土层，出现刺入破坏，此时桩的承载力由桩侧阻力和桩端阻力组成。

（4）对于摩擦桩来说，桩端阻力较小，几乎可以忽略不计，桩上的荷载主要由桩侧摩擦力来承担。

与单桩的破坏模式不同，群桩的破坏模式，根据桩距的不同，有"刺入式破坏"和"整体式破坏"两种。当桩的入土深度较大、桩距较小时，桩间土几乎被桩完全夹住，形成一个实体的深基础，在受荷后，桩和土一起移动，接近破坏时，在群桩的外周边界上首先形成剪切破坏面，桩和桩间土一起沉入桩尖下一土层中，产生"整体破坏"，这时桩间土压缩很小，其承载力和沉降主要取决于桩尖以下土层的强度和压缩性；当桩距大时，群桩不再是一个整体，破坏是由各根桩局部的刺入引起的；对于黏性土，首先是角部的桩达到最大荷载，由于剪切变形，产生塑性贯入，然后依次达到群桩的全部"刺入破坏"，这时，不仅桩尖以下土层受压缩，桩间土也产生压缩变形，从而使桩侧摩擦力发生变化，影响群桩承载力。

五、长螺旋钻孔压灌桩群桩分析方法简述

在进行群桩基础承载力计算时，工程当中，广泛采用群桩效应系数乘以单桩承载力之和来确定群桩的承载力。太沙基和皮克于 1967 年针对桩、土整体破坏的群桩提出按等代墩基础计算承载力的建议。我国学者根据粉土中承台、桩、土相互作用引起的侧阻沉降硬化和软化、承台对侧阻的削弱效应和对端阻的加强效应，侧阻与端阻随桩距的变化及承台土反方特征提出了分项系数法。随着计算机的发展，部分研究人员也把目光放在了计算机仿真模拟上，即通过数值分析的方法，研究群桩的承载力性状。

六、技术指标

技术指标如下所示。

（1）混凝土中可掺加粉煤灰或外加剂，每方混凝土的粉煤灰掺量宜为 $70 \sim 90$kg。

（2）混凝土中的粗骨料可采用卵石或碎石，最大粒径不宜大于 30mm。

（3）混凝土的坍落度宜为 $180 \sim 220$mm。

（4）提钻速度宜为 $1.2 \sim$

（5）长螺旋钻孔灌注桩的充盈系数宜为 $1.0 \sim 1.2$。

（6）桩顶混凝土超灌高度不宜小于 $0.3 \sim 0.5$m。

（7）钢筋笼插入速度宜控制在 $1.2 \sim 1.5$m/min。

设计施工可依据现行《建筑桩基技术规范》（JGJ 94-2014）进行。

七、适用范围

上述方法适用于地下水位较高，易塌孔，且长螺旋钻孔机可以钻进的地层。

第四节　CFG 桩复合地基技术

一、简述

水泥粉煤灰碎石桩（cement fly-ash gravel pile）（简称 CFG 桩），是近年来发展起来的处理软弱地基的一种新装置。水泥粉煤灰碎石桩是由碎石、石屑、砂和粉煤灰掺适量水泥加水拌和，用各种成桩机械在地基中制成的强度等级为 C5～C25 的桩，亦即这种处理方法是通过在碎石桩体中添加以水泥为主的胶结材料，添加粉煤灰是为增加混合料的和易性并有低强度等级水泥的作用，同时还添加适量的石屑以改善级配，使桩体获得胶结强度并从散体材料桩转化为具有某些柔性桩特点的高黏结强度桩，桩、桩间土和褥垫层一起构成复合地基。

CFG 桩复合地基成套技术，是在 20 世纪 80 年代由中国建筑科学研究院立题开始试验研究，1992 年通过了部级鉴定，1994 年被建设部列为国家重点推广项目，1995 年被国家科委列为国家级全国重点推广项目，经过十多年的研究和推广应用，其在我国的基本建设中起到非重要的作用。就目前掌握的资料，CFG 桩可加固从多层建筑到 30 层以下的高层建筑，从民用建筑到工业厂房均可使用。

与一般的碎石桩相比，碎石桩系散体材料桩的桩本身没有黏结强度，主要靠周围土的约束形成桩体强度，并与桩间土组成复合地基共同承担上部建筑的垂直荷载。土越软对桩的约束作用越差；桩体强度越小，桩传递垂直荷载的能力就越差。

通常在碎石桩桩顶 2～3 倍桩直径范围为高应力区，4 倍直径为碎石桩的临界桩长。当桩长超过其临界桩长且大于 6～10 倍桩径后，轴向力的传递收敛很快；当桩长大于 2.5 倍基础宽度后，即使桩端落在较好的土层上，桩的端阻力也很小。

刚性桩与散体材料桩不同，一般情况下，不仅可使全桩长发挥桩的侧摩阻力，桩端落在好的土层上也可以较好地发挥端阻作用。若将碎石桩加以改进，使其具有刚性桩的某些性状，则桩的作用大大增强，复合地基承载力也会大大增加。为此，就在碎石桩体中，掺加适量石屑、粉煤灰和水泥加水搅和，制成一种黏结强度较高的桩，所形成的桩的刚度远大于碎石桩的刚度，但其与刚性桩的刚度相差较大，即它是一种具有高黏结强度的柔性桩。CFG 桩、桩间土和褥垫层一起构成柔性桩复合地基。CFG 桩与素混凝土柱的区别仅在于桩体材料的构成不同，而在其变形和受力特征方面没有太大的区别。

1.CFG 桩的适用性

CFG 桩复合地基适用于条形基础、独立基础，也适用于筏基和箱形基础。就土性而言，适用于处理黏性、粉土、砂土和正常固结的素填土等地基。对淤泥质土应按地区经验或通过现场试验确定其适用性。CFG 桩既可用于挤密效果好的土，又可用于挤密效果差的土。当用于挤密效果好的土时，承载力的提高既有挤密作用，又有置换作用；当用于挤密效果差的土时，承载力的提高只与置换作用有关。CFG 桩和其他复合地基的桩型相比，它的置换作用很突出，这是 CFG 桩的一个重要特征。对一般黏性土、粉土或砂土，桩端具有好的持力层，经 CFG 桩处理后可作为高层或超高层建筑地基。

当天然地基土是具有良好挤密效果的砂土、粉土时，成桩过程的振动可使地基土大大挤（振）密，有时承载力可提高 2 倍以上；对塑性指数高的饱和软黏土，成桩时土的挤密作用微乎其微，几乎等于零，承载力的提高唯一取决于桩的置换作用。由于桩间土承载力小，土的荷载分担比低，会严重影响加固效果，对于强度很低的饱和软黏土，要慎重对待最好在使用前现场做试桩试验，以确定其适用性。

CFG 桩不仅用于承载力较低的土，对承载力较高的土，也可采用 CFG 桩来减少地基变形。

2.CFG 桩各种施工方法的适用性

CFG 桩常用的施工方法有振动沉管成桩、长螺旋钻孔灌注成桩、泥浆护壁钻孔灌注成桩、长螺旋钻孔成桩以及管内泵压混合料灌注成桩等。

各种施工方法各有其自身的优点和适用性。长螺旋钻孔灌注成桩适用于地下水位以上的黏性土、粉土和素填土地基；泥浆护壁钻孔灌注成桩适用于黏性土、粉土、砂土、人工填土、碎石及砾石类土和风化岩层分布的地基；长螺旋钻孔、管内泵压混合料灌注成桩法，适用于黏性土、粉土、砂土分布的地质条件以及对噪声和泥浆污染要求严格的场地；振动沉管灌注成桩适用于黏性土、粉土、淤泥质土、人工填土及非密实厚砂层的地质条件的场地。在实践中具体到某一个工程项目，如无使用经验，最好能做试验，并根据地质条件、现场施工条件以及设计要求、当地的施工技术配备条件等综合确定。

3.CFG 桩的勘查要求

对拟建建筑场地要根据《岩土工程勘查规范》（GB 50021—2001）（2009 年版）进行工程地质勘查，并提供其勘查报告。

1）工程地质勘查内容

（1）查明岩土埋藏条件及物理力学性质，持力层及下卧层尤其是软弱土层的埋藏深度和厚度、性状及变化情况及应力历史。

（2）查明水文地质条件，地下水位的埋藏（包括地下水位线位置、流向、地下水类型等），地下水对混凝土的腐蚀作用等。

（3）查明特殊性土，如膨胀土、湿陷性土或液化土层的特性。

（4）确定各层土的地基承载力特征值，预测地基的沉降及其均匀性。

（5）提供 CFG 桩设计所需的岩土工程技术参数，确定和估算单桩承载力，并可提出 CFG 桩的长度和建议的施工方法。

2）勘探点间距

应根据拟建建筑物的等级、体型及平面形状等布置勘探点，勘探点的布置应能控制持力层的层面坡度、厚度及性状，其间距可根据地基复杂程度等级确定。层面高差比较大时，间距应小些。

3）勘探深度

应取勘探孔总数的 1/3～1/2 作为控制性勘探孔，深度为桩尖以下或参见详细勘察阶段的勘探孔深度。

4）室内实验

做土的物理力学常规实验项目。另外，还要做下列工作：对基底以下的土层做灵敏度测试，查明灵敏度的大小，判别基底土的灵敏度等级，为褥垫层的施工提供依据；对中、高灵敏度的土、褥垫层施工时，应尽量避免使桩间土扰动，以防止"橡皮土"现象发生。

5）勘察报告

除按《岩土工程勘查规范》（GB 50021—2001）（2009 年版）提供勘查报告外，尚需针对 CFG 桩处理方法特别增加一些内容。

（1）提供各土层的桩侧摩阻力和桩端阻力。桩侧摩阻力一般按灌注桩施工工艺提供，桩端阻力按灌注桩和打入桩分别提供，可按《建筑地基基础设计规范》（GB 50007-2011）有关规定确定，并可参阅中国建筑科学研究院标准《水泥粉煤灰碎石桩（CFG）复合地基技术规定》（Q/JY 06—1997）附录 A 和附录 B。

（2）若有填土，应说明填土材料的构成，尤其对施工可能造成困难的工业垃圾或块石等予以说明；当基础底标高在填土层时，要提供填土承力特征值。

（3）提供基础底面以下土层的灵敏度，作为褥垫层铺设施工时能否选用动力夯实法的主要依据。

二、CFG 桩的工作机理

1.CFG 桩的刚性桩性状

对于像砂桩和碎石桩那样的散粒材料桩，它们主要是通过有限桩长。一般为传递垂直荷载的，碎石桩在 2～3 倍桩径范围内为高应力区。当桩长大于某一数值后，桩传递荷载的作用已显著减弱。

CFG 桩不同于碎石桩，是具有一定黏结强度的桩，在外荷载作用下，桩身不会像碎石桩那样出现鼓胀破坏，并可全桩长发挥侧摩阻力，桩落在好土层上具有明显的端承力，桩承受的荷载通过桩周的摩擦力和端桩阻力传递到深层地基中，其复合地基承载力可大幅度提高。

有许多碎石桩和 CFG 桩的对比试验资料，如南京造纸厂地基处理碎石桩和 CFG 桩对比试验资料表明，碎石桩和 CFG 桩桩径均为 350mm，桩长 10m，CFG 桩桩顶以下 6 倍直径范围内桩体强度等级为 C12，余下桩体强度等级为 C8，试桩施工完毕后 28

天进行荷载试验。根据 p·s 曲线，对碎石桩复合地基按 s 伯 =0.01 取值，其承载力为 130kPa；对 CFG 桩复合地基按 5/6=0.01 取值，其承载力为 220kPa；原天然地基承载力特征值为 87kPa，可见 CFG 桩复合地基承载力提高幅度大。又如邯郸国棉四厂纺纱车间，建筑基底在厚为 2.4～4.8m 的粉质黏土层上，天然地基承载力特征值为 90～100kPa，设计要求复合地基承载力特征值不低于 150kPa。原设计方案为碎石桩，桩径 400mm，桩长 6m，桩距 Im，施工试桩后检测，承载力只能达到 130kPa；改用 CFG 桩方案，桩径 360mm，桩距 1.3～1.45m，桩长 7.5～8.0m，桩端落在坚硬的土层上，复合地基承载力大于 180kPa。

对上部软下部硬的地质条件，碎石桩将荷载向深层传递非常困难，而 CFG 桩因为具有刚性桩的性状，可全桩长发挥侧摩阻力，并能向深层传递荷载。

2. 单桩承载力的可调性

CFG 桩的桩长可根据实际工程要求和地质条件确定，即可从几米到 20m。如前所述，CFG 桩能像刚性桩那样全桩长发挥桩的侧摩阻力。根统计资料表明，CFG 桩承担的荷载占总荷载的百分比可在 35%～70% 变化，有的工程这个比例更高，使得复合地基承载能力提高幅度大并且具有很大的可调性。这是因为当地基承载力较高时，荷载又不很大，可将桩长设计得短些，荷载大时，桩长可设计得长些；特别是天然地基承载力较低而设计要求的承载力较高时，用柔性桩复合地基一般难以满足设计要求，用 CFG 桩处理时，复合地基承载力比较容易实现。

3. 桩体的排水作用

CFG 桩在处理饱和粉土和砂土地基的施工中，由于成桩过程中的沉管和拔管的振动作用（螺旋钻成孔振动作用小一些），会使土体内产生较大的超静孔隙水压力，刚刚施工完的 CFG 桩将是一个良好的排水通道，特别是在较好透水层上面还有透水性差的土层覆盖时，这种排水作用更加明显，孔隙水沿着刚完工的桩体向上排出，直到 CFG 桩体结硬为止。这种排水过程可延续几小时。

人们曾担心这样的排水现象是否会影响桩体的强度，通过施工后分层凿桩体解剖和静载试验，并没有发现上述所担心的问题发生。这种排水作用反而对减小因孔压消散太慢引起地面隆起现象和增加桩间土的密实度大为有利。

4. 时间效应

利用振动沉管施工工艺，由于其振动作用，将会对桩间土产生扰动，特别是对于高灵敏度的土，会使其结构强度丧失，强度降低。成桩结束后，随着恢复期的增长、结构强度的逐渐恢复及新的结构强度的形成，桩间土承载能力有所提高。

以南京造纸厂工程为例，天然地基承载能力为 87.2kPa，施工后 14 天、32 天、53 天桩间土的承载力比天然地基承载力分别提高 43.8%、5.5% 和 20.4%。其原因，除了桩间土受桩的约束、限制侧向变形，改善了土的受力性状以外（由于桩的强度也随着时间的增长而逐渐形成的，桩对桩间土的这种约束作用也随时间逐渐形成的），主要是因施工的振动挤密和结构强度随时间的恢复所致。

打桩后间歇 36 天在桩间取土做室内土工试验分析，与同一地点加固前的物理力学指标进行比较。

（1）加固后地基土的含水量、孔隙比、压缩系数均减小，重度和压缩模量有所增大。

（2）粉砂层挤密效果明显，孔隙比由加固前的 1.07 变为 0.71 和 0.80，即由松散状态变为中密并接近密度状态；压缩模量由 4.00MPa 增大到 9.27MPa 和 8.90MPa；压缩系数由 0.37 MPa 变为 0.13 MPa 和 0.18 MPa，接近低压缩性。

（3）对于塑性指数比较大的淤泥质粉质黏土，土的物理力学指标也有所改善，但加密效果不如粉砂土。

（4）靠近桩的土，挤密效果比四个桩的中心点处的挤密效果好。

复合地基承载力的提高，既包含了桩间土结构强度的提高和桩身的提高，也包括桩间土相互作用的加强。

三、复合地基的工作原理

1. 褥垫层的加固作用

CFG 桩中的褥垫层是 CFG 桩复合地基的一个重要部分，亦即复合地基是由 CFG 桩体、桩间土和褥垫层共同组成的，缺一不可。这里所指的褥垫层不是基底下常做的 10cm 厚素混凝土垫层，而是在桩顶和该素混凝土垫层之间由粒状材料组成的散体材料垫层。

2. 复合地基设计思想

当 CFG 桩的桩体强度用得较高时，刚性桩的特征很明显，有的设计人员常将其与钢筋混凝土桩基相联系，并经常会提出 CFG 桩不放钢筋在水平荷载作用下如何工作等一系列问题，为此在这里有必要讨论以下 CFG 桩复合地基与桩基工程的区别。

桩基工程是大家比较熟知的一种基础形式，桩在桩基础上可承受垂直荷载也可承受水平荷载。众所周知，桩是一种细长杆件，它传递水平荷载的能力远小于传递垂直荷载的能力，设计时采用桩基让桩承受垂直荷载是扬其长，承受水平荷载是用其短，CFG 桩复合地基通过褥垫层把桩和基础断开，改变了过分依赖桩承担垂直荷载和水平荷载的传统设计思想。

第五节 刚性桩复合地基技术

一、国内外发展简况

复合地基的概念是日本学者在 1962 年提出的，用来形容采用碎石桩加固的地基，随着地基处理技术的发展，也用来形容用其他桩体加固的地基。现在，复合地基一般指天然地基的一部分或全部被人工置换或者加强，加强体与原有地基共同承担外部荷载的人工地基。所谓的刚性桩复合地基是指桩身强度大于10MPa，变形模量大于10000MPa，主要包括CFG桩和各种混凝土桩。刚性桩中的"桩"与桩基中的"桩"有所不同，主要区别是：刚性桩复合地基中桩体与基础往往通过垫层（碎石或砂石垫层）来过渡，而桩基中桩体与基础直接相连，两者形成一个整体。

刚性桩复合地基的设计思想由中国建筑科学研究院黄熙龄院士提出，中国建筑科学研究院地基基础研究所于1992年开发成功的CFG桩复合地基即最早的刚性桩复合地基。经过多年的发展，以CFG桩为代表的刚性桩复合地基已广泛应用于工程实践，并取得了良好的经济效益和社会效益。

刚性桩复合地基与其他类型复合地基相比，具有地基承载力提高幅度大，且可调性强、变形模量高、桩体质量及耐久性有保证等优点，因此其在工程建设中得到了广泛应用。

二、刚性桩复合地基作用机理

1. 桩体作用

由于刚性桩复合地基中桩体的刚度较周围土体大，在刚性基础发生等量变形时，地基中应力将按材料模量进行分配。因此，桩体上易产生应力集中现象，大部分荷载将由桩体承担，桩间土应力相对降低。这使得刚性桩复合地基承载力和刚度都较原来地基有所提高，沉降量减小。刚性桩复合地基比其他类型复合地基更具优越性，桩体作用发挥更加显著。

2. 垫层作用

桩与桩间土复合形成的复合地基或称复合层，由于其性能优于原天然地基，它可以起到类似垫层的换土、均匀地基应力和增大应力扩散角等作用。在桩体没有贯穿整个软弱土层的地基中，垫层的作用尤为明显。

3. 加速固结作用

除碎石桩、砂桩具有良好的透水特性及可以加速地基的固结外，刚性桩在某种程度上也可以加速地基固结。因为地基固结，不但与地基土的排水性能有关，而且还与地基土的变形特性有关，这从固结系数q的计算式就可以反映出来。虽然刚性桩会降低地基土的渗透系数。但是它同样会减小地基土的压缩系数a，而且通常后者的减小幅度要较前者大，为此，使固结后水泥土的固结系数。大于固结前原地基土的系数，同样可以起到加速固结的作用。

4. 挤密作用

刚性桩复合地基的桩体除了传递竖向荷载外，还会对周边土体产生横向挤密作用。松散的土体小颗粒由于桩的横向作用会挤入临近的大颗粒中，提高了土体的密实度，从而使得地基土的强度、模量也随之提高。

5. 加筋作用

刚性桩复合地基除了可以提高地基的承载力和整体刚度外，还可以用来提高土体的抗剪强度，增加土坡的抗滑能力。加固区往往是荷载持力层的主要部分，加固区复合土体具有较高的抗剪强度，可有效提高地基的稳定性和承载力。目前在国内水泥土搅拌桩和旋喷桩等已被广泛用于基坑开挖时的支护。

6. 置换作用

刚性桩复合地基通过桩体将承受的荷载向下层土体传递，减少了桩间土的荷载，从而减小了地基变形，提升了复合地基的承载力，桩的这种作用称之为桩体的置换作用。对刚性桩而言，置换率越高，复合地基整体的承载力也越高，但同时造价也越高。工程中应考虑取最优的置换率以获得加固效果与经济性的平衡。

第六节 真空预压法加固软基技术

一、国内外发展简况

真空预压法加固软基技术在 1952 年首先由瑞典地质学院的 W.Kjellman 教授提出。1957 年，天津大学在室内进行了真空预压试验，试验将配置均匀的黏土分四层填入 20cm 的圆筒中，利用真空泵抽真空，保持负压在 80kPa 情况下连续抽气 84h 后，对软土进行检测，含水量由抽气前的 86% 降至 52%，说明有明显的加固效果。1960 年，天津港务局在现场做了较大比尺的模型试验，平面尺寸为 12m×4m，排水砂井深 2m，抽真空 120h，虽然取得了一定的效果，但是真空度较低，仅达到 26kPa，故未能推广应用。中港第一航务工程局自 1980 年起在天津港就进行了小面积的现场试验，试验分为砂垫层真空预压和袋装砂井真空预压，试验面积各为 25m×50m，试验初期密封膜采用的是 1mm 厚的合成革，抽真空设备引入了降水设备射流泵。由于抽真空设备选用正确，使试验区的真空度形成并能维持在 80kPa 左右，达到了预期目的。后来经过加固效果检验，袋装砂井真空预压法显示出了强大的生命力，受到人们的高度重视。1983 年，该项目经国家计委批准纳入国家"六五"科技攻关项目，在三年的试验研究中，科研人员从理论探讨到室内试验、现场试验，进行了 260 的探索试验，550m² 和 1250m² 的中间试验，以及 18 300m² 的典型施工，3 万 m² 生产应用，逐步改进和完善了真空预压的施工工艺，密封膜的材料性能、抽真空设备等。该项目获得圆满成功，并于 1985 年 12 月通过国家鉴定。

在国外，瑞典在 20 世纪 40 年代末期共进行过 4 次现场试验，却因种种问题均未获得成功。此后未做进一步试验研究。国外最早的真空预压工程是 1958 年美国费城国际机场跑道扩建工程，实际上该工程采用的是真空联合降水加固法，真空度仅达到 50.8kPa。

日本采用真空预压加固工程的加固深度一般在 10m 以内，且规模不大，应用也不广泛。1963 ～ 1978 年大阪南湾以吹填土作为密封层，成功采用真空降水技术加固处理了 100 万 m^2 超软基土，其工程经验和理论成果值得借鉴。

1989 年，法国 Menard 公司技术员来我国，参观了天津港真空预压施玉现场，并与有关技术人员进行了座谈。此后，该公司采用真空预压技术在法国进行了 15 万 m^2 工业厂房、高速公路的加固施工，在德国进行了 2 万 m^2 的加固施工。

真空预压加固法目前已成为国内加固软土地基的一种行之有效的方法，近 20 年以来，其广泛应用于港口、高速公路、机场跑道、厂房地基、电厂厂区等工程，取得了良好的工程和经济效益。

二、真空预压加固机理

真空预压作用下土体的固结过程，是在总应力基本保持不变的情况下孔隙水压力降低、有效应力增长的过程。

真空预压加固软土地基，地基中各点必须满足两个平衡条件，即地基中各点空压与负压边界及周围压力边界条件的平衡及总应力与膜面上大气压力的平衡。

真空预压法。首先，在需要加固的地基上铺设水平排水垫层（如砂垫层等）和打设垂直排水通道（袋装砂井或塑料排水板等）。在砂垫层上铺设塑料密封膜并使其四周埋设于不透气层顶面以下至少 50cm，使之与大气压隔离，然后采用抽真空装置（射流泵）降低被加固地基内孔隙水压力，使其地基内有效应力增加，从而使土体得到加固。

由于塑料密封膜使被加固土体得到密封并与大气压隔离，当采用抽真空设备抽真空时，砂垫层和垂直排水通道内的孔隙水压力迅速降低。土体内的孔隙水压力随着排水通道内孔隙压力的降低（形成压力梯度）而逐渐降低。根据太沙基有效应力原理，当总应力不变时，孔隙水压力的降低值全部转化为有效应力的增加值。所以，地基土体在新增加的有效应力作用下，促使土体排水固结，从而达到加固地基的目的。因抽真空设备理论上最大只能降低一个大气压（绝对压力为零点），所以真空预压工程上的等效预压荷载理论极限值为 100kPa，现在的工艺水平一般能够达到 80 ～ 95kPa。

三、主要技术内容及特点

经过近 10 年的推广应用，真空预压法加固软基技术有了新的发展，形成了"真空联合堆载预压加固技术""超软基深层加固技术""特种条件下软土地基加固技术""水下真空预压加固技术"等，加固效果进一步提高，应用范围大大拓宽。真空预压法加固软基技术主要特点如下。

（1）真空预压法加固的土体的密实度比同等条件下堆载预压加固法的密实度要好，特别适用于超软地基加固。

（2）无须控制加荷速率、无须分级，加固速度快、工期短。

（3）施工机具和设备简单、便于操作、施工方便、作业效率高，适用于大规模地基加固，易于推广应用。

（4）不需要大量堆载材料、无噪声、无振动、不污染环境。

（5）在堆载材料来源紧张、价格高的地区，真空预压法的费用低于堆载预压，但是真空预压需要充足、连续的电力供应；加固时间不宜过长，否则，加固费用可能高于同等的堆载预压。

四、技术指标与技术措施

真空预压法属于排水固结法，设计方法采用排水固结原理进行，但它又与堆载预压法不完全相同，设计应该执行国家及行业相关规范、规程，如《建筑地基基础设计规范》（GB 50007—2011）>《建筑地基处理技术规范》（JGJ 79—2012）等。真空预压法设计的主要内容有勘查、设计参数选取、排水系统设计、抽气系统设计、验证满足设计荷载所需强度、固结时间、工后沉降等。

1. 设计

1）勘查

（1）土层分布。

（2）通过钻探了解土层的分布，特别是要探明软土层的分布，确定地基加固深度。天然沉积土层通常是成层分布的，应查明土层在水平和竖直方向上的变化，应特别注意表层透水、透气层的厚度及分布范围，以确定是否需要采取特殊表层密封措施。此外，还应探明加固范围内是否存在透镜体，以判断对加固效果的影响。

（3）地下水。

（4）通过钻探查明地下水位及补给情况，确定透水层的位置，尤其要探明地下透水层中有无承压水。

（5）软土特征指标。

（6）对软黏土应进行现场原位试验和取原状土进行室内试验，现场原位试验主要有十字板强度试验和静力触探试验，室内试验主要有物理性试验、固结试验、三轴试验和直剪试验。

2）参数的选取

（1）预压荷载的确定。预压荷载主要是根据上部结构和使用荷载对地基的强度要求确定。一般情况下，设计膜下真空度为80kPa，若被加固土体土性有利于真空预压法施工，且抽真空设备能力较强时，膜下真空度可以达到90kPa以上。当真空预压的荷载不能满足要求时，可以采用真空联合堆载预压法，堆载的高度可以按设计荷载要求确定。

（2）固结度确定。设计固结度主要依据地基有效预压荷载大小，地基加固后的残余沉降的大小（工后沉降）选取，一般情况下固结度可以取80%、85%、90%、95%。在某一设计预压荷载下，固结度越大，地基土加固后的残余沉降越小，但所用的加固时间越长。工程上为缩短工期，减少残余沉降常采用超载预压的方法，根据超载值确定地基土在预压荷载作用下的固结度。

（3）加固范围及分区。真空预压的加固范围需根据工程的要求确定，一般应大于建筑物基础边缘所包围的范围,以保证基础范围土的强度增量相差不大,沉降均匀,减小建筑物使用期的不均匀沉降。实测资料表明,真空预压区膜下真空度分布比较均匀,中心处于边缘真空度接近。这为预压区获得均匀的加固效果打下了基础。由于真空预压区外 20m 范围内土体产生向固结区内的位移,要注意抽真空对加固区周边建筑物、道路及管线的影响,必要时应采取施工措施并加强对加固区周边建筑物、道路及管线的观测。

真空预压密封膜由于受到加工及铺膜工艺的影响,一般较合适的单块加固面积为 1 万 ~ 3 万 m^2。

3)排水系统的设计

排水系统由地表水平向排水层和竖向排水体组成。

(1)地表水平向排水层。地表水平向排水层一把采用砂垫层,砂垫层采用透水性较好的中粗砂,其渗透系数一般不低于 2×10^{-2} cm/s,含泥量不超过 5%。当砂料来源困难时,也可以选用符合要求的其他材料,如土工合成料等。砂垫层厚度一般取 40 ~ 50cm。若在超软地基上施工时,可以适当增加砂垫层的厚度。

(2)竖向排水体。竖向排水体可采用普通砂井、袋装砂井和塑料排水板,在港口工程中比较广泛采用塑料排水板真空预压法。

①打设深度设计。

②塑料排水板打设深度应根据加固区软土厚度确定,并应满足相关规范要求。一般情况下塑料排水板应穿过强度低、压缩性强的软土层。

③平面布置设计。

④塑料排水板的间距主要取决于黏性土的固结系数、渗透系数及工期要求等。在一定荷载下,塑料排水板间距越小,固结越快;间距越大,固结越慢。一般情况下,黏性土的固结系数越小,工期较短时,可取较小的间距,反之,则应采用较大的间距。目前,我们常用的塑料排水板间距是 0.8 ~ 1.3m。实测资料显示,当塑料排水板间距小于 0.7m 时,缩小塑料排水板的间距对减少固结时间不明显。

4)抽气系统设计

抽气系统由砂垫层中铺设的滤管、密封膜、射流泵组成。

(1)滤管。滤管可以采用钢管或者塑料管,目前常用的滤管材料是 PVC 塑料管,滤管要求能够适应地基变形和承受径向压力。滤管应铺在砂垫层中,滤管在砂垫层中按长方形排列,管、间距短边一般为 6 ~ 8m、长边一般为 30 ~ 50m。最外围滤管距加固区边线以 2m 为宜,滤管采用二通、三通和四通连接成网格状或鱼刺状。

(2)密封膜。密封膜材料主要有聚乙烯或聚氯乙烯两种,密封膜应具有一定的强度和抗老化性能。密封膜的外形尺寸应大于加固区,一般以大于加固区周边 6 ~ 10m 为宜。密封膜通过工厂热合成一整块后,运至施工现场,每个加固区铺设 3 层为宜,密封膜的四周应埋入黏性土(不透气层)中,一般以埋入 50cm 以上为宜。

(3)射流泵。传统的真空预压工艺水平,设计膜下真空度一般为 80kPa,单台抽真空设备控制面积根据不同地质条件为 600-1500m2,随着真空预压工艺和设备的进一步改进，到目前膜下真空度可以达到 90kPa 以上，设计膜下真空度可以为 90kPa，单台抽真空设备控制面积可达 2500-3600m2。

2. 施工

1）场地平整

施工前对预压加固场地先进行场地平整，并对原地面进行方格网测量，准确确定场地标高。

2）铺设砂垫层

砂垫层也称为水平排水垫层，其与竖向排水体相连通，在排水加固过程中起水平向排水作用。

水平排水体一般采用透水性较好的中粗砂，在砂源缺乏的地区，也可以因地制宜采用其他符合设计要求的透水材料，如级配好的碎石，适宜的土工合成材料、土工网垫等。无论选用何种材料，作为水平排水通道，其必须具备渗透功能，并能起到一定程度的反滤作用，防止细的土颗粒渗入垫层孔隙中堵塞排水通道，影响排水效果。水平排水体施工可采用机械施工或人力铺设，在一些地基强度极低的地基上进行水平排水垫层施工，应采用人工作业，并采取相应的施工措施，保证地基稳定。能采用机械作业的，也只能是轻型机械，设备的接地压力应小于 50kPa。

当采用大面积吹填中粗砂垫层施工时，要保证吹填中粗砂的质量，防止出现"拱泥"现象，为了解决这一问题，一般采用吹泥管口设置消能头的方法。吹砂施工时加固场区应设置多个软管同时进行作业，均匀填筑，并定期移动软管，避免吹砂过度堆积在某一区域，早期吹填厚度不均，从而保证地基土在吹填过程中的稳定性。

3）打设塑料排水板

塑料排水板的打设应严格按照《塑料排水板施工规程》（JTJ/T 256-1996）执行，塑料排水板的质量和监测应符合《塑料排水板质量检验标准》（JTJ/T257—1996），同时塑料排水板平面布置、打设深度、质量要求要符合设计要求。

4）抽真空

加固区全部塑料排水板打设完成后，根据设计要求布设滤管，先将滤管摆设好并连接好，接头处用铁丝绑扎牢固，然后在滤管旁边开挖管沟，沟深 20 ～ 25cm，一边挖沟一边埋管入沟，入沟深度约 20cm，并用中粗砂填平。管间连接应用骨架胶管套接，套接长度不小于 10cm，并用铅丝绑扎以确保牢固，为防止铅丝接头刺破密封膜，在铺设过程中铅丝接头应朝下埋入砂层。同时，在埋设滤管时要确保滤管上的滤膜不被破损，并将场地中的杂物、碎石等清理干净，以免刺破塑料密封膜。

压膜沟可以根据需要，选择机械挖沟或人工挖沟。压膜沟的深度必须超过加固区边线的可透水层，一般情况下可设置为 0.6 ～ 0.8m。

每个加固单元铺设的密封膜不得少于 2 层，具体层数可由设计确定。铺膜前应认真清理平整排水垫层，清除贝壳石子等，填平打设塑料排水板时留下的孔洞，每层膜铺设好后应认真检查及时补洞，待其符合要求后再铺下一层。密封膜的铺设应在白天进行，按顺风向铺设，且风力不宜超过 5 级。铺设时密封膜的展开方向应与包装标明的方向一致。采用机械挖压膜沟时，密封膜长度和宽度应超过加固区两侧边线，且不少于 3～4m。密封膜应埋入到压膜沟内的不透水的黏土层中。压膜沟的回填料应采用不含杂物的黏性土。压膜沟应回填密实。

真空设备在安装前应进行试运转，空抽时必须达到 98kPa 以上的真空吸力，安装时要保持平稳，且与滤管连接牢固后才可接通电源。密封膜埋入压膜沟后，基本确认密封膜无孔洞时，且真空度达到 50kPa 后，可在密封膜上覆水。加固区膜下真空度在 7～10 天内应达到 80kPa 以上，否则应查找原因及时处理。经过几天的试抽气，在真空度满足设计要求后应及时上报，并请监理检验合格后再开始抽真空计时。在正式抽气期间，真空泵的开启数量不得少于总数的 80%。

5）停泵卸载

根据地基加固过程中监测数据的分析、计算，满足设计要求后，即有效真空预压时间不少于设计中的真空预压满载时间；实测地面沉降速率连续 5～10 天平均沉降量不大于 1～2mm/天；按实测沉降曲线推算的固结度达到设计要求且工后沉降满足设计要求后，就可以停泵卸载。

五、现场监测

真空预压现场监测作为施工过程的控制，可以根据监测的数据了解工程的进展和加固过程出现的问题，并可以判断加固工程是否达到了预期的目的，从而决定加固工程的中止及后续工程开始的时间。通过原位测试和室内试验等手段对加固后地基土进行检验，与加固前进行对比，可以真实、直观、定量地反映加固的效果。

1. 表面沉降观测

通过在预压区及周围放置沉降标，掌握施工、预压和回弹期间的地表沉降情况，绘制整个预压区域及其影响区域的等沉线图，为计算沉降的研究及设计提供验证的资料。

2. 分层沉降观测

通过在预压区钻孔埋设分层沉降标，然后用沉降仪来量测土层深部沉降。地基分层沉降观测作为地表沉降观测的补充，可得到不同深度的土层在加固过程中的沉降过程曲线，可从中了解到各土层的压缩情况，判断加固达到的有效深度及各个深度土层的固结程度，并可为计通沉降的研究及设计提供验证的资料。

3. 水平位移观测

通过钻孔埋设测斜管，监测土层深部水平位移，表层水平位移监测也可采用设置位移边桩的方法。水平位移观测可以了解预压期间土体侧向移动量的大小，判断侧向位移对土体垂直变形的影响，同时监测真空联合堆载预压的影响范围，并可为数值分析研究和设计提供验证的资料。

4. 真空度观测

通过在膜下、竖向排水体及地基土中设置的真空度探头，了解预压期间各个阶段真空度的分布、大小及随时间变化情况。

5. 孔隙水压力观测

通过钻孔埋设孔隙水压力计，了解土体中孔隙水压力发展变化过程，并可为施工、数值分析研究和设计提供必要的资料。

6. 地下水位观测

通过在预压区及周围埋设地下水位观测孔，得到预压期间不同时刻的地下水位，了解抽真空情况下地下水位变化过程，并为数值分析和设计提供资料。

六、适用范围与应用前景

在我国广泛存在着第四纪后期形成的海相、泻湖相、溺谷相和湖泊相的黏性土沉积物或河流冲填物，有的属于新近淤积物，大部分是饱和的，称为软黏土。这种土的特点是含水量大、压缩性高、强度低、透水性差，不宜作为天然地基使用。此类土在工程建设中经常遇到，需要进行处理。真空预压法适用于加固上述饱和软黏土地基，特别适合新吹填土、超软土地基，尤其是进行大面积的地基处理工程。真空预压法目前已被广泛应用在港口、高速公路、机场跑道等地基处理中。

第七节 土工合成材料应用技术

一、简述

土工合成材料（geosynthetics）是以人工合成的高分子聚合物，如塑料、化纤、合成橡胶等为原材料，制成的一种新型的岩土工程材料。土工合成材料根据不同需要已形成多品种，其分类主要有四大类，即土工织物、土工膜、特种土工合成材料和复合型土工合成材料。目前，土工合成材料已经广泛应用于水利、建筑、公路、铁路、海港、环保、采矿和军工等领域，其种类和应用范围还在不断发展扩大。

土工合成材料约在20世纪40年代应用于工程中，合成纤维土工织物的应用开始于20世纪50年代末期，非织造型土工织物（称为无纺织物）于20世纪60年代末在法国和英国的无路面道路，德国的护岸、土石坝和隧洞等工程中得到广泛应用。到70年代，这种土工织物很快从欧洲传到美洲、西非洲和澳洲，最后传到亚洲。

土工合成材料在我国的应用开始于20世纪60年代中期，虽然起步比较晚，但是发展很快。塑料薄膜是我国应用最早的土工合成材料，自1965年前后就开始应用于河南、陕西、山西和北京的几条灌渠，防渗效果较好。随后推广到水库、水闸和蓄水池等工程，如1995年为了解决恒仁水电站混凝土坝裂缝漏水，成为我国利用土工合成材料处理混凝土坝裂缝的首例。较厚的土工膜是从80年代后期才开始在大中型水利工程中应用，多数采用单层较厚的土工膜或复合型土工膜。

织造型土工织物在我国的应用是从 20 世纪 70 年代开始应用于护岸工程，进入 80 年代，随着土工材料增多，复合型软体排开始用于防止河岸冲刷，织造型布还普遍应用于土袋、石枕及软土地基加固。到 80 年代中期，无纺布的应用已很快推广到储灰坝、尾矿坝、水坠坝、海岸护坡、港口码头及地基处理等工程。塑料排水板的应用开始于 1981 年，混凝土模袋护坡始用于江苏省的南宫河口岸，到 80 年代末，已推广到全国七八个省市。其他土工合成材料，如土工网、土工格栅、土工带、土工锚杆、泡沫塑料等也在我国土木建筑中得到大量应用。

二、主要功能和技术

1. 主要功能

土工合成材料是一种新型的岩土工程材料，分为土工织物、土工膜、特种土工合成材料和复合型土工合成材料，其功能是多方面的，但归纳起来主要有六大功能，即排水、反滤、加筋、隔离、防渗和防护，除此还有约束和减载作用等。

有些土工合成材料在工程中所起到的功能可能不是单一的，如加筋垫层中的土工织物既起到加筋作用，又起到隔离作用；又如土工织物软体排，既起护底、固滩作用，又起到加筋和反滤作用。因此，在实际工程中，往往是一种功能起主导作用，而其他功能也相应不同程度地在起作用。

2. 技术指标

土工合成材料应用范围十分广泛，针对每一种工程，对土工织物都有特殊要求。目前我国土工合成材料产品的品种、规格已趋齐全，产量具有相当规模，其主要技术性能和产品质量已达到国际水平，可以满足各类工程对其力学性能、水力学性能、耐久性能和施工性能的需求。土工合成材料应用在各类工程可以很好地解决传统材料和传统工艺难于解决的技术问题。

土工合成材料指标主要分为物理性指标、力学性指标、水力学指标和耐久性指标，而确定设计指标时，应考虑环境变化对参数的影响，如无纺布用于边坡防渗，在现场无纺布因受压而变薄，等效孔径和渗透性减弱，但厚度减小，渗径变短，另外，细颗粒还会进入土工布内使渗透性降低。一般在设计抗拉强度时，应将试验强度进行折减。

土工合成材料的主要技术指标根据产品种类可以分为土工布的性能指标、土工膜的性能指标、土工格栅的性能指标和软式透水管的性能指标等，有时为了特定工程常需对土工布要求其他特殊性能。

3. 适用范围

土工合成材料在我国不仅已经广泛应用于建筑工程的各种领域，而且已成功地研究、开发了成套的应用技术。在我国各行业基础建设中，土工合成材料主要应用于滤层、加筋垫层、加筋挡墙、陡坡及码头岸坡、土工织物软体排、充填袋、模袋混凝土、塑料排水板、土工膜防渗墙和防渗铺盖、软式透水管和排水盲沟、治理路基和路面病害，以及三维网垫边坡防护应用等。

三、作用机理及应用技术

1. 土工织物滤层的作用机理

当土中水流过土工织物时，水可以顺畅穿过，而土粒却被阻留的现象称为反滤（过滤）。反滤不同于排水，后者的水流是沿织物表面进行的，而不是穿越织物。当土中水从细粒土流向粗粒土，或水流从土内向外流出的出处，需要设置反滤措施，否则土粒将受水流作用而被带出土体外，发展下去可能导致土体被破坏。土工织物可以代替水利工程中传统采用的砂砾等天然反滤材料作为反滤层（或称滤层）。用作反滤的土工织物一般是非织造型（无纺）土工织物，有时也可以用织造型土工织物。

对土工织物的反滤机理在学术上主要有挡土和滤层作用。对于无黏性土来说，其级配不是稳定的，在单向渗流的情况下存在潜蚀可能性，因此其可分为能够形成天然滤层和不能形成天然滤层的两种。对于双向反复流动，如沿海岸的土工织物滤层，对于土工织物滤层的要求较严格，要求其能够阻止细颗粒的通过。对于黏性土来说，由于黏性土是难以形成天然滤层的，对低塑性粉粒含量较高黏性土的滤层要求更加严格，要求土工织物能阻止较细颗粒的通过。

2. 土工织物滤层的设计

1）土工织物滤层的设计方法

滤层设计主要需考虑土工织物的有效孔径，同时需考虑土体颗粒大小。因此，各种不同代表性的孔径称为有效孔径、等效孔径及表现孔径等，并用 $O90$、$O95 > O98$ 来表示这些代表性的孔径，其中 O 代表通道孔径的等面积圆的直径；$O90$、$O95$、$O98$ 分别代表小于该孔径的通道占总通道数的 90%、95%、98%，这些指标代表了土工织物最起码的挡土能力，即大于这些指标的土颗粒都不能通过土工织物。土工织物中的孔道被堵塞，过水面积减小、渗透性下降的现象称淤堵，土工织物的淤堵体现了土工织物长期效应问题。

2）反滤设计准则

为了让所选用的土工织物能长期发挥反滤作用，对织物应该提出一定的要求。正像以往采用粒状土料（沙砾料）作反滤层时那样，应使土料粒径符合一定的准则。对用作反滤的土工织物，基本要求如下。

（1）被保护的土料在水流作用下，土粒不得被水流带走，即需要有"保土性"，以便防止管涌破坏。

（2）水流必须能顺畅通过织物平面，即需要有"透水性"，以防止积水产生过高的渗透压力。

（3）织物孔径不能被水流挟带的土粒所阻塞，即要有"防堵性"，以避免反滤作用失效。

3）土工织物选择

在按照上述过滤准则确定了土工织物的代表性指标后，即可选择土工织物。选择时应综合考虑，主要需考虑土工织物指标，包括物理特性、力学特性、水力学特性和耐久性的要求等。

各种土工织物都有过滤作用，都可作为滤层织物。在我国的现行标准中，《水运工程织物应用技术规程》（JTJ/T239—1998）和《公路工程土工合成材料应用技术规范》（JTJ/TD 32—2012）对滤层织物有明确规定。

4）土工织物滤层构造

土工织物滤层的构造主要包括细部处理和保护措施，如《水运工程土工织物应用技术规程》（JTJ/T 239—1998）对设在抛石棱体上、岸坡上、河道冲刷部位和结构变形部位的细部处理和保护措施都有具体的规定，在设计中应予以考虑。

3. 土工合成材料加筋垫层应用技术

土工合成材料加筋垫层是通过铺设在堤底面的土工合成材料与砂、碎石共同组成的连续完整的垫层，能约束浅层地基软土的侧向变形，改善软基浅部的位移场和应力场，均化应力分布，从而提高地基承载力和稳定性，调整不均匀沉降。

1）加筋技术机理

（1）扩散应力，加筋垫层的刚度较大，有利于上部荷载扩散并较均匀地传递到地基土层上。

（2）调整不均匀沉降，加筋垫层加大了压缩层范围内地基的整体刚度，便于调整地基变形。

（3）大地基稳定性，加筋垫层的约束，限制了地基土的剪切、侧向挤出及隆起。

2）软土地基上加筋堤的破坏形式

软土地基上加筋堤与不加筋堤的不同在于破坏机理和破坏条件不同，主要破坏形式有滑动破坏、筋材断裂破坏、地基土塑料破坏、薄层挤出破坏、水平滑动破坏。

4. 土工织物软体排应用技术

土工织物软体排结构轻质、强度高、整体连续性好、耐腐蚀性能高，而且十分柔软，能适应各种地形，铺设后能始终紧贴地面。在平原粉砂、细砂土质的河床和潮汐河口修建工程或进行航道整治时，为防止水流冲刷河床或水流渗透作用而造成河床的局部变形破坏，可以采用铺设土工织物软体排的办法，对砂质河床的岸坡及水底进行"护底"和"固滩"。

1）土工织物软体排的种类

土工织物软体排按其上部的压载形式可分为散抛压载软体排、系结压载软体排、砂被式软体排。

在实际工程中，应根据河床或海岸的组成形式、河段或海岸的水文地质条件等选择合适的排体形式。一般情况下，如边坡较缓（坡度低于1∶2.5）、水深较浅、流速不大的区域可采用散抛压载软体排；平原河流滩地"固滩"可采用系袋软体排、砂肋软体排；对于水深、流急和风浪较大的区域宜采取砂肋软体排、混凝土连锁块软体排或由砂肋软体排和混凝土连锁软体排所组成的混合排。

2）土工织物软体排设计

（1）排布材料的选择。编织、机织、无纺型土工织物和复合型土工织物均可用于制作软体排，目前用得较多的是聚丙烯编织型土工织物，而对于加筋材料目前多用聚乙烯绳。

（2）软体排的设计。软体排设计的内容主要为根据现场条件确定排体的结构形式、长度和宽度进行各项核算，保证软体排在应用的条件下保持稳定。

4. 土工织物充填袋应用技术

土工织物充填袋是以高强编织土工织物或机织土工织物缝制成的被形、枕形和长管形的袋状制品，目前已广泛地应用到筑填、建坝，河岸保护，海岸防冲刷和内湖清淤净化等工程。

土工织物充填袋筑堤设计主要有以下几类。

1）材料选择

（1）制作袋体的材料应根据充填料颗粒、使用环境和施工条件，选择透水性、保土性较好及强度较高、耐久性较好的土工织物。一般可使用编织土工织物或机织土工织物，风浪淘刷严重的部位宜使用编织土工织物或机织土工织物与无纺布复合的复合土工织物。

（2）填充料。大型冲刷袋筑堤，宜选用排水性能好的砂性土和粉砂性土；对于充填水泥土、固化土的充填袋，其材料及配方应根据试验决定。

2）充填袋筑堤断面选择

应根据工程的使用要求、当地水文地质条件、土料来源和施工方法选用双棱体、单棱体或全棱体等断面形式。

3）土工织物充填袋筑堤的稳定性验算

稳定性验算一般应包括下述内容。

堤身整体稳定验算：采用圆弧滑动法。

4）土工织物充填袋筑堤施工

土工织物充填袋筑堤铺袋的施工方法主要有人工铺袋法、专用船牵引铺袋法和专用船抛（投）袋法等。陆上、浅水区会潮差段可采用人工铺袋充填、分层填筑；深水区域可根据施工条件选用专用船牵引铺袋法或抛（投）袋法；对于小型充填袋（如砂枕）可采用抛（投）袋法。

6. 模袋混凝土应用技术

土工模袋是一种特殊的土工织物充填袋，膜袋是用化纤长丝直接机织成的，膜袋内的填充料是混凝土或砂浆。

1）模袋混凝土护坡设计

（1）膜袋选型。按所用的材质和加工工艺不同可分为机织膜袋和简易膜袋。机织膜袋主要由锦纶、涤纶和丙纶长丝织物制成，强度高、孔径均匀，·充填时基本不漏水泥，可以制成带反滤点形式，可以用泵充灌砂浆或细砾混凝土。简易膜袋系采用聚丙烯编织物缝制,袋体本身不具备反滤功能,需在坡面上加铺非织造织物滤层,袋内只充灌砂浆和采取人工自流灌填方式。

(2)模袋混凝土的厚度。模袋混凝土护坡主要承受风浪荷载,在寒冷地区还有冬季冰推力作用。而地处广东的大部分地区都很少出现结冰,因而模袋混凝土护岸的厚度主要由满足抗波浪稳定要求的板厚确定。

(3)模袋混凝土在坡面的稳定性验算。由于模袋混凝土与波面土为两种不同的材料,它们的物理及力学性质都截然不同,其界面的黏聚性能有所降低,因此模袋混凝土与波面土之间的界面为最危险的滑动面。

(4)模袋混凝土边界处理。

顶部:宜采用浆砌块石或填土覆盖保护。对地面径流的坡顶,应设置截水沟或其他防止地表水侵蚀膜袋下部基土的措施。

底部:宜设置压脚棱体或护脚块体,对受冲刷的岸坡应采取防冲刷措施。

侧翼:护坡两端宜设置沟槽,以便将膜袋护坡的侧翼埋入沟槽中,防止冲刷。

2)模袋混凝土护坡施工

铺设面处理:对于土坡,应按设计规定进行修坡或挖泥,坡面应平整无杂物;对于抛石的坡面,埋坡后再用碎石整平。坡面修坡或整平的平整度偏差,水上不应大于100mm,水下不应大于150mm。

铺设定位:为防止膜袋在充灌混凝土过程中下滑,在坡顶应设定位桩及拉紧装置。对于水下膜袋,铺设后应及时用沙袋或碎石袋临时压稳定位。

铺设和充灌顺序:宜按"先上游,后下游,先深水,后浅水,先标准段,后异形段"的次序进行。

混凝土的质量:除混凝土的一般要求外,应对骨料的最大粒径、混凝土的流动性进行重点控制。骨料的最大粒径,对厚度为150～250mm的,最大粒径不应大于20mm;对厚度大于250mm的,最大粒径不应大于40mm。混凝土的坍落度不宜小于200mm。

混凝土的充灌质量:要控制好充灌速度、充灌压力,防止中断。

对受潮水涨落影响的封闭围堰、护岸,在进行合拢段的模袋混凝土施工时应考虑内外水头差及涨落潮的影响,并采取相关措施。

8.塑料排水板应用技术

1)简况

塑料排水板是一种可以代替袋装砂井并排水固结的新型材料,在软基中设置竖向排水体大大缩短排水距离,加速地基的固结过程。排水板是板复合型结构,中间挤出成型的塑料芯板是排水板的骨架和通道,其断面呈并联十字形,由35条筋、34条槽组成,宽100mm,厚3.5～6.0mm,芯板外部包裹化纤无纺布,起着隔土滤模作用。

塑料排水板用于软基排水的主要优点是:滤水性好、排水通畅;其材料具有一定的强度和延伸率,适应地基变形能力强;插板时对地基扰动小;可在超软基上施工或水下插板施工;施工速度快,费用可比袋装砂井降低30%以上。

2）塑料排水板设计

排水板在平面上一般采用正方形或正三角形，插设深度视软弱土层厚度、加固要求以及采用的处理方法确定，根据插入软基深度的不同，可选用 A、B、C 三种型号。A 型排水板适用于施打深度小于 15m；B 型排水板适用于施打深度小于 25m；C 型排水板适用于施打深度小于 35m。

3）排水板施工

排水板施工分为路上排水板施工、潮间排水板施工和水上排水板施工，可考虑根据不同的地质特征选用液压插板机或振动插板机。对于水上施工的插板机，必须在船上施工，排水板需要预剪板。

8. 土工膜防渗（包括防渗铺盖和垂直防渗）

土工膜防渗的应用范围十分广泛。目前已应用到堤、坝、闸等建筑物的防渗，储液池、库防渗，房屋建筑防渗及环境岩土工程防渗，如垃圾填埋场防渗等。

1）土工膜防渗层结构

土工膜是土工膜防渗结构的主体，但只有土工膜还不能完成防渗功能。土工膜防渗层结构还应该包括土工膜、保护层、支持层和排水设施等部分。在渠道、蓄水池支持层采用透水材料或置于级配良好的透水地基上；对于土石坝支持层、膜下应设置垫层和过渡层。膜上保护层对于渠道、蓄水池来说一般可用素土、砂砾石、混凝土板块、干砌块石和浆砌块石护面；对于土石坝采用垫层和面层，采用复合式土工膜不需做垫层，采用干、浆砌块石护面的均应设置垫层。土工膜防渗层分为单层土工膜防渗层、多层土工膜防渗层及土工膜符合防渗层。

2）土工膜防渗设计

土工膜防渗设计主要包括土工膜的选择、土工膜厚度的确定、支持层和保护层设计、稳定验算和锚固细部处理等。

现行国家标准《土工合成材料应用技术规范》（GB 50290—2014）和现行行业标准《水利水电土工合成材料应用技术规范》（SL/T225—1998）对常用的铺盖防渗和垂直防渗有具体的规定。现行国家的标准给出了土石堤、坝的防渗设计，输水渠道、垃圾和有毒废物填埋防渗层等规定，对于地下垂直防渗、地下渗流和土工合成材料用于屋面防渗工程则需要符合有关行业标准。

3）土工膜防渗施工

土工膜的拼接方法主要有热压硫化法、焊接法、胶接法、缝合并涂胶法和溶剂焊接法等。对于土工膜拼接，采用热压硫化法和焊接法所形成的接缝，其抗拉强度可达到母材同样的强度。胶接法所形成的接法，其抗拉强度只能达到母材强度的 60% ～ 80%。缝合并涂胶法所形成的接缝，其抗拉强度只能达到母材强度的 85% ～ 90%。在计算土工膜厚度时应考虑到接缝抗拉强度的降低，适当增加膜的厚度。

为防止土工膜拼接接缝发生渗漏，铺设前应对土工膜拼接接缝的质量进行检查，常用的检查方法有真空罐、火花试验、超声波探测和双线加压法等方法。

对于土工膜防渗铺盖来说，要求铺设面平整，保证膜边界搭接长度并按规定方法焊接，并注意锚固和其他防渗设施的连接，保护层及时施工，防止阳光照射或被风吹动撕破。

对于垂直防渗土工膜铺设需在坝体（基）内开出一定宽度和深度的连续沟槽，并同步在沟槽内铺设土工膜（塑料薄膜），填入设计要求的回填料，经过填料的湿陷固结，形成以土工膜（塑料薄膜）为主要幕体的复合防渗帷幕。开沟造槽铺膜机有往复式、旋转式、刮板式、射水式、压入式振动压压入式等，开槽深度可达 10～15m，造槽宽度 16～30cm。

四、技术经济效益分析

通过各种工程土工合成材料应用实例，特别是国家 10 项土工合成材料应用示范工程证实，采用土工合成材料技术合理，并能产生较明显的经济效益。通过部分工程的沉降位移观测资料表明，采用加筋垫层的堤坝的施工速度快，堤身的差异沉降和总沉降量小，采用土工膜的真空预压施工速度比堆载预压快，为大面积快速造陆提供了基础，而采用土工布作为水下边坡反滤来说，可以克服水下反滤层施工质量难以控制的难题。众多工程采用土工合成材料均取得了显著的经济效益，工程造价可降低 15%以上。

第八节 高边坡防护技术

一、简述

国外边坡防护研究起步较早，并在一定时期居于领先地位的主要是发达国家。当前，这些国家正在进行的基本建设所涉及的边坡工程，在数量及复杂程度上已优于发展中和欠发达国家和地区，其边坡领域面临的主要问题与研究已进入滑坡灾害预测评价等方面。滑坡灾害评价技术较先进的国家有美国、法国、意大利、澳大利亚、加拿大、西班牙、瑞士、瑞典等。

在我国，边坡工程的研究正随着基本建设的发展而逐步深化，并已取得长足的进展。例如，支挡与锚固技术、护坡与锚固技术等趋向复合化，锚索桩墙、锚索框架等新型结构不断出现。但由于工程项目的规模、级别不断提高、涉及的地质环境越来越复杂，现有的研究成果已难以满足工程建设的需要，特别是高复杂边坡开挖和支护施工技术、施工期稳定性评价等方面缺乏针对性的总结和研究，尚需在现有基础上全面研究高边坡工程的施工技术，在确保边坡安全的前提下，使工程建设的进度和质量得到保证，经济性和环境友好性更好。

目前，国内外针对边坡稳定采取的工程措施除地表和地下排水外，还有削坡减载、支挡、反压、锚固以及护坡等措施。对于岩质高边坡的浅层加固支护处理，通常采用系统锚杆（桩）加固、坡面喷混凝土封闭等常规手段。对于高边坡安全稳定深层加固支护处理，预应力锚索（杆）、抗滑桩等是一种有效的加固支护措施，已在国内外各类工程高边坡治理中普遍使用。其中，预应力锚索作为对边坡小型滑块进行快速加固这一有效手段，已在国内外得到广泛应用。目前国内工程如小浪底、大朝山、龙滩等工程均采用锚固端和自由端注浆体一次注入，并以后张拉方式的预应力锚杆对边坡进行加固支护，简化了施工程序，加快了施工进度。对于高边坡的安全稳定深层加固，预应力锚索应用较为普遍；对于堆积体边坡开挖过程中如何确保边坡安全，已有一定的认识及手段，即普遍采用引排水、及时喷混凝土封闭坡面、实施自进式中空注浆锚杆和锁口锚杆、挂网加强喷护、加强施工期安全监测等措施。

二、基本概念

这里所说的边坡是指经人工改造形成的或受工程影响的边坡，分岩质边坡、土质边坡和岩土混合边坡。边坡防护是指通过工程措施，如浅层加固、深层锚固及排水相结合，使边坡安全稳定。

在实际工程中，进行高边坡防护需要注意较多因素，即不仅需要结合边坡坡度、水文地质条件，还需要了解边坡危害程度、地层软弱结构面，以此达到改善地层力学性能、加固围堰的目的，并进一步提高边坡防护技术的稳定性，因此，通过加固技术、工程防护技术、植物防护技术、喷播技术等高边坡防护技术的研究能够促进高边坡防护技术的发展，实现技术的进步。

三、高边坡稳定性因素

高边坡是一个倾斜的斜面，受到自身重力的影响，稳定性较差。研究影响高边坡防护技术的因素，提高高边坡防护技术的稳定性十分重要。影响高边坡防护技术的因素主要体现在以下几个方面。

1. 自然因素

高边坡会受到地形条件与地质构造的影响，以及水文、地质、土壤、气候以及筑路材料等多种因素的影响，高边坡在土壤松软、水资源充足的情况下极易出现高边坡滑坡问题，影响高边坡稳定性。

2. 人为因素的影响

人为因素的影响主要体现在工程的建设以及管理使用方面，如施工因素、设计因素以及养护管理因素，在施工不合理、设计欠缺、养护不佳的情况下就会影响高边坡的稳定性；而在施工合理、设计恰当、养护合理的情况下，就能保证高边坡的稳定性。

四、主要防护技术

（一）工程防护

对于不适宜植物生长的土质或风化严重、节理发育的岩石路堑边坡，以及碎石土的挖方边坡等只能采取工程防护措施，即设置人工构造物防护。

1. 坡面防护

坡面防护包括抹面防护、捶面防护、喷浆防护、喷射水泥混凝土防护等。

抹面防护。对于易受风化的软质岩石，常在坡面上加设一层耐风化表面，以隔离大气影响，防止风化，常用的抹面材料有各种石灰混合料灰浆、水泥砂浆等。抹灰厚度一般为 3～7cm。

捶面防护。为便于捶打成型，常用的材料除石灰、水泥混合土外，还有石灰、炉渣、黏土拌和的三合土或再加适量砂粒的四合土，一般厚度 10～15cm。

喷浆和喷射水泥混凝土防护。其适用于易风化软岩、裂隙和节理发育、坡面不平整、破碎较严重的石质挖方边坡。

2. 砌石防护

砌石防护主要包括干砌片石防护、浆砌片石防护和护面墙防护。

（1）干砌片石防护。其主要适用于较缓（不陡于 1：1.15）的土质，因雨、雪水冲刷会发生流泥、拉沟、有严重剥落的软质岩层边坡，以及周期性浸水的河滩、水库或占地边缘边坡。

（2）浆砌片石防护。其适用于路基边坡缓于 1:1 的土质边坡或采用干砌片石防护不适宜或效果不好的岩石边坡。浆砌片石厚度一般为 0.2～0.5m，每隔 10～15m 应留一道伸缩缝，缝宽约 2cm，每隔 2～3m 设一个 10cm 圆形泄水孔，孔后 0.5m 范围内设反滤层。

（3）护面墙防护。其适用于易风化的云母片岩、绿泥片岩、泥质面岩、千枚岩及其他风化严重的软质岩和较破碎的岩石地段的挖方边坡防护。护面墙所防护的挖方边坡度应符合极限稳定边坡的要求。护面墙顶宽一般 0.4～0.6m，底宽为 0.4～0.6m+i/20（0 为墙高）。为增强护面墙的稳定性，护面墙较高时要分段修筑，分级处设 1m 的平台，墙背每 4～6m 高处设一个耳墙。

3. 落石防护

整个落石防护系统由锚杆、拉锚绳、减压环、钢绳网和钢柱及基底等部分构成。

4. 挡土墙防护

根据构造不同，挡土墙防护可分为重力式、锚杆式、预应力锚索式、扶壁式、悬臂式、加筋土式等。

5. 抗滑桩防护

抗滑桩按照制作材料可分为混凝土桩、钢筋混凝土桩及钢桩；按断面形式可分为圆桩、管桩和方桩；按结构形式可分为单桩、框架桩、预应力锚索抗滑桩；按施工方法可分为打入桩、钻孔桩和挖孔桩；按平面布置可分为单排式或多排式。

6. 土钉防护

它是由水平或近似水平设置于天然边坡或开挖边坡中的加筋杆件及面层结构形成的挡土体系，用以改良整个边坡的稳定性，适用于有一定黏结性的杂填土、粉土、黄土与弱胶结的砂土边坡，同时要求地下水位低于土坡开挖段或经过降水使地下水位低于开挖土层。对于标准贯入击数低于 10 击及不均匀系数小于 2 的级配不良的砂土边坡则不适用。

7. 锚杆及锚索

采用预应力锚杆和锚索锚固技术是岩质高边坡加固中最经济、有效的一种方式。其原理是用高强度的钢材或钢绞线穿过岩体软弱结构面，使其长期处于高应力状态下，从而增强被加固岩体的强度，改善岩体的应力状态，提高岩体的稳定性。当软弱结构面离坡面较近时用锚杆，较远时用锚索，一般的高边坡都用锚索。

8. 边坡排水技术

边坡排水包括坡面排水和坡体排水。坡面排水主要是通过设置坡顶截水沟、平台截水沟、边沟、排水沟及跌水与急流槽来实现；坡体排水主要有渗沟、盲沟及斜孔等。

（二）加固技术

加固技术是高边坡防护主要技术之一，是在高边坡自身稳定基础上进行的，有效实施加固技术需要做到以下两点。

1. 注重高边坡加固

通过多种方法进行高边坡加固，防止高边坡坍塌，其中较为实用的方法有抗滑墙、抗滑桩、压浆锚柱、预应力锚索、柔性主动防护网等方式。

2. 设置特殊的排水系统

将排水系统设置为坡顶截水沟，在强风化岩石上的坡脚，设置抗滑桩与抗滑墙，避免滑塌的产生，有效进行高边坡加固。

（三）植被防护

植物防护主要是在边坡上种植草丛或树木或两者兼有，以减缓边坡上的水流速度，利用植物根系固结边坡表层土壤以减轻冲刷，从而达到保护边坡的目的，其方法包括植草、植草皮、植树、喷播生态混凝土等。植被防护在选栽植物时，一定要考虑生长条件和保护边坡稳定的作用。

1. 植被选择依据

（1）选择适合当地土壤、气候条件的植物，最好选择当地野生植物及人工培育出的新品种。

（2）选择根系发达、分生能力强和密度大的植物。植物的根系关系到固土能力，根系分布越深，固土效果越好；分生能力强，可形成致密的群落，覆盖率高，可减少对土壤的侵蚀。

（3）选择直立生长缓慢或低矮的植物。

（4）选择耐瘠薄、抗性强的植物。一般在冷季型草中以高羊茅抗性最强，暖季型中以狗牙根和结缕草抗性最好。

2.植物护坡施工中的注意事项

（1）草本植物与灌木合理搭配。大多数草本植物根系发达，但根的深度较浅，边坡土壤易被冲刷，出现护坡不稳定现象。所以，一般在边坡下部适当栽植小灌木，以增加固坡作用。

（2）种植密度。边坡草坪在兼顾群体发育的同时，强调培育个体壮苗，播种量应降低。一般情况下，护坡草种播种量是草坪播种量的，$1/3 \sim 1/2$。

（3）混播方案的选择。一般来讲，混播优于单播，尤其豆禾混播有两方面的作用，即土壤养分的互补作用和对主要草种的保护作用。

（4）施工时间。施工时间以种子发芽及幼苗生长发育时为最佳。冷季型草最好选择在晚夏或初秋，以利于幼苗生长发育，同时也可避开杂草危害；暖季型草应选在雨季过后立即播种，营养繁殖应选择在雨季进行。

（5）覆盖。覆盖可起到遮阴、降温、减少水分蒸发及减少土壤侵蚀的作用，在施工中不可忽视。

（四）自然高边坡防护技术

1.主要技术内容和特点

该技术通过在坡体内施工系统的预应力锚索、锚杆（土钉）或注浆加固对边坡进行处治。系统的预应力锚索为主动受力，单根锚索设计锚固力可高达3000kN，是高边坡深层加固防护的主要措施。系统的锚杆（土钉）对边坡防护的机理相当于螺栓的作用，是一种对边坡进行中浅层加固的手段。根据滑动面的埋深确定边坡不稳定块体大小及所需锚固力，一般多用预应力锚（索）杆有针对性地进行加固防护。为防治边坡表面风化、冲蚀和弱化，主要采取植物防护、砌体封闭防护、喷射（网喷）混凝土等作为坡面防护措施。

2.技术指标和技术措施

根据边坡高度、岩体性状、构造及地下水的分布，判断潜在滑移面的位置；选择适宜的计算方法确定所需的锚固力并给出整体安全系数；采用加固防护措施提高边坡稳定性，其主要技术指标如下。

（1）锚索锚固力：$500 \sim 3000kN$。

（2）锚杆锚固力：$100 \sim 500kN$。

（3）喷射混凝土：强度不低于C20。

（4）锚（索）杆固定方式：可采用机械固定、灌浆（胶结材料）固定、扩张基底固定方式，根据黏结强度确定锚固力设计值。

在实际工程中，要结合边坡坡度、高度、水文地质条件、边坡危害程度合理选择防护措施，提高地层软弱结构面、潜在滑移面的抗剪强度，改善地层的其他力学性能，并加固危岩，将结构物与地层形成共同工作的体系，提高边坡稳定性。

（五）堆积体高边坡防护技术

1. 主要技术内容和特点

堆积体高边坡的加固主要采取浅表加固，混凝土贴坡挡墙加预应力锚索固脚，以及浅表、深层排水降压相结合的加固处理等技术。浅表加固采用中空注浆土锚管加拱形骨架梁混凝土对边坡浅层滑移变形进行加固处理；边坡开挖坡脚采用混凝土贴坡挡墙加预应力锚索进行锚固；在边坡治理采用浅表、深层排水降压相结合进行地表水和地下水的排放等。

2. 技术指标和技术措施

（1）土锚管注浆：土锚管灌注 M20 的水泥净浆，水灰比 0.8:1，注浆压力 0.3MPa 以内。

（2）在拱形骨架梁、中空注浆土锚管相间布置，间距 1.0m，坡面按 1.4m×1.4m 交错布置。

（3）坡面出现坍滑的区域，坡面按 1.0m×1.0m 交错布置，在拱形骨架梁主梁位置按 1.0 间距相间布置中空注浆土锚管。

（4）对已开挖的坡面全部进行拱形骨架梁混凝土护坡支护。

（5）预应力锚索锚固力：500 ～ 3000kN。

（6）浅表排水花管直径：50 ～ 100mm。

（7）在堆积体岩体内部设置永久深层排水降压平洞。

五、适用范围

堆积体高边坡防护技术的适用范围如下所述。

（1）高度大于 30m 的岩质高陡边坡、15m 的土质边坡、水电站侧岸高边坡、船闸、特大桥桥墩下岩石陡壁、隧道进出口仰坡等。

（2）50 ～ 300m 堆积体高边坡加固。

第八章 地基施工新技术

第一节 暗挖法

一、新奥法

（一）概述

所谓新奥法，即"新奥地利隧道施工法"（New Austrian Tunnelling Method），国际上简称为 NATM，是一种在岩质、土砂质介质中开挖隧道，以使围岩形成一个中空筒状支撑环结构为目的的隧道设计施工方法。新奥法采用的主要支护手段是喷射混凝土结构和打锚杆。

新奥法基本原理：施工过程中充分发挥围岩本身具有的自承能力，即洞室开挖后，利用围岩的自稳能力及时进行喷锚支护（初期），使之与围岩密贴，减小围岩松动范围，提高自承能力，使支护与围岩联合受力共同作用。

新奥法适用于具有较长自稳时间的中等岩体、弱胶结的砂和砾石以及不稳定的砾岩、强风化的岩石、刚塑性的黏土泥质灰岩和泥质灰岩、坚硬黏土，及在很高的初应力场条件下的坚硬和可变坚硬的岩石。

新奥法与传统施工方法的区别：传统方法认为巷道围岩是一种荷载，应用厚壁混凝土加以支护松动围岩；而新奥法认为围岩是一种承载机构，构筑薄壁、柔性、与围岩紧贴的支护结构（以喷射混凝土、锚杆为主要手段）并使围岩与支护结构共同形成支撑环，来承受压力，并最大限度地保持围岩稳定，而不致松动破坏。

（二）新奥法施工技术

1. 施工工艺

新奥法施工工艺流程可以概括为：开挖－一次支护－二次支护。

（1）开挖作业的内容。依次包括钻孔、装药、爆破、通风、出渣等。

（2）开挖作业的方法有：①全断面开挖法，即一次完成设计断面开挖，再修筑衬砌，是在稳定的围岩中采用的方法；②台阶开挖法，即将设计开挖断面分上半部断面和下半部断面两次进行开挖，或采用上弧形导坑超前开挖和中核开挖及下部开挖；③侧壁导坑环型开挖法，多用于不良地质条件下，也是城市隧道抑制下沉时常用的方法。

（3）第一次支护作业。包括一次喷射混凝土、打锚杆、联网、立钢拱架、复喷混凝土。

2. 技术要点

（1）开挖作业宜多采用光面爆破和预裂爆破，并尽量采用大断面或较大断面开挖，以减少对围岩的扰动。

（2）隧道开挖后，尽量利用围岩的自承能力，充分发挥围岩自身的支护作用。

（3）根据围岩特征采用不同的支护类型和参数，及时施作密贴于围岩的柔性喷射混凝土和锚杆初期支护，以控制围岩的变形和松弛。

（4）适时进行衬砌，衬砌要薄，以防止产生弯矩，用钢筋网、锚杆加强衬砌而不要增加厚度。

（5）在软弱破碎围岩地段，使断面及早闭合，以有效地发挥支护体系的作用，保证隧道稳定。

（6）二次衬砌原则上是在围岩与初期支护变形基本稳定的条件下修筑的，围岩与支护结构形成一个整体，因而提高了支护体系的安全度。

（7）尽量使隧道断面周边轮廓圆顺，避免棱角突变处应力集中。

（8）通过施工中对围岩和支护的动态观察、量测，合理安排施工程序，进行设计变更及日常施工管理。

（9）采用排水的方法降低岩体中水的渗透压力。

（三）技术特点

新奥法施工具有以下特点：

（1）及时性。新奥法施工采用喷锚支护为主要手段，可以最大限度地紧跟开挖作业面施工，及时支护，有效地限制支护前的变形发展，阻止围岩松动。在必要的情况下可以进行超前支护，加之喷射混凝土的早强和全面黏结性，因而保证了支护的及时性和有效性。

（2）封闭性。由于喷锚支护能及时施工，而且是全面密粘的支护，因此能及时有效地防止因水和风化作用造成围岩的破坏和剥落，制止膨胀岩体的潮解和膨胀，保护原有岩体强度。巷道开挖后，围岩由于爆破作用产生新的裂缝，加上原有地质构造上的裂缝，随时都有可能产生变形或塌落。当喷射混凝土支护以较高的速度射向岩面，很好地充填围岩的裂隙、节理和凹穴，大大提高了围岩的强度（提高围岩的粘聚力和内摩擦角）。同时喷锚支护起到了封闭围岩的作用，隔绝了水和空气同岩层的接触，使裂隙充填物不致软化、解体而使裂隙张开，导致围岩失去稳定。

（3）黏结性。喷锚支护与围岩能全面黏结，其黏结可以产生三种作用：

1）联锁作用。联锁作用即将被裂隙分割的岩块黏结在一起，若围岩的某块危岩活石发生滑移坠落，则引起临近岩块的连锁反应，相继丧失稳定，从而造成较大范围的冒顶或片帮。开巷后如能及时进行喷锚支护，喷锚支护的黏结力和抗剪强度是可以抵抗围岩的局部破坏，防止个别危岩、活石滑移和坠落，从而保持围岩的稳定性。

2）复合作用。喷锚支护结构在提高围岩的稳定性和自身的支撑能力的同时，与围岩形成了一个共同工作的力学系统，共同支护围岩。

3）增强作用。开巷后及时进行喷锚支护，一方面将围岩表面的凹凸不平处填平，消除因岩面不平引起的应力集中现象，避免过大的应力集中所造成的围岩破坏；另一方面，使巷道周边围岩由双方向受力状态，提高了围岩的黏结力和内摩擦角，也就是提高了围岩的强度。

（4）柔性。喷锚支护属于柔性支护，能够和围岩紧粘在一起共同作用，可以和围岩共同产生变形，在围岩中形成一定范围的非弹性变形区，并能有效控制允许围岩塑性区有适度的发展，使围岩的自承能力得以充分发挥。另一方面，喷锚支护在与围岩共同变形中受到压缩，对围岩产生越来越大的支护反力，能够抑制围岩产生过大变形，防止围岩发生松动破坏。

二、浅埋暗挖法

（一）概述

浅埋暗挖法是以加固和处理软弱地层为前提，采用足够刚性复合衬砌（由初期支护和二次衬砌及中间防水层所组成）为基本支护结构的一种用于软土地层近地表修建各种类型地下洞室的暗挖施工方法。

浅埋暗挖法沿用了新奥法的基本原理，创建了信息化量测反馈设计和施工的新理念。采用先柔后刚复合式衬砌新型支护结构体系，初期支护按承担全部基本荷载设计，二次衬砌作为安全储备，初期支护和二次衬砌共同承担特殊荷载；采用多种辅助工法，超前支护，改善加固围岩，调动部分围岩的自承能力；采用不同的开挖方法及时支护、封闭成环，使其与围岩共同作用形成联合支护体系；在施工过程中应用监控量测、信息反馈和优化设计，实现不塌方、少沉陷、安全生产与施工。

浅埋暗挖法是在软弱围岩浅埋地层中修建山岭隧道洞口段、城区地下铁道及其他浅埋结构物的施工方法。它主要适用于不宜明挖施工的土质或软弱无胶结的砂、卵石等第四纪地层，修建覆跨比（覆土层厚与跨度之比）大于 0.2 的浅埋地下洞室。对于高水位的类似地层，采用堵水或降水、排水等措施后也适用。

（二）浅埋暗挖法施工技术

1. 施工条件

（1）浅埋暗挖法不允许带水作业，如果含水地层达不到疏干，带水作业会使开挖面的稳定性受到威胁，甚至塌方。

（2）采用浅埋暗挖法要求开挖面具有一定的自立性和稳定性，以保证施工安全。

2. 施工步骤

浅埋暗挖法施工通常包括以下步骤：

（1）如遇含水地层，首先施工降水；否则，先将钢管打入地层，然后注入水泥浆或化学浆液，使地层加固。

（2）地层加固后，进行短进尺开挖。通常每循环在 0.5～1.0m，随后即做初期支护。

（3）施作防水层。开挖面的稳定时刻受水的威胁，严重时可导致塌方，因此处理好地下水是浅埋暗挖法施工非常关键的环节。

（4）进行二次衬砌。

3. 施工要点

浅埋暗挖法的施工要点可以概括为十八个字：管超前、严注浆、短开挖、强支护、快封闭、勤量测。

此外，应根据地层情况、地面建筑物的特点及机械配备情况，选择对地层扰动小、经济、快速的开挖方法。若断面大或地层较差，可采用经济合理的辅助工法和相应的分部正台阶开挖法；若断面小或地层较好，可采用全断面开挖法。

（三）技术特点

浅埋暗挖法具有以下技术特点：

（1）动态设计、动态施工的信息化施工方法，建立了一整套变位、应力监测系统。

（2）强调小导管超前支护在稳定工作面中的作用。

（3）研究、创新了劈裂注浆方法加固地层。

（4）发展了复合式衬砌技术，并开创性地设计应用了钢筋网构拱架支护。

（5）施工速度慢，施工工艺受施工队伍的技术水平限制。

三、管幕法

（一）概述

管幕法系以单管顶进为基础，各单管间依靠锁口在钢管侧面相接形成管排，并在锁口空隙注入止水剂或砂浆达到注水要求，待管排顶进完成后，形成密封的止水管幕。然后对管幕内的土体进行加固处理，随后在内部边开挖边支撑，直至管幕段贯通再浇筑结构体；或在两侧工作井内现浇箱涵，然后边开挖土体边牵引对拉箱涵。

管幕是指用小口径顶管机构筑的从推进井延伸至接收井形成的隔水挡土的钢管围幕。管幕是一种刚性的临时挡土结构，减少开挖时对邻近土体的扰动并相应减少周围土体的变形，达到开挖时不影响地面活动，并维持上部建（构）筑物与管线正常使用功能的目的。管幕形状有多种，包括半圆形、圆形、门字形、口字形等。

管幕法适用范围较广，从目前已有的国内外工程实例来看，适用于回填土、砂土、黏土、岩层等各种地层。

（二）管幕法施工技术

管幕法的施工分为两大部分：钢管幕的施工及在管幕保护下地下结构体的施工。管幕法的施工工序和施工方法如下：

（1）构筑顶管推进井和接收井。

（2）将钢管分节依次顶入土层中，使钢管彼此搭接，形成管幕。

（3）在钢管接头处注入树脂止水剂，使浆液沿纵向流动并充满接头处的间隙，防止开挖时地下水渗入。

（4）在钢管内进行压力注浆或注入混凝土并进行养护，以提高管幕的刚度，减小开挖时管幕的向内变形。

（5）在管幕内进行全断面开挖，边掘进边支承，形成从推进井至接收井的通道。

（6）依次逐段构筑混凝土内衬，并逐步拆除管幕内支撑，最终形成完整的地下通道。

（三）技术特点

管幕法具有如下技术特点：

（1）施工时无噪声和振动，对周围环境的影响较小。

（2）不必进行大范围开挖，不影响城市道路正常交通。

（3）不需降低地下水位，地面沉降较小。

（4）在建筑物附近施工，但不对建筑物产生不良影响，故无需加固房屋地基和桩基。

（5）使用小型顶管机进行施工，要求顶管机具有较高的顶进精度和顶进速度。

（6）作为管幕的钢管埋入土体后不能回收，造成了资源浪费，成本较高。

第二节　盾构法

盾构法（Shield）也称掩护筒法，是在地表以下土层中暗挖隧道的一种施工方法。采用盾构法修建隧道已有170余年的历史，它是一项综合性的施工技术。西气东输工程中，大量采用盾构法施工，其中，长江工程中采用盾构法施工占总工程量的79.2%，累积长度达1 578 m。盾构本身只是进行土方开挖和隧道衬砌结构安装的施工机具，只有与诸如地下水降低、隧道衬砌结构的制造以及地层开挖、隧道内运输、壁后充填、衬砌防水与堵漏、施工测量等密切配合才能顺利施工。

一、盾构的模本构造

盾构的标准外形是圆筒形，也有矩形、马蹄形或半圆形。盾构的种类繁多，其基本结构包括盾构壳体、推进系统、拼装系统三大部分。

1. 盾构壳体

盾构壳体由切口环、支承环和盾尾三部分组成，盾外壳由钢板连接而成。

（1）切口部分

它位于盾构的最前端，施工时切入地层并掩护开挖作业。切口环前端设有刃口，以减少切土时对地层的扰动。切口环的长度主要决定于支撑、开挖方法以及挖土机具和操作人员的工作回旋余地等。大部分手掘式盾构切口环的顶部比底部长，犹如帽檐。有的还设有千斤顶操纵的活动前檐，以增加掩护长度。机械化盾构的切口容纳各种专门挖土设备。在局部气压式、泥水加压式和土压平衡式盾构中，其切口部分的压力高于隧道内的常压，故切口环与支承环之间需用密闭隔板分开。

（2）支承环部分

支承环紧接于切口环后，位于盾构的中部。它是一个刚性较好的圆环结构。地层土压力、所有千斤顶的鼎力以及切口、盾尾、衬砌拼装时传来的施工荷载均由支承环承担。支承环的外沿布置盾构推进千斤顶。大型盾构由于空间较大，所有液压动力设备、操纵控制台、衬砌拼装器（举重臂）等都往往布置在这里。中、小盾构则可把部分设备移至盾构后面的车架上。当切口环内压力高于常压时，在支承环内要布置人行加压与减压闸。

（3）盾尾部分

盾尾一般由盾构外壳钢板延长构成，主要用于掩护隧道衬砌的安装工作。盾尾末端设有密封装置，以防止水、土及注浆材料从盾尾与衬砌之间进入盾构内。盾尾密封装置损坏时，还要在盾尾部分进行更换。因此，盾尾长度要满足以上各项工作的进行。盾尾厚度从结构上考虑应尽可能减薄，但盾尾除承受地层土压力外，遇到隧道纠偏及弯道施工时，受力情况复杂，还有一些难以估计的施工荷载，所以其厚度应综合上述因素来确定。

盾壳外径与衬砌内径间的建筑空隙，在满足盾构纠偏要求的前提下应尽量减小。盾尾密封装置要将经常变化的空隙加以密封，因此材料要富有弹性，构造形式要求耐磨损、耐撕裂。以往采用过橡胶板或橡胶板两面加弹簧钢板的复合板，还试用过充气车胎、尼龙毛刷等，但均未取得理想的效果。特别是盾尾压注水泥浆的盾构，密封装置更易损坏。目前除了摸索新的密封形式外，一般采用多道、可更换的盾尾密封装置。

2. 推进系统

盾构的推进系统由液压设备和盾构千斤顶组成。

液压设备操纵过程如下：启动输油泵，从油箱供油给高压油泵；启动高压油泵，通过溢流阀或手控调压阀使油压升至要求值；启动控制油泵，待控制油压升至额定压力后，按指令操纵电磁阀开关；用电磁铁打开控制阀，依靠压力较低的控制油压推动高压阀，使总管内高压油通向千斤顶；千斤顶按操纵指令伸出或缩回。整个系统另设有一些保护设备，如电控压力表、电流过载保护装置等，使高压油泵及电动机不至过载而损坏。

简单的液压控制系统是采用手动高压操纵阀，直接控制千斤顶的动作，省去了控制油路、电磁阀等部分，较简单、可靠。

3. 拼装系统

衬砌拼装器（俗称举重臂）是拼装系统的主要设备，常以液压系统为动力。拼装管片的举重臂，目前多数安装在支承环上。也有一些与盾构脱离，安装在后部车架上。有的小型盾构甚至把举重臂安装在平板车上。这些均与设备和施工布置有关。

二、盾构的分类及其适用范围

1. 手掘式盾构

手掘式盾构构造简单，配套设备较少，因而造价低。其开挖面可以根据地质条件全部敞开，也可以采用正面支撑，随开挖随支撑。在某些松散的砂性地层，还可以按照土的摩擦角将开挖面分为几层，这时，就把该种盾构称为棚式盾构。

手掘式盾构的主要优点：

①正面是敞开的，施工人员随时可以观察地层变化情况，及时采取应对措施；

②当在地层中遇到桩、孤石等地下障碍物时，比较容易处理；

③可以向需要方向超挖，容易进行盾构纠偏，也便于在隧道的曲线段施工；

④造价低，结构设备简单，易制造。

它的主要缺点有：

①在含水地层中，当开挖面出现渗水、流沙时，必须辅以降水、降压或地层加固等措施；

②工作面若发生塌方事故时，易引起危及人身及工程安全的事故；

③劳动强度大，效率低，进度慢，在大直径盾构中尤为突出。

手掘式盾构尽管有上述不少缺点，但由于简单易行，目前在地质条件较好的工程中仍广泛应用。

2. 挤压式盾构

挤压式盾构分为全挤压及半挤压两种，前者是将手掘式盾构的开挖工作面用胸板封闭起来，把土层挡在胸板外，这样就比较安全可靠，没有水、砂涌入及土体坍塌的危险，并省去了出土工序。后者是在封闭胸板上局部开孔。当盾构推进时，土体从孔中挤入盾构，装车外运，省去了人工开挖，劳动条件比手掘式盾构大为改善，效率也成倍提高。

挤压式盾构仅适用于松软可塑的黏性土层，适用范围比较狭窄。全挤压施工由于地表有较大隆起变形，只能用于空旷的地段，或河底、海滩等处。半挤压施工虽然能在城市房屋、街道下进行，但对地层扰动大，地面变形很难避免。这是挤压式盾构的缺点。

网格式盾构是一种介于半挤压和手掘式之间的盾构形式。这种盾构在开挖面装有钢制的开口栅格，称为网格。当盾构向前推进时，土被网格切成条状，进入盾构后运走，当盾构停止推进时，网格起到挡土作用，有效地防止了开挖面坍塌。这种盾构对土体的挤压作用比挤压式盾构小，因而引起的地表变形也小些。网格式盾构也只适用于松软可塑的黏性土层，当地层含水时，尚需辅以降水、降压等措施。

3. 半机械式盾构

半机械式盾构系在手掘式盾构正面装上挖土机械来代替人工开挖。根据地层条件，可以安装反铲挖土机或螺旋切削机。如果土质坚硬，可安装软岩掘进机的切削头。半机械式盾构的适用范围基本上和手掘式一样，除可减轻工人劳动强度外，其优缺点均与手掘式相似。

4. 机械式盾构

机械式盾构是在手掘式盾构的切口部分，安装与盾构直径同样大小的大刀盘，以实现全断面切削开挖。若地层能够自立或采取辅助措施后能够自立，可采用开胸机械式盾构。如果地层较差，则可采用下列几种闭胸机械式盾构。

（1）局部气压盾构

这种盾构在开胸机械式盾构的切口环和支承环之间装上隔板，使切口环部分形成一个密封舱，向舱中通入压缩空气，以平衡开挖面的土压力，代替在隧道内加压的全气压施工。这时衬砌拼装和隧道内的其他施工人员，可不在气压下工作，这无疑有很大的优越性。局部气压盾构的一些技术问题，目前尚未很好解决。例如，从密封舱内连续出土的装置，还存在漏气和寿命不长等问题；盾尾密封装置还不能完全阻止气压舱内的压缩空气通过开挖面经外壳从盾尾泄漏；管片接缝漏气等。故目前世界各国应用不多。

（2）泥水加压式盾构

局部气压盾构的技术难题是连续出土和压缩空气的泄漏问题。地层在同样压力差及同样间隙条件下，漏气量要比漏水量大80倍之多。因此，若在上述局部气压密封舱内改为通入泥水（泥浆），既可利用泥水压力来支撑开挖面，又可大大减少盾尾的漏气。同时，刀盘切削下来的土，还可利用泥水通过管道输送到地面处理，这就解决了从密闭舱内连续出土的问题。这些优点都是显而易见的，但泥水盾构的配套设备多，首先要有一套自动控制泥水输送的系统，还要有专门的泥水处理系统。所以泥水加压盾构的设备费用较大，设备投资比一般机械化盾构高，这是它的主要缺点。

（3）土压平衡式盾构

这种盾构又称削土密闭式或泥土加压式盾构，是在上述两种机械化盾构的基础上发展起来的。这种盾构的前端也有一个全断面切削刀盘，盾构的中心或下部有长筒形螺旋运输机的进土口，其出土口则在密闭舱外。所谓土压平衡，就是用刀盘切削下来的土，如同用压缩空气或泥水一样充满整个密封舱，并保持一定压力来平衡开挖面的土压力。螺旋运输机的出土量（用它的转速控制）要密切配合刀盘的切削速度，以保持密闭舱内始终充满泥土，而又不致过于饱满。这种盾构避免了局部气压盾构的主要缺点，也节省了泥水盾构所需的输送和处理设备。土压平衡式盾构是一种发展中的最新型盾构。

三、盾构施工

1. 盾构进出洞方法

在盾构施工段的始端，必须进行盾构安装和盾构进洞工作，而当通过施工区段后，盾构又必须出井拆卸。盾构进出洞的方法常用的有以下几种：

（1）临时基坑法

用板桩或明挖方法围成临时基坑，在其内进行盾构安装、后座安装及垂直运输出口施工，然后基坑部分回填并拔除板桩，开始盾构施工。此法适用于埋深较浅的盾构始发端。

（2）逐步掘进法

盾构由浅入深掘进，直至全断面进入地层形成洞口。这种方法使整个隧道施工单一化。可挖掘纵坡较大的、与地面直接连通的斜隧道，如越江隧道施工即为此种情形。

（3）工作井进出法

在沉井或沉箱壁上预留口及临时封门，盾构在井内安装就位。待准备工作结束后即可拆除临时封门，使盾构进入地层。

盾构拆卸井应方便起吊、拆卸工作，但对其要求比一般拼装井低。

2. 准备工作

（1）盾构的拼装与拆卸室

在盾构施工段的始端和终端，宜布置基坑或井，用以进行盾构的安装与拆卸工作。若盾构推进线路特别长，还应设置检修工作井。这些井和基坑都应尽量结合隧道规划线路上的通风井、设备井、地铁车站等进行设置。

（2）　盾构基座

工作井内的盾构基座用于安装并搁置盾构，在推进时基座上的导轨使盾构获得正确的方向。基座一般为钢筋混凝土或钢结构。

（3）盾构后座

盾构开始推进时，其推力靠工作井井壁承担。因此，在盾构与井壁之间需要传力设施，称为后座。通常采用隧道衬砌管片、专用顶块或顶撑作后座。

3. 盾构推进

盾构推进的典型工艺循环应包括切入土层、土体开挖、衬砌拼装和壁后压浆四个工序。

（1）切入土层

盾构向前推进的动力是千斤顶产生的。千斤顶将切口环向前顶入土层，其最大距离是一个千斤顶行程。

盾构施工中，盾构的位置与方向，以及盾构的纵坡，均依靠调整千斤顶编组的伸缩及辅助措施加以控制。根据盾构现状测量结果，确定盾构轴线空间的方向后，依照纠偏量的要求，决定开启或关闭千斤顶的编号。

（2）土体开挖

土体开挖方式根据土质的稳定状况和选用的盾构类型确定。具体的开挖方式有：

①敞开式开挖。在地质条件好、开挖面在掘进中能维持稳定或采取措施后能维持稳定的土质中，应用手掘式及半机械式盾构时，均为敞开式开挖。开挖程序一般是从顶部开始逐层向下挖掘。

②机械切削开挖。主要是指与盾构直径相当的全断面旋转切削刀盘的开挖方式。大刀盘切削开挖配合运土机械可使土方从开挖到装车运输实现机械化。

③网格式开挖。开挖面由盾构的网格梁与隔板分成许多格子。盾构推进时，土体从格子里呈条状挤出。应根据土质条件调节网格开孔面积。这种网格对工作面还起到支撑作用。这种支撑作用是由土的黏聚力和网格厚度范围内的阻力的合力与开挖面的主动土压力相抗衡而产生的。这种出土方式效率高，是我国大、中型盾构常用的方式。

④挤压式开挖。全挤压式和半挤压式开挖，由于不出土或只部分出土，对地层有较大的扰动。施工中应精心控制出土量，以减小地表变形。

（3）衬砌拼装

软土盾构施工的隧道衬砌多采用预制拼装形式。对于防护要求高的隧道也有采用整体浇注混凝土支护。还有复合式衬砌，先用薄层预制块拼装，然后复合壁浇注内衬。

预制拼装衬砌通常是由称作"管片"的多块弧形预制构件拼装而成。

管片的拼装方法有通缝拼装和错缝拼装两种，各有其优缺点。按拼装的程序，又可分为"先纵后环"和"先环后纵"两种。先环后纵法是拼装前缩回所有千斤顶，将管片先拼成圆环，然后用千斤顶使拼好的圆环纵向靠拢与已安好的衬砌联结成碣。此法拼装，环面平整纵缝质量好，但可能使盾构后退。先纵后环的拼装方法，因拼装时只缩回该管片部分的千斤顶，其他千斤顶则轴对称地支撑或升压，所以可以有效地防止盾构后退。

管片拼装通常用衬砌拼装器完成。它可根据拼装要求完成旋转、径向伸缩和纵向移动等动作。

四、管片防水

盾构施工采用钢筋混凝土管片支护，除满足强度要求外，还应解决防水问题。管片拼装缝是隧道衬砌防水薄弱环节。管片制作质量及精度应严加控制，几何尺寸误差不应超过 ±1 mm，否则就会影响接缝的防水效果。

衬砌防水的关键部位是接缝，其防水构造通常作为衬砌构造的一个永久组成部分。为此，选用的防水材料应具备抗老化性能，在承受各种外力而产生往复变形的情况下，应有良好的黏着力、弹性复原力和防水性能。特种合成橡胶是一种较好的弹性防水材料。

双层衬砌如同冻结井的双层井壁，内衬砌起防水、补强的作用。外部管片的防水密封垫可以采用沥青油膏、聚氯乙烯胶泥等。1984年上海隧道施工技术研究所等单位研制成功氯丁橡胶管片防水材料，即821系列防水材料。该材料从一个全新的角度考虑地下工程防水，它和一般橡胶制品不同，不仅具有良好的回弹性、弹性密封止水作用，而且当其变形量超过材料的弹性复原率时，在膨胀倍率内，具有遇水膨胀、以水止水的功能，所以它具有"双重"止水性能。

壁后注浆是防止地表沉降、改善衬砌的受力状态，提高其防水能力的有效措施。

五、地表变形与隧道沉降

采用盾构法施工时，一般在隧道上方均会引起地表变形，这种现象在松软含水地层或其他不稳定地层中尤为显著。地表变形的程度与隧道的埋深、隧道直径、地层土质、盾构施工方法、地面建筑物基础形式等都有很大关系。隧道衬砌脱离盾尾以后，也会产生一些沉降变形，其大小与地层的地质情况、施工方法、压浆工艺和衬砌防水工艺等有关，但盾构推进完成后，被扰动地层的重新固结，是隧道沉降变形的重要影响因素。

1. 地表变形规律

采用盾构法施工时，沿隧道纵向轴线所产生的地表变形规律，通常在盾构前方大约和盾构深度相等的距离内，开始地表有些微量的隆起；当盾构推过以后，就出现地面逐渐下沉现象，其沉降量随着时间的推移而趋于稳定。

当一个盾构施工时，在隧道横向所产生的地表变形范围基本上接近土的破坏棱体范围，当两个盾构施工时，横向地表变形规律，根据实测及资料的介绍，其a角（破坏角）约在45°～47°之间。

不同的盾构施工方法，其地表变形规律和影响范围大致相同，但沉降量有差异。如采用全闭胸挤压盾构施工时，地表全产生很大的隆起；气压盾构、局部挤压盾构前面隆起就较小，若掌握得好，仅稍有隆起，但最终大都出现下沉变形。如施工不当，还会引起地表严重下沉而影响地面建筑物的正常使用，甚至危及建筑物的安全。

2. 导致地表变形的原因

（1）地层原始应力状态改变的影响

在原来处于稳定状态的地层中，不论用何种方法开挖隧道，对周围的土体必有扰动影响。盾构掘进时开挖面土体的松动和坍塌，尤其是地下水位的变化，导致地层原始应力状态的改变和土体极限平衡状态的破坏，从而引起地表下沉变形。

（2）盾构挤压扰动的影响

各种开挖方式的盾构，掘进时都不同程度对土层产生挤压扰动。其中全闭胸挤压盾构扰动最大。此外，盾构掘进遇到弯道以及进行水平或垂直纠偏时，也会使周围的土体受到挤压扰动，从而引起地表变形，其变形大小与地层的土质及隧道的埋深有关。

（3）降水引起的影响

盾构进出经常要采用降水措施。由于降水会使地层中原来的静水水位在井点管四周改变成漏斗状曲面，使含水地层中土的有效应力增加；还由于周围地下水的不断补充，在一定土层范围内产生动水压力，也导致土中的有效应力增加，这就相当于使土层受到附加荷载的作用，而产生固结沉降。因此，降水引起地表变形的范围要扩大到漏斗曲线的范围，其沉降量及沉降时间与土的孔隙比及渗透系数有关，在渗透系数较小的黏性土中，固结时间较长，因而沉降较慢。

（4）盾尾空隙填充不足的影响

盾尾建筑空隙必须及时进行填充，在不稳定地层中施工时，这一点显得尤为重要。注浆材料的性能及填充量均影响到地表沉降量及其速率。盾构施工中的纠偏或弯道施工时的局部超挖，会造成盾尾后部建筑空隙的不规则扩大，其扩大量难以估计，空隙又无法做到及时填充，从而导致地表沉降。

（5）管片环变形的影响

隧道衬砌脱出盾尾之后，在土压力的作用下管片环产生的变形，也会导致地表的少量沉降。

综上所述，盾构施工时，导致地表变形的原因较多，其表现形式是综合性的，要正确预计地表沉降量是困难的。为此，在施工开始前，宜划出一段空地，做盾构掘进时的地表变形实测试验，以取得数据指导施工，特别是建筑群范围内的地下施工。

3. 地表变形的控制

（1）减少对开挖面地层的扰动

①施工中采取灵活合理的正面支撑或适当的气压压力，来防止土体坍塌，保持开挖面的稳定。条件许可时，尽可能采用泥水加压盾构、土压平衡式盾构等段先进的基本上不改变地下水位的施工开挖方法，以减少由于地下水位变化而引起的土体扰动。

②在盾构掘进时，严格控制开挖面的出土量，防止超挖。即使是对地层扰动较大的局部挤压盾构，只要严格控制其进土量，仍有可能控制地表变形。根据上海在软黏土中的盾构施工经验，当用挤压式盾构时，其放土量控制在理论土方量的 $80\% \sim 90\%$，地表可不发生隆起现象。

③控制盾构推进一环时的纠偏量，以减少盾构在地层中的摆动和对土层的扰动。同时应尽量减少纠偏需要的开挖面局部超挖。

④提高施工的速度和连续性。实践表明，盾构停止推进时，会因正面土压力的作用而产生后退。其后退量虽可采取措施减少些，但后退总难以避免。因此，提高隧道施工速度，避免盾构停搁，对减少地表变形有利。若盾构在中途检修或因其他原因必须暂停推进时，务必作好防止后退的措施，正面及盾尾要严密封闭，以尽量减少搁置期间的地表沉降影响。

（2）保证做好盾尾建筑空隙的充填压浆

①保证压注工作的及时性，尽可能缩短衬砌脱出盾尾的暴露时间，以防地层塌陷。

②保证压注数量，控制注浆压力。注浆材料会产生收缩，因此压注量必须超过理论建筑空隙的体积，一般超过 10% 左右。过量的压注会引起地表隆起及局部跑浆等现象，对管片受力状态也有影响。由于盾构纠偏、局部超挖、地层存在孔隙等原因，往往使实际的建筑空隙无法正确估计。为此，还应以控制注浆压力作为充填程度的标准。当压力急骤升高时，说明已充填密实，此时就应停止注浆。对注入数量及注浆压力要兼顾，如果注入数量已达到规定标准而压力很低，则说明空隙较大。此时，应增加注入数量，以压力升高到规定值为准。

③改进注浆材料的性能。施工时，地面拌浆站要严格掌握注浆材料的配合比，对其凝结时间、强度、收缩量要通过试验不断改进。提高注浆材料的抗渗性能，将有利于隧道防水，相应也会减少地表沉降。

（3）隧道设计选线时，要充分考虑地面沉降可能对建筑群的影响

选择盾构法施工的隧道区间线路时，要顾及地面建筑状况，尽可能避开建筑群或使建筑物处于地表均匀沉陷区内。对双线盾构隧道，还应预计到先后掘进会产生的二次地表沉降。最好在盾构出洞后的适当距离内，对地表沉降及隆起进行量测，取得资料，作为控制地表变形的依据。

4. 隧道沉降

隧道衬砌成环、脱离盾构以后，就开始有沉降现象出现。起初较大，随着时间的增加而逐渐减小，进而趋向稳定。在正常情况下，造成隧道沉降的主要原因，是盾构在掘进过程中对开挖地层的扰动，以及地基土的重新固结。

引起隧道沉降的另一个原因，是隧道的渗漏水。严重的漏水、漏泥会造成隧道周围的水土流失，危及隧道结构的安全。所以隧道渗漏水应及时封堵。

盾构开挖方法不同，对土层扰动的大小不一样，对隧道最终沉降的影响也不一样。不同的土层，由于沉降固结的时间不一样，因而使隧道到达稳定沉降的时间也有所不同。

为避免由于隧道沉降而使竣工后的隧道轴线往下偏离设计位置，通常按经验确定一个沉降值，抬高盾构施工轴线，使沉降后的隧道接近设计轴线。

第三节　顶管法

顶管法是直接在松软土层或富含水松软地层中敷设中、小型管道的一种施工方法。它无须挖槽或开挖土方，可避免为疏干和固结土体而采用降低水位等辅助措施，从而大大加快了施工进度。在特殊地层和地表环境下施工，具有很多优点。

顶管法已有百年历史，在短距离、小管径类地下管线工程施工中，许多国家广泛采用此法。近几十年中继接力顶进技术的出现使顶管法已发展成为顶进距离不受限制

的施工方法。美国于 1980 年曾创造了 9.5h 顶进 49 m 的记录，施工速度快，施工质量比小盾构法好。目前，顶管法仍主要用于富含水松软地层中的管道工程，顶进距离超过 500 m 用顶管法施工的管道只有少数几家。对于城市地下管线工程的广泛应用，顶管法仍需进一步的开发研究。

我国浙江镇海穿越甬江工程，于 1981 年 4 月完成 6 m 的管道采用五只中继环从甬江的一岸单向顶进 581 m，终点偏位上下、左右均小于 1 cm。1986 年，上海基础工程公司，用 4 根长度在 600 m 以上的钢质管道先后穿越黄浦江，其中黄浦江上游引水工程关键之一的南市水场输水管道，单向一次顶进 1 120 m，并成功地将计算机控制中继环指导纠偏，陀螺仪激光导向等先进技术应用于超千米顶管施工中。西气东输工程大量地采用顶管技术，最大顶进长度达到 1 166 m，创世界之最，标志着我国长距离顶管技术已达到世界先进水平。

一、顶管法的基本构成

顶管法主要由顶进设备、工具管、中继环、工程管及吸泥设备构成。各部分的功能如下：

1. 顶进设备

顶进设备主要包括后座立油缸、顶铁和导轨等。

后座设置在立油缸与反力墙之间，其作用是将油缸的集中力分散传递给反力墙。通常采用分离式，即每个立油缸后各设置一块。

立油缸是顶进设备的核心，有多种顶力规格。常用行程 1.1 m、顶力 400 t 的组合布置方式，对称布置四只油缸，最大顶力可达 1 600 t。

顶铁主要是为了弥补油缸行程不足而设置的。顶铁的厚度一般小于油缸行程，形状为 U 型，以便于人员进出管道，其他形状的顶铁主要起扩散顶力的作用。

导轨在顶管时起导向作用，在接管时做管道吊放和拼焊平台。导轨的高度约 1 m，顶进时，管道沿橡皮导轨滑行，不会损伤外部防腐涂层。

2. 工具管（又称顶管机头）

工具管安装于管道前端，是控制顶管方向，出泥和防止塌方等的多功能装置。外形与管道相似，它由普通顶管中的刃口演变而来，可以重复使用。目前常用三段双铰型工具管。前段与中段之间设置一对水平铰链，通过上下纠偏油缸，可使前段绕水平铰上下转动；同样垂直铰链通过左右纠偏油缸可实现（由中段带动）前段绕垂直铰链作左右转动。由此实现顶进过程的纠偏。

工具管的前段与铰座之间用螺栓固定，可方便拆卸，这样根据土质条件可更换不同类型的前段。为了防止地下水和泥沙由段间缝隙进入，段间联接处内、外设置两道止水圈（它能承受地下水头压力），以保证工具管纠偏过程在密封条件下进行。

工具管内部分冲泥舱、操作室和控制室三部分。冲泥舱前端是刃脚及格栅，其作用是切土和挤土，并加强管口刚度，防止切土时变形，冲泥舱后是操作室，由胸板隔开。工人在操作室内操纵冲泥设备。泥沙从格栅被挤入冲泥舱，冲泥设备将其破碎成泥浆，泥浆通过吸泥口、吸泥管和清理窨井被水力吸泥机排放到管外。工具管的后部为控制室，是顶管施工的控制中心，用以了解顶管过程，操纵纠偏机械，发出顶管指令等。

工具管尾部设泥浆环，可向管道与土体间隙压注泥浆，用以减少管壁四周摩擦阻力。

3. 中继环

长距离顶管，采用中继环接力顶进是十分有效的措施，中继环是长距离顶管中继接力的必需设备。其实质是将长距离顶管分成若干段，在段与段之间设置中继接力顶进设备（中继环），以增大顶进长度。中继环内成环形布置有若干中继油缸，中继油缸工作时，后面的管段成了后座，前面的管段被推向前方。这样可以分段克服摩擦阻力，使每段管道的顶力降低到允许顶力范围内。常用中继环的构造。前后管段均设置环形梁，于前环形梁上均布中继油缸，两环形梁间设置替顶环，供拆除中继油缸使用。

前后管段间采用套接方式，其间有橡胶密封圈，防止泥水渗漏。施工结束后割除前后管段环形梁，以不影响管道的正常使用。

4. 工程管

工程管是地下工程管道的主体，目前顶进的工程管主要是根据地下管道直径确定的圆形钢管，通常管径为 $1.5 \sim 3.0$ m，当管径大于 4 m 时，顶进困难，施工不一定经济。美国用顶管法施工地下人行通道的管道直径已达 4 m，顶进距离超过 400 m，并认为是经济的。

混凝土管道作为工程管顶进，国内外尚无报道。

5. 吸泥设备

管道顶进过程中，正前方不断有泥沙进入工具管地冲泥舱，通常采用水枪冲泥，水力吸泥机排放，由管道运输。

水力吸泥机的优点是结构简单，其特点是高压水走弯道，泥水混合体走直道，能量损失小，出泥效率高，可连续运输。

二、顶管法的顶力

顶管的顶推力随顶进长度增加而不断增大，受管道强度限制不能无限增大，因此采用管尾推进方法时，必须解决管道强度允许范围内的顶进距离问题和中继接力顶进的合理位置。

三、顶管法施工

顶管法施工包括顶管工作坑的开挖、穿墙管及穿墙技术、顶进与纠偏技术、局部气压与冲泥技术和触变泥浆减阻技术。顶管施工目前已基本形成一套完整独立的系统。

1. 顶管工作坑的开挖

工作坑主要安装顶进设备，承受最大的顶进力，要有足够的坚固性。一般选用圆形结构，采用沉井法或地下连续墙法施工。沉井法施工时，在沉井壁管道顶进处要预设穿墙管，沉井下沉前，应在穿墙管内填满黏土，以避免地下水和土大量涌入工作坑中。

采用地下连续墙法施工时，在管道穿墙位置要设置钢制锥形管，用楔形木块填塞。开挖工作井时，木块起挡土作用。井内要现浇各层圈梁，以保持地下墙各槽段的整体性。顶管工作面的圈梁要有足够的高度和刚度，管轴线两侧要设置两道与圈梁嵌固的侧墙，顶管时承受拉力，保证圈梁整体受力。

2. 穿墙管及穿墙技术

穿墙管是在工作坑的管道顶进位置预设的一顶段钢管，其目的是保证管道顺利顶进，且起防水挡土作用。穿墙管要有一定的结构强度和刚度。

从打开穿墙管门板，将工具管顶出井外，到安装好穿墙止水，这一过程通称穿墙。穿墙是顶管施工中一道重要工序，因为穿墙后工具管方向的准确程度将会给以后管道方向的控制和管道拼接工作带来影响。

为了避免地下水和土大量涌入工作坑，穿墙管内应事先填满经过压实的黄黏土。打开穿墙管闷板，应立刻将工具管顶进，这时穿墙管内的黄黏土被挤压，堵住穿墙管与工具管之间的环缝，起临时止水作用。当其尾部接近穿墙管，泥浆环尚未进时，停止顶进，安装穿墙止水装置。止水圈不宜压得太紧，以不漏浆为准，并留下一定的压缩量，以便磨损后仍能压紧止水。

3. 顶进与纠偏技术

工程管下放到工作坑中，在导轨上与顶进管道焊接好后，便可启动千斤顶。各千斤顶的顶进速度和顶力要确保均匀一致。

在顶进过程中，要加强方向检测，及时纠偏。纠偏通过改变工具管管端方向实现，必须随偏随纠，否则，偏离过多，造成工程管弯曲而增大摩擦力，加大顶进困难。一般讲，管道偏离轴线主要是工具管受外力不平衡造成，事先能消除不平衡外力，就能防止管道的偏位。因此，目前正在研究采用测力纠偏法。其核心是利用测定不平衡外力的大小来指导纠偏和控制管道顶进方向。

4. 局部气压与冲泥技术

在长距离顶管中，工具管采用局部气压施工往往是必要的。特别是在流沙或易塌方的软土层中顶管，采用局部气压法，对于减少出泥量，防止塌方和地面沉裂，减少纠偏次数都具有明显效果。

局部气压的大小以不塌方为原则，可等于或略小于地下水压力，但不宜过大，气压过大会造成正面土体排水固结，使正面阻力增加。

局部气压施工中，若工具管正面遇到障碍物或正面格栅被堵，影响出泥，必要时人员需进入冲泥舱排除或修理，此时由操作室加气压，人员则在气压下进入冲泥舱，称气压应急处理。

管道顶进中用水枪冲泥，冲泥水压力一般为 $15 \sim 20$ kg/cm2，冲下的碎泥由一台水力吸泥机通过管道排放到井外。

5. 触变泥浆减阻技术

管道四周注触变泥浆，在工具管尾部进行，先压后顶，随顶随压，出口压力应大于地下水压力，压浆量控制在理论压浆量的 2～5 倍，以确保管壁外形成一定厚度的泥浆壁。长距离顶管施工需注意及时给后继管道补充泥浆。

顶管法有它的局限性，对于城市地下管线工程，一定要根据地质地层特征和经济性多种因素综合分析，切忌盲目使用。

第四节 沉管法

一、概述

1. 水底隧道的应用及其施工方法

公路或城市道路遇到江河、港湾时，采用水底隧道是渡越的方法之一。

水底隧道的单位长度造价比桥梁高，但在跨越港湾或海轮经过的江河时，水底隧道有时比建桥更为经济、合理。因跨越港湾或海轮通过的江河，所需桥梁跨度长、高度高，引桥长度大，造价增大，引桥过长干扰市内交通且占地不易妥善解决。

水底隧道有五种主要的施工方法，即围堤明挖法、矿山法、气压沉箱法、盾构法及沉管法。其中，矿山法不适用于软土地层，气压沉箱法适用于较窄的河道，围堤明挖法较经济，在 20 世纪 70 年代中，国内外有些水底隧道曾采用此法施工。但围堤明挖法对水路交通的干扰较大，因此采用不多。一百多年来，水底隧道的建设大多采用盾构法和沉管法施工。

用作水底道路隧道施工的盾构，一般外径尺寸为 10 m 左右，可容纳双车道通过。如需建造四车道的水底隧道，则需平行地建造两条盾构隧道。如需建造六车道的水底隧道，则需平行地建造三条盾构隧道。沉管法则不受上述尺寸限制。

沉管法（曾称预制管段沉放法）。先在隧址以外（如临时干坞，造船厂的船台设备等），制作隧道管段（每节长 60～140 m，多数为 100 m 左右，最长达 268 m），两端用临时封墙密封，运到隧址指定位置上（这时预先已在设计位置，挖好水底沟槽）定位就绪后，向管段内灌水下沉，然后将沉毕的管段在水下连接，覆土回填，进行内部装修及设备安装以完成隧道。用这种沉管法建成的隧道，即称沉管隧道。

特别是 20 世纪 50 年代后期水力压接法（水下连接）和压浆法（基处理）先后问世，突破以上两个技术难关使城市道路水底隧道的建设进入了一个迅速发展的新纪元。目前，世界各国水底隧道建设几乎都采用这种比较经济、合理的沉管法。

2. 沉管隧道的分类

沉管法施工水底隧道按断面形状分为圆形与矩形两大类。

（1）圆形沉管

施工时多数利用船厂的船台制作钢壳，制成后沿着船台滑道滑行下水，然后在漂浮状态下停泊于码头边上，进行水上钢筋混凝土作业。这类沉管的横断面，内部均为圆形，外表有圆形、八角形或花篮形。

圆形沉管可安置两个车道。其优点是：

①圆形断面，受力合理衬砌弯矩较小，在水深较大时，比较经济、有利。

②沉管的底宽较小，基础处理比较容易。

③钢壳既是浇筑混凝土的外模，又是隧道的防水层，这种防水层不会在浮运过程中被碰损。

④当具备利用船厂设备的条件时，工期较短。在管段用量较大时更为明显。

其缺点是：

①圆形断面空间，常不能充分利用。

②车道上方必定余出一个净空限界以外的空间（在采用全横向通风方式时，可以作排风道利用），使车道路面高程压低，从而增加了隧道全长，亦增加了挖槽土方数量。

③浮于水面进行浇筑混凝土时，整个结构受力复杂，应力很高，故耗钢量巨大，沉管造价高。

④钢壳制作时，手焊不能避免。焊缝质量要求高，难以保证。一旦出现渗漏，难以弥补、截堵。

⑤钢壳本身防锈抗蚀问题，迄今未得到完善、可靠地解决。

⑥圆形沉管只能容纳两个车道，若需多车道，则必须另行沉管。因此，20 世纪 50 年代以后，各国多用矩形沉管。

（2）矩形沉管

1942 年建成的荷兰玛斯隧道（Maas）首创矩形沉管。这类沉管多在临时干坞中制作钢筋混凝土管段。矩形管段内同时容纳 2～8 个车道。

其优点是：

①不占用造船设备，不妨碍造船工业生产。

②车道上方没有非必要空间，空间利用率较高。车道最低点的高程较高，隧道全长较短，挖槽土方量少。

③建造 4～8 个车道的多车道隧道时，工程量与施工费均较省。

④一般不需钢壳，可大量地节省钢材。

其缺点是：

①必须建造临时干坞。

②由于矩形沉管干舷较小，要求在灌筑混凝土及浮运过程中，须有一系列严格控制措施。

3.沉管隧道的设计和施工

沉管式水底隧道的设计，涉及面较广，其主要内容有：几何设计、通风、照明供电、给排水设计、内装设计、运营与安全设施设计等·其设计质量直接影响隧道的施工与使用，应做到设计思路明确，综合考虑到先进性、合理性、安全性和经济性（包括建设费与运营费）。60 年代以后的水底隧道设计，都十分重视几何设计的革新，几乎每一条隧道均有创新与改进。因为几何设计常常是水底隧道工程设计成功与否的关键。隧道截面尺寸首先取决于交通用途与交通条件，同时，还取决于沉管浮运和沉没两个重要阶段的要求，总体几何设计最初只能确定管段的内净宽度以及车道净空高度。沉管结构的外轮廓尺寸，必须通过浮力设计才可最终确定，既要满足一定的干舷又要保证一定的抗浮安全要求。所以沉管结构的外廓尺寸中，高度往往超过车道净高与顶板厚度之和。

管段长度的确定则需考虑经济条件，航道条件，管段本身纵、横断面形状，设备及施工技术条件，轴向应力等因素。

沉管隧道，设计时必须充分考虑施工工艺要求。随着近年来沉管施工技术的不断革新，设计时更须与之密切配合。沉管隧道施工，主要内容与工序。

二、管段沉设

1.沉设方法

预制管段沉设是整个沉管隧道施工中重要的环节之一。它不仅受气候、河流自然条件的直接影响，还受到航道、设备条件的制约。施工须根据自然条件、航道条件、管段规模以及设备条件等因素，因地制宜选用最经济的沉设方案。

沉设方法和工具设备种类繁多，为便于了解作如下归纳：

（1）分吊法

管段制作时，预先埋设 3～4 个吊点，分吊法沉设作业时分别用 2～4 艘 100～200 t 浮吊（即起重船）或浮箱，逐渐将管段沉放到规定位置。

第一条四车道矩形管段隧道——玛斯隧道采用了四艘起重船分吊沉设，60 年代荷兰柯恩（Coen，1966 年）隧道和培纳靳克斯隧道（1967）首创以大型浮筒代替起重船的分吊沉设法。比利时的斯凯尔特（E3-Scheldt，1969）隧道以浮箱代替浮筒，进行沉放成功。

浮箱吊沉设备简单，适用于宽度特大的大型管段。沉放用四只 100～150 t 的方形浮箱（边长约 10 m，型深约 4 m）直接将管段吊起来，四只浮箱分成前后两组。

（2）扛吊法（也称方驳扛吊法）

方驳扛吊法是以四艘方驳，分前后两组，每组方驳肩负一副"杠棒"。即这两副"杠棒"由位于沉管中心线左右的两艘方驳作为各自的两个支点，前后两组方驳再用钢桁架联接起来，构成一个整体驳船组。"杠棒"实际上是一种型钢梁或是钢板组合梁，其上的吊索一端系于卷扬机，另一端用来吊放沉管。驳船组由六根锚索定位，沉管段则另用六根锚索定位。每副"杠棒"的每个支点受力仅为下沉力的四分之一，沉管下沉力若为 2 000 kN，每支点只负担 500 kN（50 t），因此，只需要 1 000～2 000 kN 的小方驳四艘即足够，所以设备简单，费用低。

加拿大台司（Peas，1959）隧道工程中，曾采用吨位较大、船体较长的方驳，将右侧前后两艘方驳直接连接起来，以提高驳船组的整体稳定性。

用四艘方驳构成沉设作业船组的吊沉方法，称作"四驳扛沉法"。

美国和日本在沉管隧道工程中，曾用"双驳扛沉法"，其所用方驳的船体尺度比较大（驳体长度为 60～85 m，宽度为 6～8 m，型深 2.5～3.5 m）。"双驳扛沉法"的船组整体稳定性较好，操作较为方便。管段定位索改用斜对角方向张拉的吊索系定于双驳船组上。虽有优点，但设备费用较高。美国旧金山市地下铁道（BART，1969）的港下水底隧道（长达 5.82 km，共沉设 58 节 100～105 m 长的管段）工程即用此法。

（3）骑吊法

骑吊法将水上作业平台"骑"于管段上方，管段被慢慢地吊放就位。

水上作业平台亦称自升式作业平台，国外常简称作 SEP（Self-elevating platform）原是海洋钻探或开采石油的专用设备。它的工作平台实际上是个矩形钢浮箱，有时则为方环形钢浮箱。就位时，向浮箱里灌水加载，使四条钢腿插入海底或河底。移位时，排出箱内贮水使之上浮，将四条腿拨出。在外海沉设管段时，因海浪袭击只有用此法施工；在内河或港湾沉设管段，如流速过大，亦可采用此法施工。它不需抛设锚索，作业时对航道干扰较小。但设备费用很高，故较为少用。

阿根廷巴拉那—圣达菲（Parana-Santa Fe，1969）隧道是此法沉设的一例。

（4）拉沉法

利用预先设置在沟槽底面上的水下桩墩作为地垄，依靠安设在管段上面的钢桁架上的卷扬机，通过扣在地垄上的钢索，将具有 200～300 t 浮力的管段缓慢地"拉下水"，沉设于桩墩上，而后进行水下连接，亦利用此法以斜拉方式作前后位置调节。此法费用较大，应用很少，只在荷兰埃河（IL1968）隧道和法国马赛市的马赛（Marseille，1969）隧道中用过。

综上所述一般顶宽在 20 m 以上的大、中型管段多采用浮箱吊沉法，而小型管段则采用方驳扛吊法较为合适。

2. 沉设工具与设备

浮箱吊沉法与方驳扛吊法所用设备工具有：

①方型浮箱或小型方驳四艘，其吨位为 100～150 t。

②起重设备：定位卷扬机，6～14 台（电动或液压驱动），单筒式，牵引力 8～10 t，绳速 3 m/min；起吊卷扬机 3～4 台（电动或液压驱动），单筒式，牵引力 10～12 t，绳速 5 m/min。

③定位塔：钢结构，高度由沉放深度及测量要求确定，多为 10 余米，管段前后共设两座定位塔，其中一座塔上可设指挥室和测量工作室。

④超声波测距仪，用来测定相临两节管段的三向相对距离。

⑤倾度仪：自动反映管段纵横向倾度。

⑥缆索测力计：每根锚索或吊索的固定端均应设有自动测力计，及其他必要的测试、通讯设备仪表等。

3. 管段沉设作业

管段沉设作业大体上可分为下列几个步骤：

（1）沉设准备

沉设前必须完成沟槽开挖清淤，设置临时支座，以保证管段顺利沉放到规定位置。应与港务、港监等有关部门商定航道管理事项，做好水上交通管制准备。

（2）管段就位

在高潮平潮之前，将管段浮运到指定位置，校正好前后左右位置，并带好地锚，中线要与隧道轴线基本重合，误差不应大于 10 cm。管段纵向坡度调至设计坡度。定位完毕后，灌注压载水，至消除管段的全部浮力为止。

（3）管段下沉

下沉时的水流速度，宜小于 15 m/s，如流速超过 0.5 m/s，需采取措施。每段下沉分三步进行：即初次下沉、靠拢下沉和着地下沉。

①初次下沉：灌注压载水至下沉力达到规定值之 50%，随即进行位置校正，待前后左右位置校正完毕后，再灌水至下沉力规定值的 100%。而后按 40 ~ 50 cm/min 的速度将管段下沉，直到管底离设计高程 4 ~ 5 m 为止。下沉时要随时校正管段位置。

②靠拢下沉：将管段向前平移至距已设管段 2 m 左右处，然后再将管段下沉到管底离设计高程 0.5 ~ 1 m 左右，并校正管位。

③着地下沉：先将管段前移至距已设管段约 50 cm 处，校正管位并下沉。最后 1 m 的下沉速度要慢，并应随沉随测。着地时先将前端搁在"鼻式"托座上或套上卡式定位托座，然后将后端轻轻地搁置到临时支座上。搁好后，各吊点同时分次卸荷至整个管段的下沉力全都作用在临时支座上为止。

4. 水上交通管制

管段沉设作业时，为了保证施工和航运双方安全，必须采取水上交通管制措施。主要应将主航道临时改道和局部水域短暂封锁。

三、水下连接

用水力压接法进行水下连接的主要工序是：对位—拉合—压接—拆除端封墙。

水力压接系利用作用在管段后端（亦称自由端）端面上的巨大水压力，使安装在管段前端（即靠近已设管段或风节的一端）端面周边上的一圈橡胶垫环（以下简称胶垫，在制作管段时安设于管段端面上）发生压缩变形，并构成一个水密性良好且相当可靠的管端连接。

（1）对位

着地下沉时必须结合管段连接工作进行对位。对位精度要求不难达到，上海金山沉管工程中曾用一种的卡式托座，只要前端的"卡钳"套上，定位精度就自然控制在水平方向为 2 cm 之内，垂直方向上 1 cm 之内。

（2）拉合

拉合工序的任务是用一个较小的机械力量，将管段拉向前节既设管段，使胶垫的尖肋部产生初步变形，起到初步止水作用。

拉合时所需拉力，通常用安装于管段竖壁（可为外壁或内壁）上（带有锤形拉钩）的拉合千斤顶进行拉合。采用两台 100 ～ 150 t 拉合千斤顶的工例较多，因便于调节校正。也有用定位卷扬机进行拉合作业的工例。

（3）压接

拉合完成之后，打开已设管段后端封墙下部的排水阀，排出前后两节沉管封墙之间被胶垫所包围封闭的水。

排水完毕后，整个胶垫在作用于新设管段后端封墙和管段周壁端面上的全部水压力作用下，进一步压缩。其压缩量一般为胶垫本体高度的 1/3 左右。

（4）拆除端封墙

压接完毕后，即可拆除前后两节管段间的端封墙。

待拆除封墙和已设管段全都与岸上相通后，可开始进行后序施工，如内装工作。

水力压接法的优点是：①充分利用自然界的巨大能量，工艺简单，施工方便；②水密性切实可靠；③基本上不用潜水工作；④成本低；⑤施工速度快。

第五节　逆作法

逆作法是一项近几年发展起来新兴的基坑支护技术。它是施工高层建筑多层地下室和其他多层地下结构的有效方法。在国外如美国、日本、德国、法国等国家，已广泛应用，收到较好的效果。例如：日本的读卖新闻社大楼，地上 9 层、地下 6 层，采用逆作法施工，总工期只用 22 个月，与日本采用传统施工方法施工的类似工程相比，缩短工期 6 个月。又如美国芝加哥水塔广场大厦，75 层、高 203 m，4 层地下室，用 18 m 深地下连续墙和 144 根大直径灌注桩作为中间支承柱，用逆作法进行施工，当该工程地下室结构全部完成时，主楼上部结构已施工至 32 层。

虽然逆作法的施工工艺和相关理论都取得一定成果，应用也有一定的普及，但目前仍作为一种特殊施工方法应用。逆作法主要用于：①对工程有特殊要求；②用传统方法施工满足不了要求或用传统方法施工十分不经济的情况下。

在目前通用的地铁车站施工中，浅埋暗挖逆作法对周边环境具有相对较小的不利影响，其综合技术经济指标较为理想。其路面敞口作业时间较短，对工程周边的商业及交通环境影响较小，其结构体本身作为围护结构的支撑体系，刚度较高，可显著减小围护结构及周边环境的变形；其造价介于明挖与暗挖之间，较为低廉。故此浅埋暗挖逆作法在商业繁荣、建筑密集、交通繁忙的城市中心区域或交通枢纽具有极大应用价值。在我国北京、上海、广州、南京的大型地铁车站工程中均有所应用。

一、原理

先沿建筑物地下室轴线或周围施工地下连续墙或其他支撑结构,同时建筑物内部的有关位置浇筑或打下中间支承桩和柱,作为施工期间于底板封底之前承受上都结构自重和施工荷载的支撑。然后施工地面一层的梁板楼面结构,作为地下连续墙刚度很大的支撑,随后逐层向下开挖土方和浇筑各层地下结构,直至底板封底。同时,由于地面一层的楼面结构已完成,为上部结构施工创造了条件,所以可以同时向上逐层进行地上结构的施工。如此地面上、下同时进行施工,直至工程结束。

二、逆作法分类

(1)全逆作法

利用地下各层钢筋混凝土肋形楼板对四周围护结构形成水平支撑。楼盖为预制混凝土结构,然后在其下掏土,通过楼盖中的预留孔洞向外运土并向下运入建筑材料。

(2)半逆作法

利用地下各层钢筋混凝土肋形楼板中先期浇筑的交叉格形肋梁,对围护结构形成框格式水平支撑,待土方开挖完成后再二次浇筑肋形楼板。

(3)部分逆作法

用基坑内四周暂时保留的局部土方对四周围护结构形成水平抵挡,抵消侧向压力所产生的一部分位移。

(4)分层逆作法

此方法主要是针对四周围护结构,是采用分层逆作,不是先一次整体施工完成。分层逆作四周的围护结构是采用土钉墙。

三、工艺特点

①受力良好合理,围护结构变形量小,因而对邻近建筑的影响亦小。

②施工可少受风雨影响,且土方开挖可较少或基本不占总工期。

③最大限度利用地下空间,扩大地下室建筑面积。

④由于开挖和施工的交错进行,逆作结构的自身荷载由立柱直接承担并传递至地基,减少了大开挖时卸载对持力层的影响,降低了基坑内地基回弹量。

⑤交通方面:由于逆作法采取表层支撑,底部施工的作业方法,故在城市交通土建中大有用武之地,它可以在地面道路继续通车的情况下,进行道路地下作业,从而避免了因堵车绕道而产生的损失。

⑥逆作法存在的不足。逆作法支撑位置受地下室层高的限制,无法调整高度,如遇较大层高的地下室,有时需另设临时水平支撑或加大围护墙的断面及配筋。由于挖土是在顶部封闭状态下进行,基坑中还分布有一定数量的中间支承柱和降水用井点

管，目前尚缺乏小型、灵活、高效的小型挖土机械，使挖土的难度增大。

四、国内应用及前景

推广应用逆作法，能够提高地下工程的安全性，可以大大节约工程造价，缩短施工工期，防止周围地基出现下沉，是一种很有发展前途和推广价值的深基坑支护技术。

目前，逆作法已被列入 2001 年颁布的中华人民共和国国家标准建筑地基基础设计规范，各地也陆续公布了地下室逆作法施工工法，由此可说明逆作法施工已日趋成熟，其在深基坑支护中的前景乐观。

参考文献

[1] 孙凯，孙学毅．岩土体锚固与动态施工力学 [M]．北京：科学出版社，2021.

[2] 柴华友，柯文汇，朱红西．岩土工程动测技术 [M]．武汉：武汉大学出版社，2021.

[3] 马刚，周伟，常晓林．岩土颗粒材料的连续离散耦合数值模拟 [M]．北京：科学出版社，2021.

[4] 丁选明，郑长杰，栾鲁宝．桩基动力学原理 [M]．北京：科学出版社，2021.

[5] 谢谟文．边坡失稳动力学概论 [M]．北京：科学出版社，2021.

[6] 孙凯，孙学毅，孙玥．岩土锚固机理与工程实践 [M]．北京：化学工业出版社，2021.

[7] 王树仁，杨健辉，蔺新艳．锚索与锚杆锚固力学效应及测试技术 [M]．北京：清华大学出版社，2021.

[8] 吕玺琳．岩土弹塑性力学 [M]．北京：机械工业出版社，2020.

[9] 王军，罗章．受锚岩土的力学特性与时效承载稳定性分析 [M]．北京：化学工业出版社，2020.

[10] 荣传新，王晓健．岩石力学 [M]．武汉：武汉理工大学出版社，2020.

[11] 神文龙，王襄禹，柏建彪．动载的波扰致灾机理与地下工程防控 [M]．徐州：中国矿业大学出版社，2020.

[12] 胡雪梅，杨蘅．土工技术与应用 [M]．北京：机械工业出版社，2020.

[13] 李林．岩土工程 [M]．武汉：武汉理工大学出版社，2020.

[14] 龚晓南，沈小克．岩土工程地下水控制理论、技术及工程实践 [M]．北京：中国建筑工业出版社，2020.

[15] 汪权明，廖化荣，周靓．土力学 [M]．沈阳：东北大学出版社，2020.

[16] 莫海鸿．工程岩石力学 [M]．武汉：武汉理工大学出版社，2020.

[17] 张克绪．非经典土力学 [M]．北京：科学出版社，2020.

[18] 岳中文，刘伟．结构动力学基础 [M]．北京：中国建筑工业出版社，2020.

[19] 刘伟，汪权明．土力学试验指导书 [M]．北京：化学工业出版社，2020.

[20] 陈洪凯．重力地貌过程力学描述与减灾 [M]．北京：科学出版社，2020.

[21] 董桂花．土力学与地基基础 [M]．北京：清华大学出版社，2020.

[22] 王树仁．岩石材料尺度效应及破断结构效应 [M]．北京：清华大学出版社，2020.

［23］顾金才，陈安敏，张向阳．地下工程围岩加固技术与抗爆性能研究［M］．武汉：武汉理工大学出版社，2020.

［24］汪双杰．多年冻土区公路路基尺度效应理论与方法［M］．北京：科学出版社，2020.

［25］蒋辉．基础工程［M］．郑州：黄河水利出版社，2020.

［26］舒彪．岩石水平定向钻工程［M］．长沙：中南大学出版社，2020.

［27］张海龙．岩石广义流变理论［M］．北京：冶金工业出版社，2020.

［28］刘新荣，钟祖良．地下结构试验与测试技术［M］．武汉：武汉大学出版社，2020.

［29］钟志彬，邓荣贵等．岩土力学［M］．成都：西南交通大学出版社，2019.

［30］杨进．深水浅层岩土力学与工程［M］．东营：中国石油大学出版社，2019.

［31］郑颖人，孔亮．岩土塑性力学［M］．北京：中国建筑工业出版社，2019.

［32］尤志嘉，尤春安．岩土锚固力学分析理论［M］．北京：中国建筑工业出版社，2019.

［33］陈士海．岩土动力学研究进展［M］．徐州：中国矿业大学出版社，2019.

［34］席永慧．环境岩土工程学［M］．上海：同济大学出版社，2019.

［35］王春来，刘建坡，李佳洁．现代岩土测试技术［M］．北京：冶金工业出版社，2019.